化学是什么

诺贝尔化学奖获得者 · 物理化学创始人之一

[德] 威廉 · 奥斯特瓦尔德（Wilhelm Ostwald）著　　刘建新　邹立君　译

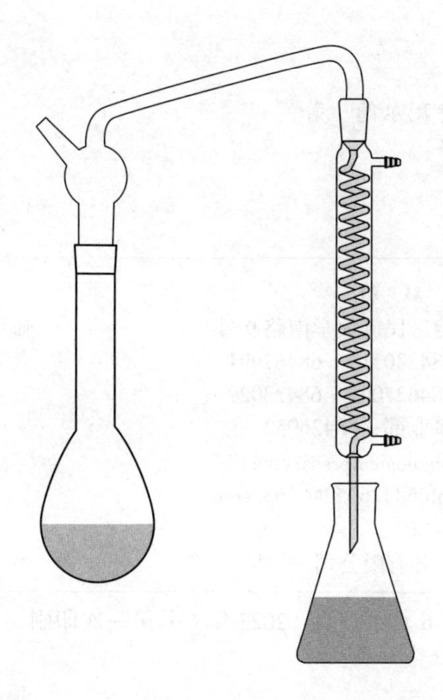

INTRODUCTION TO CHEMISTRY

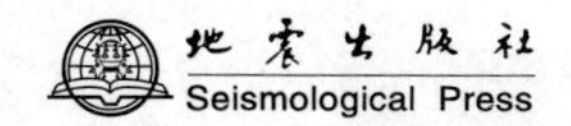

地震出版社
Seismological Press

图书在版编目(CIP)数据

化学是什么/(德)威廉·奥斯特瓦尔德著;刘建新,邹立君译.--北京:地震出版社,2023.6
ISBN 978-7-5028-5256-6

Ⅰ.①化… Ⅱ.①威… ②刘… ③邹… Ⅲ.①化学—普及读物 Ⅳ.①O6-49

中国版本图书馆CIP数据核字(2021)第265948号

地震版 XM4766/O(6217)

化学是什么
[德]威廉·奥斯特瓦尔德 著
刘建新 邹立君 译
责任编辑:张 平
责任校对:凌 樱

出版发行:地震出版社
北京市海淀区民族大学南路9号 邮编:100081
发行部:68423031 68467991 传真:68467991
总编室:68462709 68423029
证券图书事业部:68426052
http://seismologicalpress.com
E-mail:zqbj68426052@163.com
经销:全国各地新华书店
印刷:固安县保利达印务有限公司

版(印)次:2023年6月第一版 2023年6月第一次印刷
开本:710×960 1/16
字数:310千字
印张:25.5
书号:ISBN 978-7-5028-5256-6
定价:88.00元

出版说明

本书为德国物理化学家、物理化学创始人之一、诺贝尔化学奖获得者威廉·奥斯特瓦尔德（Wilhelm Ostwald）的代表作之一。该书出版于1911年，是奥斯特瓦尔德写给大众的化学入门读本，也是一部通俗的化学实用学习手册。作者试图用自身丰富的经验来教会读者如何运用科学思维来迅速掌握化学这门学科。

奥斯特瓦尔德在化学动力学、化学热力学、溶液依数性、催化现象、能量学等方面均有很大的成就，提出了奥斯特瓦尔德稀释定律、奥斯特瓦尔德规则、奥斯特瓦尔德熟化等概念，为化学和物理化学的发展做出了重大贡献。在这位化学家看来，学生对化学的学习存在许多误区。作者在书中指出，用大量时间去死记硬背那些碎片化的知识点，而不去分析化学背后的现象，这种学习方法是错误的。如今，我们对化学的学习仍旧很容易重蹈覆辙。因此，作者主张在实验的基础上，让学生通过观察化学现象来系统地学习化学知识，在建立自身知识体系的同时体会到学习化学的乐趣。相信通过阅读本书，学生对化学的学习不再是管中窥豹，而是能够透过现象看本质。也正是基于研究与教学的目的，我们翻译出版了本书，供读者参考之用。译本保留了作品原貌，并附加了一些译注，便于读者阅读理解。值得一提的是，由于时代所限，作者的观点具有一定的局限性，读者在阅读时应取其精华、去其糟粕，用书中的知识财富来丰富自己的头脑。

前言

作者的《化学学院》（德文版）与其不胜枚举的各类译本大受欢迎，主要是由于书中给出了实用的教育原理。但是从另一方面来说，因为《化学学院》是用对话的形式写作的，所以并不适合作为教科书使用。

鉴于上述情况，作者试图写一本化学入门教科书。书中采用了《化学学院》的教育原理，并且作者试图将他教学多年积累的丰富经验融入这本书中。

如何正确学习化学中繁杂的知识？市面上大部分的教材都希望将化学中的所有要素通通装进书中，因此，学生们常常产生一种误解：背完这些我就学会化学知识了。所以很多学生会用大量的时间去死记硬背那些碎片化的知识，却没有时间去认真地分析化学背后的现象，这样做无疑是本末倒置。

本书中，作者试图用几个简单的例子说明如何通过探究来学习化学背后的真谛，但又不拘泥于此，还会通过更多的实验来验证更多的可能性。同时作者设法以化学最基础的形态，教会大家如何运用正确的、科学的思维方式学习化学。

这样一来，学生们就不用只死记硬背那些碎片化的知识点；相反，他们会越来越意识到这样一个事实：目光所及之处并不是全部，前面还有更大的世界等着他们，他们还可以进入更深的领域进行研究。

化学这门学科不是一成不变的，也并非只有刻板的结论。

现在人们比以往更加关注对化学基本原理的研究。其中令人惊讶的是，人们发现化学概念的自然发展一方面与它们的历史发展极其吻合，另一方面又与合理教育的要求相一致。

在化学教学中，能够清楚地解释化学中的物质、溶液、混合物的基本概念及其属性和特征，这是需要做到的最基本的事情。但这只是一部分而已，更重要的是对化学操作方法的学习，而学习这一点就必须理解之前学习到的化学知识。

本书用三分之一的篇幅写了大部分化学关系的实验发展，内容简单易懂，因为很多实验都是选取的众所周知的物质。简单来说，就是在实验的基础上，让学生们通过观察化学现象来系统地学习化学知识，从而充实自身的知识体系并体会到学习化学的乐趣。

学生们进入了神奇的化学世界，这时候学生们已经开始试着解读化学宝箱前的福尔摩斯密码了，也就意味着他们运用抽象推理能力这项技能的乐趣才刚刚开始。因此，本书的编排尽可能地循序渐进。只有当实验和假设之间的关系清晰可辨时，才进行抽象的分析。

同样地，学生们没有必要硬着头皮去理解那些艰涩难懂的理论，因为学习化学本身应该是一件快乐的事情。

例如，在讲解地球地表现象的变化反应的内容时，可以结合矿物学来一起讲解，因为同种类型的东西更容易吸收并可关联起来。另一方面，在学习晶体学过程中遇到的难题，我们可以用尽可能简单的方式来进行学习转化。

一一列举所有的晶型是没有教育价值的，尽管晶胞与空间点阵是对称元素的要素之一。但是作者认为，为了更好地进行教学，要把这种讨论限制在对称轴上，而忽略对称的其他要素。换一种说法就是，在32个晶类中，按它们所属的对称性特点划分为七个晶系。

书中的实验是通过精心挑选的，就算是初学者也能够轻松地完成。在大部分教学中，为了把化学教学建立在经验的基础上，学生们常常被要求目睹复杂的实验。为了消化这些实验内容，他们没有时间，也没有兴趣仔细思考。

化学是一门实验科学，既研究科学问题，也研究实验问题。也就是说，化学是一门以实验为基础的学科。因此，作者试图只将那些有可能实现的理论付诸实验，而这些实验结果也是不难获得的。

只要条件允许，学生们应该自己做实验。事实上，在实验室设施不便的情况下，学生们也能够在家里完成其中的大部分实验。

通过这种方式学习化学知识，学生们不再是管中窥豹，而是能够透过现象看本质，全面地理解化学知识，为以后的化学学习打下基础。

所以作者在编写本书时，更侧重于培养学生们的学习方式。

说　明

书中对实验进行了简要的描述，叙述中未提及的许多实验细节可以从图片中获取。

对麻省理工学院 J.W.费伦和R.E.戈根海默两位教授在阅读和校对英文文本时所给予的帮助和善意的批评，我们表示由衷的感谢。

目 录

INTRODUCTION TO CHEMISTRY

第一章

物质和混合物

物质

1.化学是关于物质的研究

物质是组成物体的材料。常见的物质有糖、铁、硫黄、煤等，空气和水也是物质。如何理解“物质”和“物体”之间的关系呢？它们之间有何不同？首先，物质和物体都是有质量的，且两者都占据空间。但是物体是看得见摸得着的，有特定的形状，而物质不一定有特定的形状。也就是说，我们要理解一个概念：“物体有特定的形状，是由物质组成的。”下面举两个例子进行说明：

（1）一把柳刃，形如柳叶，刀身细长，其刀刃的成分就是钢（物质），柳刃的刀刃部分就是由钢组成的物体；

（2）水滴，是由水组成的。水是水滴的组成物质，而水滴本身是一个球体（物体）。

如果有人问你：这个东西（物体）是由什么组成的？它是用什么做的？你的回答就应该是一种物质的名字。

2.不同的物体可能由相同的物质组成

比如，各种钻孔、切割、冲孔等工具都是用钢制成的。从大大的木房子到小巧玲珑的木笔架，乃至小小的一根火柴，这些形状各异的东西都是用木材制成的。

相似的物体可以由不同的物质组成。比如，盘子可以用黏土、玻璃、铁或锡制成，硬币可以用金、银、镍或铜制成。

如何识别物体是由哪种物质组成的呢？为什么这些瓶子是用玻璃制成的呢？因为它们是透明的、坚硬的、不柔韧的，且容易因为外力敲击或大风天气而碎裂。此外，玻璃碎片有着锋利的边缘，所以很容易将人的手指划破；如果将一块普通的玻璃加热，它很可能会破碎。上面所说的都是玻璃的特性，我们通过这些性质判断出瓶子是用玻璃制成的。同样地，我们可以通过物质的性质来识别一个物体是由什么物质组成的。你可以试着说出钢、硫、银、铜和木头的性质，同时，描述一下通过性质所记下来的物质吧。

3.我们有必要学习和研究所有物质吗？

研究所有物质，将会是一个无穷无尽的任务。大千世界，无奇不有。有很多东西你甚至听都没听说过，但行业内的专业技术人员就会知道，比如，水管工、泥瓦匠和油漆工们就会知道水管的材质、水泥的特性？甚至是油漆滴落在地面上时形成的痕迹，因为他们每天工作都需要接触这些物质。而研究世界上所有物质是化学家们的工作。

学习和研究世界上所有物质这件事可能吗？不可能，因为已知的物质种类非常多，假设从里面抽出六万种，一个化学家每天能认识十种新物质，那就要花上近二十年才能认识完这六万种物质。与此同时，其他化学家也会不断发现成千上万种新物质，所以这项工作永远不会结束。那么，我们应该如何学习和研究呢?

化学家们每次发现或研究出一种新物质时，都会描述它的性质。所有这些描述会被收集记录在书中（从书中我们也很容易找出是否已经有前人进行过相关研究），并根据一定的规则进行分类。当人们想要知道某种特定物质的性质时，只需要查一查这样的书就行了。同样地，如果一位化学家认为自己发现了一种新物质，他就会先查阅文献，看看是否有人在他之前已经发现了这种物质。当这位化学家查阅完文献，确认没有人在他之前发现这种物质，此物质便是由他第一个发现的，他可以给这种物质起一个名字。化学文献能够正确保存已获取的知识。因此，文献在很大程度上代替了人脑记忆，在人类漫长的历史中，文献作为一个容器，可以将已获得的化学知识传承下去。

4.物质的化学性质有几种?

我们希望知道物质的所有性质，但是和研究所有物质这个任务一样，它也是永无止境的，因为我们无法说出物质的所有性质。对于一种物质，我们可以通过观察、触碰、品尝、弯曲、压制、捶打、加热、电流刺激或与其他物质接触发现很多性质。所以说，单个物质有无数种性质，要描述或认识一种物质的所有性质是不可能的事。许多书中都会用一个章节来讲某种物质的性质，比如第一章讲水的性质，第二章讲铁的性质，第三章讲糖的性质。但是每当这些书再版时，就必然会添加这些物质很多最新发现的性质。

因此，在研究和描述物质性质的过程中，有必要划出一条界线，只描述物质具有代表性的性质。由于某些情况发生变化，一些以前没有研究过的特殊性质突然变得很重要，那么就有必要通过立项调查来确定这一新的性质；如果能研究透这种物质的某种性质，那么这将是一劳永逸的，因为一种确定的物质总是具有确定的性质，不管它是如何制备的，也不管它是在哪里制备的。

5.物质化学性质之间的关系

每个物种都有自己独有的特征和特性，这些特征和特性存在于每个独立的个体中。在这一点上，物质与动物和植物是一样的。如果曾证实过乌鸦是可以自行调节体温的，那么我们就能推断出乌鸦是一种温血动物，而且到目前为止尚未有证据能够推翻这一结论。同样地，我们都知道，铁放久了会生锈，而且会被磁铁吸引，我们从未发现过一块不具备这两种性质的铁。

动物和植物总是具有相当多的特性，每个物种都展现了其不同的特性，但是这些特性不会出现在其他物种身上。也就是说，这些特性只有本种群才具有。同样地，物质也是这样。乌鸦是黑色的，有着楔形的长喙，闪闪发光的羽毛以一定的方式排列着，有着一定大小的体形。当一种特性被证实后，那么可以通过这种特性猜想到其他特性。

同样地，假设有一种金属物质，会生锈，会被磁铁吸引，会在高温下熔化，会在稀盐酸中溶解，且密度约是水的七倍，抛光后表面会呈现出灰色和金属光泽，那么这种金属物质就是铁。上面这些性质都是铁的性质，而且实际上这种物质具有铁的所有性质，这些特性永远不会改变。

6.一种物质有多少种特性?

如果我们想要知道某物体是由什么物质组成的，通常通过确定几个特性就可以知道了。在本书中，对不同物质的性质做出了说明，同时对所提到的每一种物质，都有关于这些性质的简单说明，以明确将其与其他所有物质区分开来。对于化学的学习并不能止步于此，因为物质在商业领域、医药领域、艺术领域及其他领域内都有广泛的应用，而这一切都要依赖于物质的性质。因此有必要提及所有这些性质及其应用。此外，物质中那些尚未得到应用的性质，或许会在未来大放异彩。因此理论科学与应用科学是不同的，应用科学利用已知物质，而理论科学试图尽可能深入地研究有关物质的性质。

7.性质的不同类型

有两类性质：

（1）可从对物质本身的研究中辨别出来的性质；

（2）对物质进行处理后才能显现的性质，即将其从原本的状态转变为另一种新的状态。

在那些能通过我们感官所得知的性质中，首先是我们可以通过观察得到的性质，也就是那些被眼睛所识别的特性。

在几乎所有的情况下，我们都可以通过眼睛来观察获得物质的“第一手信息（性质）”。我们可以通过以下三种方式观察：①颜色；②透光性；③光泽度。

（1）我们区分了六种主要颜色——红色、橙色、黄色、绿色、蓝色和紫罗兰色。深橙色叫褐色。然后是白色、灰色和黑色，这三种颜色在物理学中并不是真正的颜色，但却被用来反映物质的外观。

白色：白垩、食盐、白糖等。

灰色：铅、铁等。

黑色：木炭、沥青、油墨等。

红色：红丹、朱砂、赤陶等。

深橙色/褐色：赭石、琥珀、褐煤等。

黄色：硫黄、黄金、黄铜等。

绿色：树叶、铜绿、翡翠等。

蓝色：青金石、厚冰块等。

紫罗兰：紫水晶。

白色、黑色和棕色在自然物质中最常见。

（2）透光性分为三种状态——透明、半透明和不透明。玻璃是透明的，它可以是有色的，也可以是无色的。兑水牛奶是半透明的，磨砂玻璃和油纸也是如此。然而，大多数物质是不透明的。此外，透明、半透明和不透明的物质可以是任何颜色。

（3）最后我们来说下光泽度，我们将“金属光泽”作为最高等级的光泽度。我们把最高等级的金属光泽与其他物质的光泽区别开来。矿物学是研究物质在地球上的分布的一门学科，在矿物学中，以金刚光泽、玻璃光泽、油脂光泽、丝绢光泽和珍珠光泽来区别矿物。金刚光泽非常接近金属光泽，最常见的具有金刚光泽的物质为钻石，钻石可反射大量的光，看上去十分明亮。玻璃显示玻璃光泽，脂肪显示油脂光泽。当许多闪闪发光的丝线被平行放置时，会产生丝绢光泽，每条线均可反射光线，从而获得一种特殊的微光。贝壳及其他蚌类身上细小的、有规则的不均匀呈现出珍珠光泽，这种不均匀改变了光线的传播方向，从而在不同的方向上呈现出不同的颜色。

形态

物质的第二个显著特性是占据空间的方式。一个物体要么是固体，要么是液体或气体。相应地，它的组成成分也分为固态、液态和气态。

1.固体

固体具有一定的体积并保持自己一定的形状，当有外力对物质施加作用时，固体以上形态会被扭曲，导致永久变形。因为所有的物体都受到重力的作用，所以当物体不在容器中时，它本身具有一个确定的形状，表明这是一个固体。如果它是一种液体，重力的作用会使它流动，这样每一个粒子都会尽可能地向下沉。

不同物质的硬度不同，例如，铅的硬度很小，铅棒比铁棒更容易变形和被撕裂。根据改变固体形状的方式，可区分不同种类的固体。因此，可以测量固体抗破碎、抗撕裂和抗切割的能力。例如，通过撞击，如果某种固体物质很容易变成小的不相干粒子，则认为这种物质易碎；否则，认为该物质不易碎。一个物体被弯曲或扭曲后可恢复或部分恢复到原来的形状，则认为该物体有弹性；相反，如果保持弯曲或扭曲后的形状，则认为该物体无弹性或有塑性。

物质的所有此类特性都可以精确测量，但在基础化学和矿物学中，粗略估计这类性质即可。因此，通常用软或硬、有韧性或易碎、无弹性或有弹性等描述物质该类性质。比如，天然橡胶柔软，有韧性，有弹性；钢坚硬，有韧性，无弹性等。

2.液体

液体没有确定的形态，但有确定的体积，因此有一定的密度。一般无须施加外力使液体呈现某种形态，因为重力本身就能完成这项工作。就底部和侧面而言，液体会呈现出周围固体环境的形状，如装液体的容器的形状。容器中液体的表面接近垂直于重力作用方向的水平面。容器中液体的液面永远呈水平状态，垂直于地心引力方向。

液态和固态之间有过渡形态，因为液体的流动性差异很大。汽油比水的流动性好，水比油的流动性好。糖蜜、树脂和沥青均为黏稠的液体，它们对重力的作用反应缓慢。尤其是沥青，它可以像固体一样迅速破碎，也可以在缓慢施加的压力作用下像液体一样流动；柔软无弹性的金属（如铅），可以通过巨大的压力使其流动，还可用于压制螺纹或管子。

3.气体

气体是最难以观察到的物质。由于这个原因，很长一段时间内，研究人员并未将其单独分类。

除了我们周围的大气之外，还有许多其他不同性质的气体。例如，照明气通常被用作光源和热源，氢气可充入气球中，二氧化碳用于制作苏打水和化学灭火器。上述气体均为无色气体，自然界中也存在有色气体，自然界中无色气体比有色气体多。

气体既没有确定的形态，也没有确定的体积，但是可以充满气体容器。气体会对容器壁施加一定的压力，并且压力可以变大或变小。该压力大小取决于容器中所装的气体量，因为压力会随着所含气体量的增加而成比例增加。一个实例是给自行车轮胎打气：打入的空气越多，轮胎就越硬。

我们生活在空气中，就像鱼生活在水中一样。说一个瓶子是空的，意思是瓶子里面除了空气什么也没有。瓶子里实际上有东西，因为如果把瓶子倒过来放入水里，水只能渗入一点点。如果瓶子向右翻转，然后完全浸入水中，气泡会从水中逸出，瓶子里就会装满水。从这些实验中可以明显看出，空气的密度比水小得多。事实上，二者的密度差别非常大，水的密度大约是我们周围空气的1200倍。换句话说，1g空气在普通条件下会占据大约1.2L的体积。空气和所有其他气体的密度随压力变化很大。

我们通常看不到气体，特别是浅色的气体。当气体被水全包围或部分包围时，即可判断出气体的存在。如果用棍子搅动泥泞池塘的底部，气泡会通过水向上逸出。将装满水的玻璃量筒倒置在逸出的气泡上，即可收集气体。

质量

1.所有的物体都有质量

质量是量度物体惯性大小的物理量。举起一个物体，就可以感受到质量的存在，即需要做一定量的功，且举起不同的物体所做的功差异很大。羽毛特别轻，因此很难感受到它的质量；巨石特别重，因此很难被举起，因为我们知道这超出了我们的能力范围。通过这种方式，我们认识到物体有不同的质量，同时可以估计两个物体的质量是相同还是不同。这种估计一般不太确定且不准确。

用天平可精确测量质量（图1）。天平的本质是一个杠杆，杠杆有两个等长的臂。但有时出于某些特殊用途，必须使用不等臂天平，甚至单臂天平。如果将不同质量的物体放置在臂末端悬挂的秤盘上，一个盘会下沉，另一个盘会上升。在这种情况下，下沉秤盘中的物体质量更大。

如果天平臂没有向任何一个方向偏转，则认为两个秤盘中的物体具有相同的质量，天平处于平衡状态。

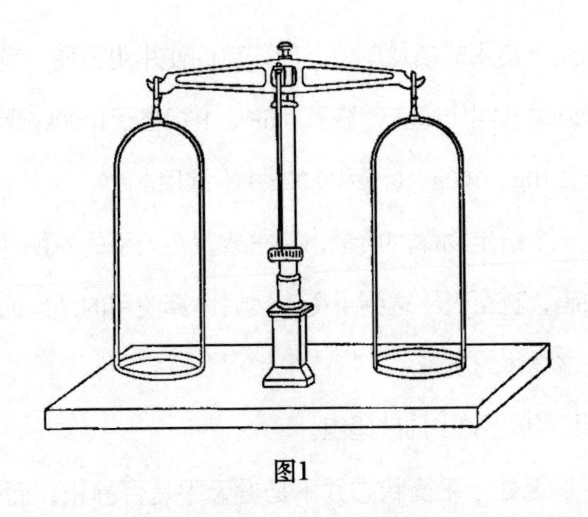

图1

物理学研究表明，重力或物体的质量在地球表面的不同地点和不同高度是不同的，但是在一个地方具有相同质量的两个物体在其他任何相同地方的质量也相同。换句话说，各个物体的绝对质量在不同的地方以相同的比例变化。如果一个天平在某一地点保持平衡，那么它将在任何其他地方也能保持平衡。因此，如果用天平比较质量，就完全没有必要考虑绝对质量。

2.质量单位

为了确定一个物体的质量，可以任意选择标准或正常的质量。法国巴黎国际计量局总部保存有质量为1kg的铂（铂是化学性质最稳定的物质之一），称为千克原器。此外，还制备了约20个复制品，这些复制品严格按照千克原器的标准制备，被送往世界各国，作为千克原器使用。其他千克砝码会与这些复制品进行比较，并保存在不同的标准化局和砝码制造商处，以便作为所有质量测定的依据。千克的符号为kg。

一千克的千分之一叫作克，符号为g，克是科学研究中常用的单位。虽然还有其他商业上常用的质量单位，但是克的使用更方便，克是公制质量基准。一克的千分之一叫作毫克，符号为mg，1t相当于1000kg或约2205磅。

其他单位如10g、100g、0.1g和0.02g并不常用。

为了确定一个给定物体的质量，将它放置在天平的左侧秤盘上，在右侧秤盘上放置砝码，直至天平达到平衡，然后计算使用的砝码的质量，砝码质量的总和就是该物体的质量。

市面上即可购买图2中的砝码组。

判断天平是否处于平衡状态并不是看天平是否静止，而是看指针是否会停在分度盘中间，或在分度盘中间的位置左右摆动，且左右摆动的幅度相同。

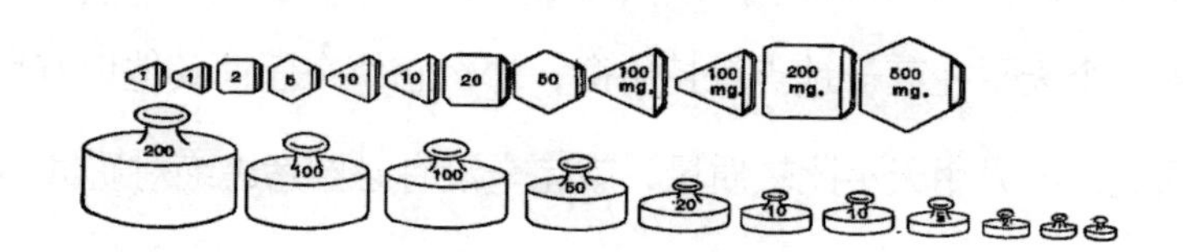

图2

学生们可以称量一些物体练习称重。砝码应按正确的顺序放在盒子里，并按常规顺序使用。如果砝码太重，则从秤盘上取下一个砝码；如果砝码太轻，则增加一个砝码。在实验室记录下一个物体的质量后，应进行第二次称量来检验质量。

如果想知道液体的质量，首先称一个空的烧瓶，然后加入液体，进行第二次称重，两个质量之间的差值则代表液体的质量。在这种情况下，习惯称空容器的准确质量为皮重。

3.空气的质量

固体和液体都有质量这一事实在日常生活中很常见，但人们在很长一段时间内没有意识到空气和其他气体也有质量。下面的实验可以验证气体也有质量。

取一个厚壁大烧瓶，在烧瓶的颈部固定一个橡胶塞，里面装入一个带旋塞的玻璃管。称量烧瓶的质量；然后，用一个自行车打气筒向烧瓶中打入空气；关闭旋塞，再次称重。第二次的质量比第一次稍微大一点，质量增加的量取决于烧瓶的大小和打入的空气量。打开旋塞，空气逸出，烧瓶的质量和之前的质量相等。

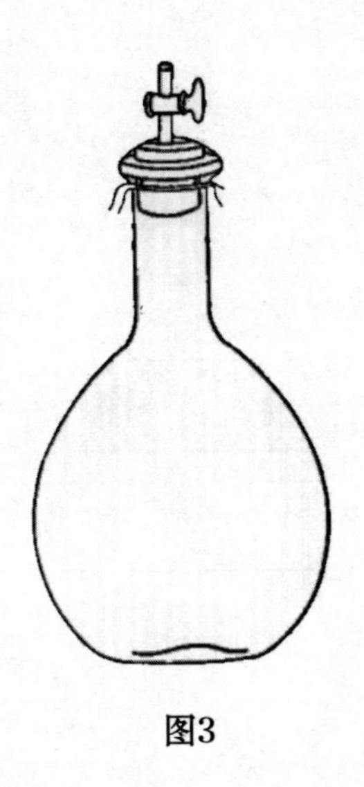

图3

类似地，如果用真空泵除去烧瓶中的部分空气，烧瓶会变轻。在这种情况下，如果随后打开旋塞，空气进入烧瓶中，烧瓶质量会增加，从而获得最初的质量。

当然，烧瓶在一定程度上是被周围的空气提起来的，根据阿基米德原理，烧瓶减少的质量和排出空气的质量相同。在上述实验过程中，由于烧瓶的质量始终保持不变，因此它不会对我们的计算结果产生影响。我们很难在真空条件下进行称重，虽然可以实现，但很不方便。那么，我们可以在上述实验中将空气的质量加进去，最后得出的结果，与在真空中实验的结果不会有任何差别。

密度

在我们的日常生活和科学研究中，除了质量，还有两个量需要测量，即时间和空间。我们会发现虽然在化学研究中通常不考虑时间，但空间非常重要，尤其是在测量质量方面。

1.空间单位

市面上有大量的长度测量仪器，可适用于不同国家的标准。

1m的百分之一叫作厘米（cm），是化学测量中常用的单位。1dm=10cm，1mm=0.1cm，1000m=1km。

面积单位和体积单位都是根据长度单位推导出来的：边长为1cm的正方形的面积为$1cm^2$，边长1cm的立方体的体积为$1cm^3$。

质量和体积的单位之间存在相关性，1mL的水的质量为1g。由于水的温度影响它所占据的体积，因此这一说法只有在4℃的温度下才成立，且在这个温度下的水的密度最大。在4℃时，$1dm^3$的水的质量是1000g或1kg，$1m^3$的水的质量是1t。

2.密度

每个物体都有一定的质量，但严格意义上，不能说每种物质的质量是一定的，因为一大块铁比一小块铁重，但两块铁是由同一种物质组成的。我们经常用轻和重这两个词描述物质的质量，比如说铅比较重，软木比较轻，尽管一小块铅并不是特别重，但一捆软木运输起来却相当重。实际上，“轻”“重”等词旨在表明物质的一种性质，即对特定体积内质量的度量，等于物体的质量除以体积。大小相等的铅块和软木块质量差异很大，软木块比铅块轻得多。控制此类条件的物质属性称为密度。

一块物质的体积增加两倍，它的质量也会增加两倍。也就是说，如果给定物质不变，质量和体积之间的关系保持不变，所以一种物质的密度 ρ 是用它的质量 m 除以它所占据的体积 V 得到的，即

$$\rho=\frac{m}{V}$$

换句话说，要确定一种物质的密度，必须先称其质量并确定其体积。

前述内容已经说明了测量质量的方法。如果一个物体有确定的几何形状，就可以很容易地计算出它所占据的空间。我们可以用圆规和尺子测量尺寸，然后根据几何学规则进行计算。

如果 l 是一个正方体的棱长，则正方体的体积就是 l^3。

如果 d 是球体的直径，则球体的体积是 $\frac{1}{6}\pi d^3\approx 0.524d^3$。

如果 a、b 和 c 是长方体的三个相邻边长，则长方体的体积为 abc。

如果 d 是圆柱底的直径，h 是圆柱体的高度，则圆柱体的体积是 $\frac{1}{4}\pi d^2\approx 0.785d^2h$。

如果某种固体没有确定的几何形状，则必须用其他方法来确定它的体

积。简单的方法是取一个量筒，其容量以立方厘米为单位，每立方厘米标一刻度（图4）。将足量的液体（优选酒精或汽油，因为酒精或汽油更容易润湿固体表面，且不会形成气泡黏附在固体上）倒入量筒中，确保能完全覆盖固体物质（已称量），在加入固体物质之前和之后分别读取液体的体积。两次体积读数之间的差值为该固体物质的体积。测量时可以加入一块或多块固体物质，但要确保液体不得溶解物质或与该物质发生反应。

图4

也有许多其他的方法来测量密度，具体可参阅物理教科书。

3．固体的密度

以下是部分常见固体物质的密度。

物质	密度/（g/cm^3）	物质	密度/（g/cm^3）	物质	密度/（g/cm^3）
铝	2.7	玻璃	2.5	硝石	2.09
氯化铵	1.52	金	19.2	银	10.5
黄铜	8.4	铁	7.8	硫	2.0
方解石	2.71	铅	11.3	糖	1.59
铜	8.9	镁	1.7	食盐	2.16
软木	0.2	铂	21.4	锌	7.1
石膏	2.32	石英	2.65		

4.液体的密度

液体比固体的密度更容易测量，因为液体呈现出的形状就是装液体的容器的形状，所以液体的体积可以根据其占据已知空间的大小确定。如果确定了液体的质量，就可以计算其密度。

为了确定用于测量液体密度的容器的容量，可以利用4℃下1g水的体积为1mL这一原理。如果容器中装有*N*g 水，则其容量为*N*mL，在这个空间里装有*P*g液体，那么该液体的密度为*P*/*N*g/cm³。

通过实验确定液体密度时，在每种情况下应将所用的容器装入同样多的液体。可以采用一个带有毛玻璃塞的瓶子；玻璃塞的一侧刻有细槽，多余的液体通过该细槽流出。另一个方法是在烧瓶颈部一圈画一条水平线，确定一定的体积。如果是可润湿玻璃的液体，注满烧瓶，直到圆形表面的最低部分（称为弯月面）刚好接触到这条线（图5）。如果是不润湿玻璃的液体，会出现一个凸起弯月面，当弯月面触碰到标记的水平面时，实际体积小于凹弯月面的情况（图6）。对于汞等不润湿玻璃的液体，应使用带塞子的瓶子，或者计算凸弯月面情况下的体积差异，并进行相应的校正。

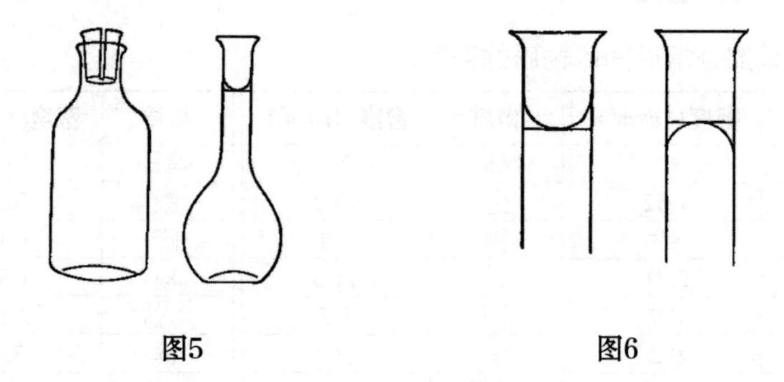

图5　　　　图6

用来测定液体密度的瓶子称为比重瓶。为了便于计算，特别是对于颈部有标线的比重瓶，所选择的容量是以毫升为单位的整数，例如10mL或100mL。用装满给定液体的比重瓶的质量减去空比重瓶的质量即比重瓶中液体的质量。空比重瓶的质量是一定的，可以一次性确定，按照惯例，空容器的质量称为皮重。如果 S 是装有液体的容器的质量，T 是皮重，那么 $S-T$ 就是液体的质量，液体密度为 $\rho=(S-T)/V$，其中 V 是比重瓶中液体的体积；如果 W 是装满水的比重瓶的质量，则密度公式为 $\rho=(S-T)/(W-T)$。该式中的所有值均可直接确定，在给定的情况下，只需将具体的数值代入这个公式即可。

确定汞的密度特别重要，因为汞经常与物理和化学仪器接触。拿起一瓶汞，可以明显看出汞非常稠密。由于汞太重，很容易溅出，为了避免损失，可以将汞放在边缘凸起的托盘上，以便收集溅出的汞滴。在0℃时，汞的精确密度为13.596g/cm^3。

下表为部分常用液体的密度。应注意，所有液体的密度都随温度而变化，受热后体积膨胀，密度变小。除非另有说明，否则给出的值只适用于18℃（64.4℉）的一般室温条件。

常见液体的密度

液体	密度/（g/cm³）
0℃的水	0.99987
4℃的水	1.00000
10℃的水	0.99973
18℃的水	0.99862
20℃的水	0.99823
30℃的水	0.99567
50℃的水	0.98807
100℃的水	0.95838
乙醚	0.717
乙醇	0.7911
苯	0.881
三氯甲烷	1.493
乙酸	1.053
甘油	1.26
橄榄油	0.91
石油	0.8
二硫化碳	1.265
松节油	0.87
0℃的汞	13.596
18℃的汞	13.552

5.密度的数值表示法

密度与颜色或光泽一样，均为物质的性质。将一种物质握在手里并举起，对它的质量与它所占的空间进行比较，就可大致估算出该物质的密度。但这种方法并不准确，人们只能发现明显的差别。因此，必须用天平、标尺和量筒来代替手和眼睛的直接判断。用数值描述密度比用语言描述密度要精确得多。颜色和光泽等可辨别的性质必须用语言来描述，但不够精确。因此，颜料铅丹、朱砂、赭石和胭脂均可描述为红色，但这些物质的颜色明显是不同的。

在科学研究中，需要尽可能给出所有性质的准确数值，因为这些数值受偶然的个人判断和观察者的技能或经验的影响要小得多，同时可对数值进行多样化的区分和分级。密度是一种可测量的性质，研究表明，相同条件下，相同物质的密度相同。举例来说，4℃条件下水的密度总是$1g/cm^3$。无论水源自何处，只要水是纯净的，相同条件下它的密度总是一样的。

实验还发现，铅的密度始终为$11.3g/cm^3$，因为$1cm^3$的铅的质量始终为11.3g。铅可以用不同的方法从不同地方的各种矿石中提取，但是一块纯金属铅的质量总是它所占空间的11.3倍。

同样地，密度也可以用来识别物质。在地球上发现一种未知物质，可以先确定其密度，然后在密度表中搜索，直到找到一种与此密度完全相同的物质。为保险起见，一般还会比较其他性质。

均匀物质和混合物

1.混合物

只有物质的每一部分与其他所有部分的性质完全相同时，才有可能根据颜色、透明度和光泽对物质进行分类。但许多物质组成部分的性质并不同。香肠可以区分为白色脂肪和红色肉体，因此不能说香肠是由白色或红色的物质组成。事实上，香肠并不是由一种物质组成的，而是由两种物质组成的——脂肪和红肉。此外，在实际中，除了脂肪和红肉，还可以检测出黑胡椒粉和其他物质。这种由几种物质组成的物体被称为混合物。

当两种或多种物质结合在一起形成一个物体时，就形成了混合物。我们没有必要特意制造混合物，因为自然界中有大量混合物。如果仔细观察花岗岩，会发现花岗岩是由不同物质组成的混合物，其中包含不同颜色、不同光泽和不同硬度的颗粒。

混合物的性质完全取决于所含的不同物质的性质，以及每种物质的相对含量。举例来说，如果沙子与少量的水混合，得到的混合物就像纯沙子一样，即潮湿的沙子。然而，如果加入大量的水，得到的是可以流动的糊状物。如果在大量的水中加入极少量沙子，会得到混浊的水，其性质与纯水几乎相同。

同样地，如果大量的木炭粉与少量的白粉笔粉末混合，会产生黑色混合物。如果白粉笔粉末的比例有所增加，就会得到一种灰色的混合物，而且随着白粉笔粉末比例的增加，这种混合物会变得越来越白。

混合物的性质介于单一成分的性质之间，改变成分之间的比例可以改变混合物的性质，使其更接近某一种单一成分的性质。

2.混合物的识别

有时并不能直接判断一个物体是由单一物质组成还是由几种物质组成。如果各种物质的粒度大到足以识别，且混合物中的不同物质具有不同的外观（例如不同的颜色），则可以直接判断它是单一物质还是混合物。但有时物质的粒度非常小，肉眼无法看到，在这种情况下，必须用放大镜或显微镜观察该物体。

混浊或不透明的外观是混合物的标志性性质。当无色透明的物质处于纯净、连贯的状态时，通常会呈现白色粉末的状态。这种粉末的单个颗粒通过空气相互分离，所以这种物质与空气的混合物也为白色不透明①。同样地，清水与空气混合时会变得不透明，就像浪花或轮船螺旋桨产生的泡沫一样。肥皂泡沫就是一种透明液体与空气混合形成的。如果将方解石或芒硝的透明晶体磨碎，会得到一种白色不透明的粉末。

任何两种物质按不同的比例混合可制成无数种混合物，因此实际生活中，混合物比均质物质多得多。相同的物质以相同的比例制成的混合物的各种性质是相同的。将2g木炭粉与20g白粉笔粉末混合，或者将3g木炭粉与30g

① 不透明实际上是由大量微小表面造成的，这些微小表面向各个方向反射光线。

白粉笔粉末混合，所得的混合物性质完全相同，只要其质量比例为1：10，灰色和其他性质就始终保持不变。

因此，混合物的性质不取决于成分的绝对数量，而是取决于它们的质量比。

将不同的物质在研钵或混合机中充分混合，得到的混合物为均质混合物，这种混合物不会出现成分的分离。比如，药剂师混合白色粉末，画家采用各种纯色调制中间色调，厨师把油和醋混合起来做沙拉。要想制备均质混合物，只需要混合足够长的时间。

3.混合物的分离

混合物的各种成分是否能迅速、缓慢分离或完全不分离，取决于混合物本身的性质。如果混合物中的一种成分是液体或气体，通常可以比较容易且快速地进行分离，在这种情况下，通常很难制备出均质混合物。另一方面，若固体混合物在静止状态下保持不变，则无法简单地将这些混合物分离成各种单一成分。

所有混合物都可以分离成各种单一成分。将花岗岩打成粉，借助于透镜，可将白色石英、粉色长石和闪光云母分离出来。通过这种方式，我们可以将每种成分各分离为一小堆，每堆均为纯物质，并且堆的数量为混合物中的各种纯净物的数量。因此，如果采用某种物理方法将所有的混合物分离成各种单一成分，最终可得到各种纯净物。

如上所述，如果可以通过外观来区分混合物的单一成分，则可通过物理分选的方法将这些成分分离。但分离过程仅适用于纯净物的单个颗粒相对较大的情况。苹果和梨的混合物可以简单分离，但要分离燕麦和大麦混合物，操作将十分烦琐和困难。以分选的方式分离细粉形态的混合物实际上是不可能的。

4.筛选和淘选

物理分选不能实现分离时，必须采用其他方法。最简单的是筛选，如果要分离的各组分粒度不同，可以采用筛选进行分离。因此，将泥土抛向倾斜放置的铁丝网，可将砾石与细沙分离，沙子穿过网眼，留下砾石。在农村，人们也用类似的筛子或筛网把谷壳从较大的谷粒中分离出来，磨坊用筛子把面粉和麸皮分开。人们会根据要分离的颗粒的大小，调节筛子或筛网网目的大小。过筛、筛选、过滤是同义术语，都代表同一种工艺。

另一种工艺是淘选，淘选的原理是，当粉末与水流接触时，较轻的颗粒会随水流漂浮，而较重的颗粒会沉入底部并留下。一般情况下，开采的矿石中，有价值的矿石比伴生的无价值岩石密度大得多，也就是所谓的“脉石”。矿石的“淘洗”就是将其粉碎后用水搅拌，使较轻的矿粒漂浮起来。黄金就是采用这种方式从金沙中“洗选”或“淘选”出来的。

5.其他分离工艺

还有一种分离工艺的原理是，如将混合物置于比混合物中的一种成分密度大但比另一种成分密度小的液体中时，一种成分会浮在液体的顶部，另一种会沉入底部，然后这两部分即可分离。使用如图7所示的容器可以很方便地实现这种分离，完成分离后，插入塞子，确保倒出液体时，将底部物质保留。

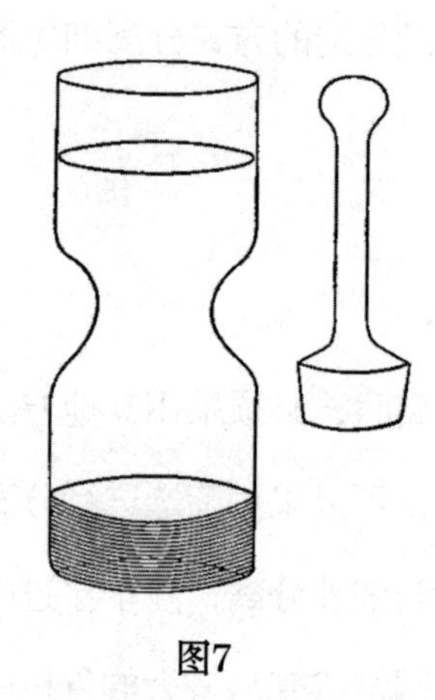

图7

也可采用密度之外的其他性质将混合物分离成单一组分。例如，对于沙子和铁屑的混合物，我们可以用磁铁吸出铁屑。由氧化铁和脉石（黏土、沙子等）组成的铁矿石可以用这种磁选法浓缩，矿石会落在强电磁体的两极附近，这样操作后，大部分磁性物质会被吸到一边，杂质则直接落下。

很明显，所有这些分离过程都依赖于这样一个事实，即混合物的某些组分在一定的影响下表现出不同的性质，从而可以在空间上与其他组分分离。由于混合物的成分具有不同的性质（否则不是混合物，而是均质物质），所以从根本上说，可以通过一定的方法将混合物分离成其成分，只是在实际情况下，每种成分应考虑采用最快和最准确的方法。

6.从液体中分离出固体

化学研究中，经常需要从液体物质中分离出固体物质，主要的两种方法是沉淀和过滤。如果液体的密度小于固体的密度，通常采用沉淀法。将混合

图8

物静置，在重力作用下，一段时间后固体颗粒会沉淀在容器底部。小心地倒出液体或使用移液管（图8）移出液体，可收集大部分液体，但固体通常仍浸润在液体中，最后一部分液体无法用这种方法完全去除。如果希望尽可能多地去除容器中的黏附液体，可将糊状物放入用多孔材料制成的袋子中，通过压力机将液体挤出。更好的方法是应用离心力，即通过合适的装置使混合物在圆形轨道上快速旋转。在离心运动中，每一个粒子均受到一种类似于重力的力的作用，这种力比重力更大，所以会将液体抛出，固体则通过一个过滤器或类似装置收集。虽然用离心法可以比较彻底地分离固体和液体，但也有不足。如需完全去除最后的液体，必须采用蒸发方法或使用溶剂。这些操作方法将在后续章节讨论。

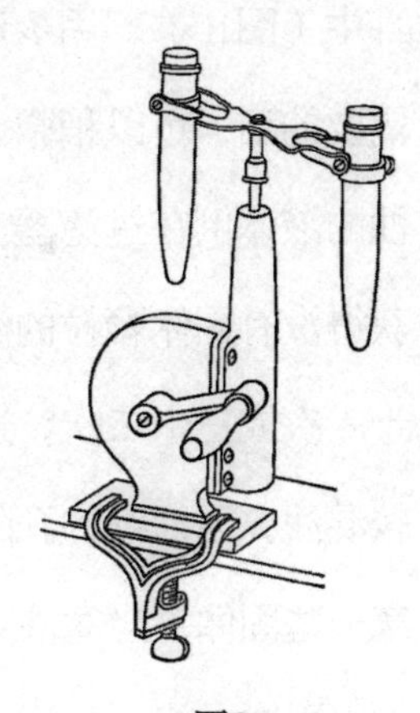

图9

离心机（图9）基于离心力的作用，和单纯的重力作用相比，离心力会使细小的沉淀物沉淀得更快、更彻底。将液体放置在离心机中，离心机中不包含过滤器，通过非常快速的旋转，较重的固体物质会被抛至远离圆心的方向。

7.过滤

如上所述，在压力机和离心机的作用下，实现了过滤。过滤的本质与筛选相同，只是过滤物质的范围更广，因为所有的液体都像极细的粉末一样，再细密的过滤器也能通过。

大部分过滤器采用织物过滤，但在实验室里，通常采用滤纸。滤纸是一种纯纤维纸，与书写纸不同的是，滤纸的纤维并未上浆。而书写纸必须上浆，否则油墨会渗透到纸中并扩散；但吸墨纸中不含胶料，因为它是用来吸收油墨的。因此，使用未上浆的滤纸后，水或其他液体会通过滤纸，而将固体颗粒留在滤纸上。

将一张滤纸折叠两次，将纸分成四个部分，然后将纸打开，形成一个空心圆锥，一边有三层纸，另一边有一层纸。将空心圆锥放在60° 的玻璃漏斗中（图10），用少量的水润湿滤纸，将滤纸紧紧地贴在漏斗的两侧。如果需要的话，可以稍微调整滤纸的位置。把一个烧杯放在漏斗的底部，当把混浊的液体倒在过滤器上时，透明滤液流过滤纸，固体留在滤纸上。如果只需获得没有固体颗粒的液体，可使用折纸过滤器，这种过滤器的滤纸可以折叠十六次或三十二次，过滤速度更快。在过滤过程中，最先流出的液体一般比较混浊，因为纸的孔隙较大。但在过滤过程中，纤维稍微膨胀，空隙中会堵塞一些固体，当滤液变得澄清时，就可以自行收集滤液，可以将混浊的部分倒出再次过滤。如需从固体和液体的混合物中获得固体物质，则使用平滑滤波器（空间滤波器的一种），且一般需要去除所有的原始液体。这时一般采用清洗残留物的方法，可将另一种液体倒在过滤器中，并让其流过，直到将固体上所有的原始液体冲掉。一般情况下，原始液体是一种溶液，纯水用于洗涤。所有其他种类的液体均可用于洗涤，但简单地洗涤一次通常效果不佳，必须根据所需的固体纯度，调整洗涤时间的长短。

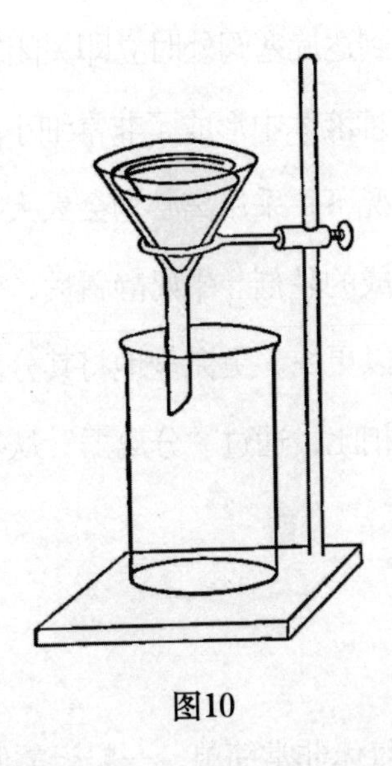

图10

将沉淀和过滤过程结合起来效果会更好。将悬浮液引入沉降器内，悬浮液中的固体颗粒逐渐沉于器底，上部澄清液体可以通过器壁的出液管倾析而出，从而达到固液分离的目的，这种方法叫作倾析。

8.两种液体的混合物

如果两种液体的密度不同且互不相溶，则可通过重力分离混合物。这种混合物会形成两层液体，密度较大的液体在底部，然后通过使用分液漏斗即可方便地实现分离。顶部的毛玻璃塞可以关闭漏斗（图11），并在连接阀杆的地方安装了一个旋塞阀。旋塞阀关闭后，将液体混合物倒入漏斗中，形成两层溶液后，小心地打开旋塞阀，

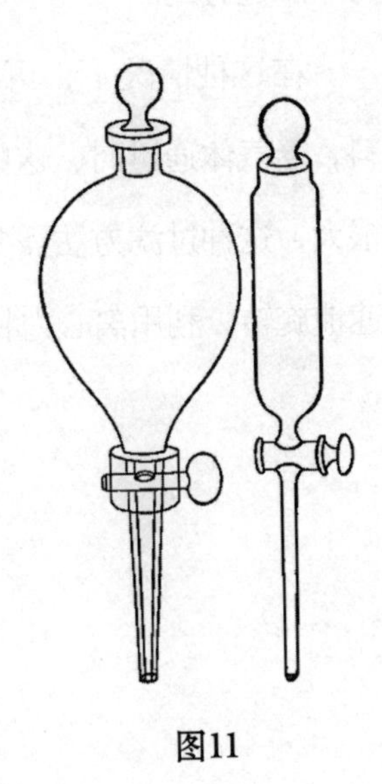

图11

下部液体流出，上部液体到达旋塞阀处时立即关闭旋塞阀。

如果一种液体在另一种液体中形成了非常细小的液滴，通常需要很长时间才能沉淀出来。这种情况下，采用离心力会大大提高效率。例如，牛奶是微小脂肪球在水溶液中形成的乳剂。牛奶静置后，较轻的乳脂逐渐聚集在顶部，但是通过离心力，可以更快、更完全地将其分离。因此，在奶油厂，与传统的“凝固脱脂”方法相比，通过“分离器”从牛奶中提取多脂奶油的时间要短得多。

9.气体的分离

从固体或液体中分离气体非常简单，一般无需使用任何特殊仪器。由于气体与固体或液体的密度差异很大，因此可以很快分离。当固体或液体的颗粒非常小时（如灰尘或雾中的小水滴），分离过程特别缓慢，需要采用其他方法加速分离。

在这种情况下，可以通过过滤实现分离，通常使用一团棉花或类似材料，当气体通过时，这些材料会阻挡非常细小的固体或液体颗粒。但如果量很大，这种过滤方法需要很长时间，这时可以让含尘空气在圆筒或转筒内快速地旋转，利用离心力将灰尘甩出，并在落到外部时对其进行收集。

INTRODUCTION TO CHEMISTRY

第二章

物理变化

熔化和凝固

1.熔化

固体物质并非在所有条件下均为固体，加热后可以转变成液体。每年冬天，如果温度低于0℃，街道、田野和小溪上都是固态的冰和雪。一旦温度上升到冰点以上，固态冰就会再次转变成液态水[①]，然后干燥的街道变得潮湿，河上覆盖的坚硬冰块就会开始移动。

在这方面，所有其他固体都会像冰一样，只是熔化的温度差异很大。蜡在热水中就可以熔化，硫黄的熔化温度更高，铅在火焰中容易熔化，但铜和铁不容易熔化，需要更多的热量才能液化这些金属。碳只会在电弧中熔化，不会在任何熔炉中熔化。但每种物质最终都可以液化，只要能达到其所需的温度。

反过来，通过冷却可以将所有液体转化为固体。铁水在约1400℃时凝固，水在0℃时凝固，乙醇在−112.3℃时凝固。

物质通常的状态是固体还是液体取决于熔点或凝固点的高低，如果高于15℃，则一般为固体，否则为液体。如果人类生活在大约500℃的温度下，我们的世界将会完全不同，因为目前所知的很多固体物质将会变成液体保存

① 冰的融化需要一定的时间，与冰接触的水的温度会保持在冰点，直到所有的冰融化。

在容器中。

2.物质的形态

严格地说，水和冰是两种不同的物质，因为它们具有完全不同的性质：一种是液体，另一种是固体；冰的密度大约比水的密度小九分之一，冰可以漂浮在水面上，如果将冰推到水面下，冰会立即浮起；冰不导电，但水能导电等。同样，固态蜡和液态蜡、固态铜和液态铜等的性质也有所不同。

然而这两种因温度变化而熔化或凝固成的物质，通常被冠以相同的名称，并且它们代表同一物质的不同形态（或聚合状态）。只有水和冰有两种不同的名称，这是因为水和冰的不同性质对我们的日常生活非常重要。但在化学研究中，冰只是水的一种特殊形态，如同熔化的蜡是蜡的一种形态。因此，在化学研究中，认为水在0℃以上是液体，在这个温度以下是固体。

给这两种明显不同的物质取相同名称的原因在于，一种物质很容易变成另一种物质。除了水以外，从来没有发现任何物质是由冰的融化而形成的。同样地，只有当水冷却到冰点或凝固点以下，才会形成冰。

上述关于水的一切，同样适用于所有已知的具有固态和液态的物质，这两种形态对应于一种物质，它们可以相互转化而不产生第三种物质。

这种从固体到液体的转变，或相反的过程，可以称为最简单的化学变化。在某些情况下，一种物质消失了，取而代之的是一种新物质。一种物质不会在没有形成其他物质的情况下消失，也没有一种物质会在没有任何其他物质消失的情况下形成，因此我们说原来的物质已经转变成了新物质。从这种意义上来说，化学是对物质转化的研究。

如上所述，一般认为固态和液态是一种物质的两种不同形态，因此，这种转化通常被称为物理变化。这里涉及物理和化学的分界，因此必须在这两种密切相关的科学中仔细研究这种现象。从水和冰实际上是两种不同的物质这一观点来看，我们认为转化过程是一种化学变化。

3.质量守恒

在烧瓶中放入一些冰，进行精确称重，冰全部融化成水时再称重，会发现液态水的质量与固态冰的质量相同。从一种形态转化为另一种形态，质量没有发生变化。在各种条件下进行该实验，结果均无变化，冰融化成水时，新形态的质量与旧形态的质量完全相同。

这个规律不仅适用于冰的融化和所有类似的现象，而且同样适用于所有的化学变化。可以肯定的是，在有些情况下，比如酒精或石油的燃烧，似乎有一种物质消失了且没有留下任何其他物质，但准确的研究显示，这种质量减轻只是表面现象，这些液体燃烧时，会生成气体，生成的气体就像空气或照明气一样是看不到的——如果照明气没有被点亮的话。如果测定燃烧前存在的所有物质的质量，然后测定燃烧后存在的所有物质的质量，就会发现总质量没有变化，这就是质量守恒定律。如果将物质装在一个封闭的容器中，并使其发生化学变化，我们会发现总质量保持不变，因为生成物质的总质量与反应物质的总质量相同。

4.自然定律

尽管无法对每一种新出现的情况检验规律是否有效，但与事实相符的结论一般都会得到证实。很多人都相信，规律也同样适用于所有未经研究的情况。经验表明，自然界中存在一个简单而普遍的关系，即如果我们发现一个自然定律在尽可能多的情况下适用于各种情况，则可假设该定律适用于所有其他情况。

因此，自然定律仅仅是对实际观察到的关系进行简明概括的总结，可以合理假设这些现象在未来会像之前一样重复出现。但我们不能认为自然定律是一个绝对的规则，无论自然的实际情况如何，都必须根据该定律来判断。所有的定律只是总结了之前的自然规律，由于多次发现自然现象非常有规律地发生，可在每一次发现这种规律的情况下都得出结论，即这种现象将像过去一样在未来重复发生。

从这种推导方法可以明显看出，自然定律需要改进，以便更符合随后观察到的事实。这些改进的依据是首次制定规律时，可能并没有正确地了解或理解所涉及的性质发生的假设或条件，因此有必要重新确定这些假设或条件。以前定律的某一部分仍然有效，尽管可能在某一方面有所修改。

对于质量守恒定律，已经用现代实验技术对其进行了尽可能精确的测试，最终并未检测出与该定律有偏差。与此同时，有些理论表明确实存在这种偏差，尽管可能需要很长时间才能通过实验检测出偏差。我们可以放心地使用质量守恒定律，因为我们知道，即使有误差，我们目前也无法测量。

5.晶体

液体冻结时形成的固体通常呈现出比较规则的形状，称为晶体。冬天，如果窗玻璃温度低于0℃，室内的湿气就会凝结在窗玻璃上，形成一层固态冰，呈现出各种形状，如星星、树叶、芦苇状等。在寒冷的天气里，当冰在室外结成小雪时，它们的形状会更加美丽，通常为六角星形，呈现出非常规则的形状。图12是这种雪晶体的形态。普通的雪花也是六角星形，晶体形状可能是破碎的，或者是变形的，导致很难发现其规律性。在街道上半干的水坑中结的冰一般为长晶体，有时长近1m。

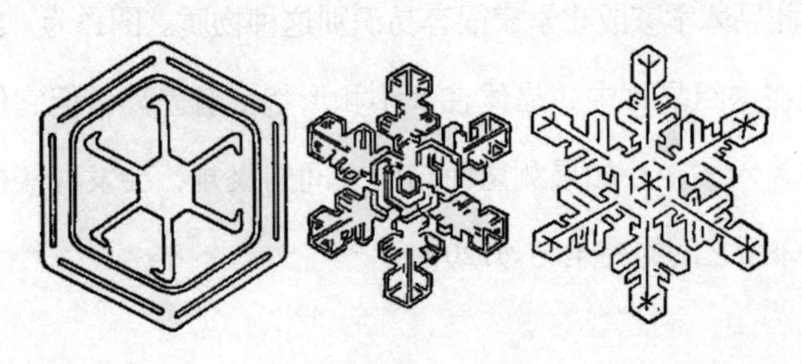

图12

冰不是唯一以晶体形式存在的物质，几乎所有的液体在冻结时都会形成晶体。将一些硫放在一个大坩埚中熔化，然后让它慢慢冷却，直到表面形成一层硬壳，整个内部就会形成大块黄色晶体，如果在硫的表面开一个洞，然后将里面的液体倒出来，就可以看到这一点。也可以用其他易熔物质进行类似的实验，尽管使用过少的金属做实验效果可能不佳，但用金属铋却可以得到特别漂亮的晶体。

6.晶体定律

晶体的形状是各种物质独有的特性。硫会形成带有倾斜端面的长棱柱晶体，铋会形成直角阶梯状晶体，水总是形成扁平的六角星形状的晶体。因此，如果物质的晶体形状是已知的，那么就像颜色和光泽一样，通过晶体形状也可以识别出各种物质。事实上，有一门学科“晶体学”，专门研究这些形状，并且总结了控制晶体生长的一般规律。最重要的是，所有的晶体都是多面体，即以平面为界的固体，永远不会出现弯曲界面。此外，已经发现相同物质的晶体在形状和大小上会有差异，但是环绕晶体的平面彼此之间总是形成相同的角度。由于这个原因，同一种物质的不同晶体之间会呈现出晶族相似性，因此晶体学家或化学家很容易识别这种物质。图13为一组天然石英晶体。虽然在这组晶体中，晶体在大小和形状上有差异，但它们都是六棱柱，自由端为六棱锥。如果测量面与面之间的夹角，会发现棱柱为正六棱柱，每个相邻面之间的夹角均为120°。

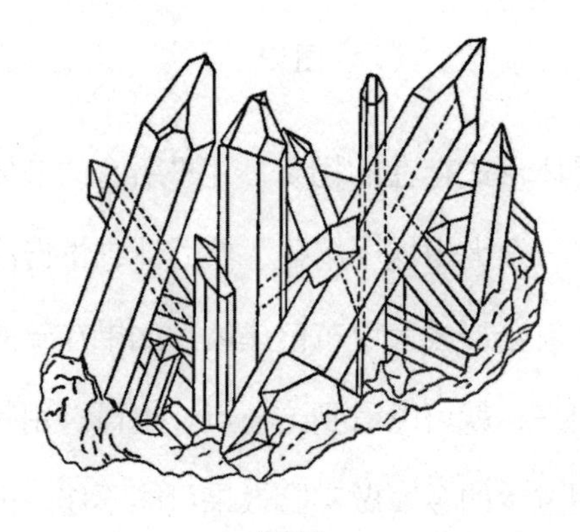

图13

7.晶体和无定形物质

物质的晶体通常非常小，并且不完全成形，因此无法通过肉眼直接辨认其形状。例如，大理石由微小晶体组成，所有的晶体均为共生状态，但是可根据表面的特殊反光来判断大理石的性质。因为晶体的边界面是平面，所以一块大理石的断裂面是由无数微小平面组成的。这些平面以不同的角度相互倾斜，从而以一种特殊的方式将光线反射出去，某些面将光线直接反射到人的眼睛里，而某些面未反射光线。因此，如果移动大理石块，其他的面会反射光线，因此会出现闪闪发光的点。借助放大镜，我们可以看到独立的晶体表面。

以这种方式观察物质的晶体性质时，即使是不完全结晶，也可以识别。由此可知，自然界中的固体物质，如矿物、岩石和矿石，以及各种人工制备的物质，经常以晶体的形式出现，且大部分物质的晶体性质均可识别。但是自然界中也存在着不结晶物质，即非晶质（无定形）。玻璃是典型的非晶质，虽然玻璃像纯晶体一样透明，但它没有自然的边界面，只是一种不流动的液体，其形状与流动状态下的形状相同。锤打某种晶体，晶体通常会破裂，从而形成新的边界面，称为解理面，与原始晶体的一个面方向相同。但用锤子击碎一块玻璃，就会形成圆形表面，而不是平面。据说玻璃显示贝壳状（像贝壳一样）的裂缝。大多数非晶质的性质相似。

非晶质没有确定的熔点，这是与晶体物质本质的区别。即使将晶体表面抛光或用其他方式破坏，也可以利用熔点来识别晶体。例如，如果用火焰烧玻璃棒，一段时间后，玻璃软化，玻璃棒可以弯曲。玻璃越热，变得越软，但没有确定的熔点。对于冰和其他晶体物质来说，在熔点对应的温度下，固体完全变成液体；相反，在冷却时，液体在相同的温度下完全变成固体，性质的变化并非渐进式。

液体是无定形物质[1]，因为没有确定的形状，只能假定为装液体的容器的形状。因此，有两种方式可以使物质在冷却后变成固态。那些不同于液体的固体晶体，要么是在一定温度下沉积而成的，要么在液体冷却后变得越来越黏稠，直到最终具有固体的形状和弹性。后一种固体为非晶体，在形成的过程中，无新物质从液体中分离出来，但是逐渐地，整个液体呈现为固体形式，没有任何确定的熔点。除了玻璃，沥青和树脂也是非晶质。

8.温度

加热冰水混合物或将其置于热容器中，冰会在0℃时转化成水，说明冰的熔点是一个确定的温度，可用水银温度计证明这一事实。众所周知，温度计是底部带一个小泡的狭窄、封闭的玻璃管，其中的水银体积比小泡的体积大。加热温度计时，玻璃的体积变得稍微大一点，同时水银膨胀，占据更大的空间。但水银的膨胀速度比玻璃的膨胀速度大得多，因此，随着温度的升高，玻璃管中的水银上升。在温度计的量程内，给定的温度下，水银柱会上升到玻璃管中的一个确定位置，每一个特定位置均有特定的名称，就像给一个指定的事物或一个特定的人取名字一样。被命名的事物和它的名称之间不一定有任何相似之处，因此同一事物的名称在不同的语言中可能完全不同。就温度而言，如同一个简单的序列，所有温度都可以按高低调节排列。温度计中的水银柱在不同温度下停在不同位置的原理也是这样，即温度计上的各

---

① 晶体确实存在于各种硬度的物质中，近期研究表明，某些物质虽然是液体，但却显示出晶体所特有的性质。这些物质称为液晶，可以认为是非常软的晶体。液晶在一定的温度下变成真正的液体，通常在确定的较低温度下凝固成真正的固体。

位置对应于每一个确定的温度。为了正确地标识这些位置以便确认温度，每个温度计上都有一个刻度尺。刻度尺上的每个刻度都对应一个确定的数字，这样当水银柱在一个确定的高度上时，温度计就会记录一个确定的温度。

9.零点

将科学研究专用的摄氏温度计放在混合均匀的冰水混合物中，会发现水银柱的高度停在零点。这一现象不足为奇，因为在制作温度计时，通过将温度计放在冰水混合物中，然后标记水银柱的位置来确定零点。温度计制造商并没有使用上述实验中所用的冰水混合物，但是水银柱却同样指示零点位置。这一现象表明了这样一个事实，即我们可以利用自然定律来确定温度计的零点，规则是：冰和水相互接触时，冰水混合物为同一个温度且保持不变。

10.一百度点

我们必须统一温度计的单位刻度，不同的温度计，由于其管内物质不同，因此受到压力后膨胀的程度也不同，在不同的温度计上，相等的膨胀距离有可能代表完全不同的温度。我们有必要确定刻度上的另一个点，为此就取了水的沸点。与冰点的性质相似，即无论沸腾发生的地点或过程如何，水总是在相同的温度下沸腾[①]。

把温度计放在沸水中，仔细测定水银柱上升的位置。将该点和冰点之间

① 必须考虑大气压，因为它对沸点有相当大的影响。但研究中已考虑了这种影响，很容易进行必要的修正。这一点将在下一章中更全面地解释。

的距离分成一百份，然后规定冰的熔点为0℃，纯水的沸点为100℃。这种温度计也可以置于0℃以下或100℃以上的环境中，只是其刻度会停留在0℃或100℃，不会显示更低或更高的数值。

在华氏温度刻度尺中，冰点标为32℉，沸点标为212℉，尽管在使用英语的国家日常生活中多采用华氏度，但这种温标使用起来并不方便。

11.熔点和凝固点

冰融化的温度是完全确定的，因此这个温度（或熔点）是冰或固态水的特性，就像密度、颜色等一样。铜在高温下熔化，酒精在很低的温度下即可熔化，均暗示着这些物质的熔点为某一确定的温度。事实上，这种现象非常普遍，每一种纯净物都有一个确定的熔点，都可以用一个很小的物质碎片来确定该熔点，熔点在实践中被广泛用于物质的表征和识别。

那么，在冷却的过程中，液体是如何凝固的呢？凝固和熔化的本质完全一样。与将冰水混合物放在温暖的室内不同，在寒冷的冬天把冰水混合物放在户外，这样冰就不再融化，水反而逐渐结冰，我们会发现温度计的水银位置仍然保持在零点，说明冰水混合物具有一定的温度。因此，无论是冰转化为水还是水转化为冰，只要两者相互接触，温度就保持不变，与转化的方式无关。

实际生活中，可能没有寒冷的冬天这一条件来进行实验，因此必须创造实验条件。我们可以使用冷冻混合物。如果把冰水混合物放在一个大容器中，混合物的温度为0℃。如果在冰水混合物中加入一点食盐或一些酒精，并搅拌均匀，温度会下降得更低。然后，将装有冰水混合物的烧杯放入这种冷冻混合物中，冰水混合物将处于更冷的环境中，就像暴露在冬季大气中一样，烧杯中的水会逐渐结冰，但温度保持不变，水银柱仍保持在零刻度线位置。

如果我们把水变成冰的这一温度称为凝固点，那么基于这一事实，我们可以说熔点和凝固点相同。两者均表示一种物质的液体和固体形式可以共存的温度。无论其中一种形态还是另一种形态的数量增加，只要两种形态都存在，就对温度没有影响。

当所有的冰融化后会发生什么？如果环境温度较高，水的温度就会逐渐升高。反过来，在寒冷的环境中，在水全部冻结成冰之后，冰的温度会下降，直到达到环境温度。水和冰这两种均质物质都可能存在于不同的温度条件下，冰存在于0℃以下的任何温度下，水存在于0℃以上[①]。但是0℃是限制冰和水的温度场的边界线。

在这方面，其他物质的性质也像水一样，不同之处是熔点或固态和液态之间的温度界限位于温度计上的不同刻度点。

12.过冷

如果本来会相互影响的两个物体可以无限期地共存而不发生变化，就认为其处于平衡状态。早期平衡状态用来表示达到的状态，如上所述，天平在两个托盘中放置的物体质量相等时即达到平衡状态，之后平衡状态被用于更广泛的意义上。因此，我们可以说水和冰在0℃时处于平衡状态。

为了建立平衡，达到平衡时的每一种物体必须存在。因此，在平衡的

① 最后这句话将在下述讨论中稍作修改。

情况下，如果去掉一个砝码，就会打破平衡。同样，水和冰两种形式同时存在时才能达到平衡状态。因此，如果周围的温度高于或低于0℃，冰或水就会逐渐消失，两者之间就不再有平衡状态。还有另一个有趣的例子，在该例子中，水自始至终都不会结冰。将水存在封闭管中，管的形状如图14所示，并将该管放置在大约-5℃的冷冻混合物中，则无论水在该温度下经历多长时间，水都不会结冰。即使摇晃封闭管中的水，也不会结冰。添加盐使冷冻混合物温度降低，直到达到-10℃，水仍然不会结冰，除非剧烈摇晃。如果尽量避免任何振动，水甚至可以冷却到-25℃不结冰，然后在摇动时立即结冰。在每一种情况下，并不是所有的水全部会结成冰，有一些冰晶会漂浮在水中。温度越低，最开始时结的冰越多。开始结冰时，水的温度立刻上升到0℃，如果在带塞子的瓶子中进行实验，将温度计浸入水中便可验证该温度（图15）。任何物质均可发生这种现象，如果不与固体接触，液体可以冷却到凝固点以下，这种现象称为过冷。实验证明，在过冷至一定程度时，通过快速搅拌并摩擦管壁产生结晶中心或加入晶种的方式，可使晶体结晶析出，达到控制过冷程度的目的。如果在密封之前将一根实心玻璃棒放入管中（图14），摇动时，结冰的温度比仅存在水（未放玻璃棒）时的温度要高。

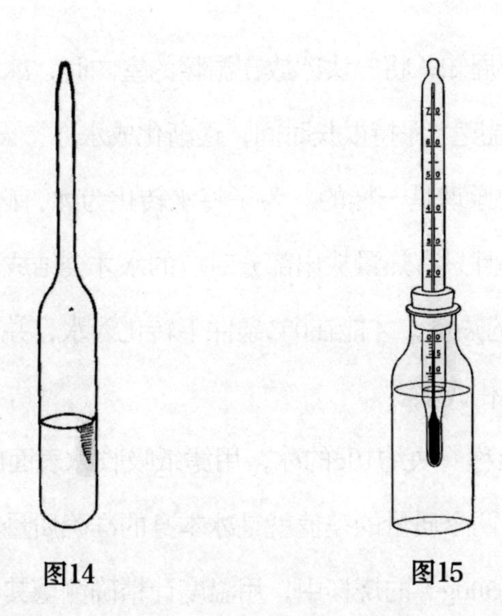

图14　　　　图15

对过冷的解释基于这样一个事实，即在0℃时，水和冰之间的平衡状态要求冰和水同时存在。如果仔细地密封容器，防止任何冰的存在，水就不会结冰，而是一直保持液态。可以肯定的是，在这种条件下，水不是处于一种完全稳定的状态，因为如果存在冰，水就会结成冰。温度越低，液态水的稳定性就越差，直至摇晃引起的振动导致第一片冰的形成，然后冰量逐渐增加，直至达到水和冰的平衡。因为冰水混合物只能在0℃时达到平衡，所以混合物处于该温度。

13.熔解热和固化热

为什么水冷却到0℃以下后不会立刻结冰？为什么只有一部分过冷的水结成了冰？如上所述，水和所有其他液体的凝固点是一个固定的温度，因此可以预测，温度稍低于0℃就会立即导致水完全凝固，但我们已经通过实验发现，水可以冷却到0℃以下，并在结冰之前很长一段时间内保持在这个温度上。同样，众所周知，将一块冰放在温暖的室内时，冰块不会立即全部融化，而是在0℃的温度上保持很长时间，逐渐化成水。

这两种情况的原理是一样的。为了将水转化为冰，必须使水在0℃时放出大量的热量，并且只有热量放出部分对应的水才会结成冰。相反，冰必须在0℃时吸收大量的热量，才能在0℃条件下转化为水，并且只有热量吸收部分对应的冰才会融化成水。

在一张滤纸上称一块约10g的冰，用滤纸吸收冰表面的水分，然后单独称出滤纸的质量，两个质量的差值就是冰本身的准确质量。将冰块放入盛有已知质量水（200~500g）的烧杯中，用温度计精确测量其温度，温度计的精度为0.1℃。用温度计搅拌冰水混合物，直到所有的冰融化。这时水的温度将变得更低，因为冰融化的过程带走了热量。

在确定热量大小的过程中，科学研究中常用的热量单位为卡，代表将1g水的温度提高1℃所需的热量。如果用e代表冰的质量（单位为g），x代表0℃时将1g冰融化成水所需的热量，那么冰在0℃时转换成水需要的热量为ex。假设冰全部融化后，水的温度为t_2（℃），t_1（℃）为原始温度。则将0℃的水加热到t_2所需热量为et_2。所有这些热量都来自最初存在的水。如果水的质量为w，那么当水的温度从t_1下降到t_2时释放的热量为$w(t_1-t_2)$。很明显，$ex+et_2=w(t_1-t_2)$，由这个方程可以计算出x的值。在以上述方式进行实验的过程中，周围的环境会提供一定的热量，因此，实际测得的x值略低于80卡/g，这是真实值。

所有其他物质的热性质都与此类似。固体转化为液体时，就会吸收一定量的热量，且该热量与物质的质量成正比，并取决于物质的性质。熔化1g物质所需的热量称为该物质的熔化比热。

因此可以证明，物质从固态转变为液态时吸收的热量与这种物质从液态再次变回固态时释放的热量完全相同。

对于凝固点比水的凝固点稍高的物质，液体凝固时释放热量的现象会更明显。举个例子，硫代硫酸钠在摄影中被用作“定影剂”，把它放在一个小烧瓶中，用酒精灯加热使其熔化。所有的硫代硫酸钠都熔化后，从酒精灯上取下烧瓶，并在瓶颈处放一团棉花，然后将液体冷却到室温，注意不要形成任何固体。将一小滴硫代硫酸钠滴入冷溶液中，液体会立即凝固，形成美丽的晶体，凝固放出的热量高达56℃，这个温度就是硫代硫酸钠的熔点。

14.熔化热和凝固热相等

水结冰时释放的热量与融化同样质量的冰所需的热量完全相同，可以通过实验来证明这一事实。此外，这一原理可以在一般经验的基础上，对所有已知的固态和液态物质进行一般推导，即在没有其他变化的情况下，热量不会形成或消失。这个定理是能量守恒定律的一个特例，说明永动机是不存在的。这是现代科学中最普遍的规律，我们将以不同的形式应用这种规律。

如果给定数量的冰的熔化热小于相同质量的水的凝固热，那么熔化所需的热量会小于凝固时释放的热量。因此，一定质量的冰熔化为水后，再次转化为冰时将会保留一定的热量。不断重复这个过程，余热会无限地增加，或者换句话说，热量可以从无到有地产生。根据我们所有的经验判断，这是不可能的。

另一方面，如果熔化热大于凝固热，可能消耗任意数量的热量，且在其他方面不会发生任何改变，这同样违背了我们所有的经验。因此，两种热量相等是必然的结果。

同样的推理适用于所有能够实现的转化，一种物质从A状态转化为B状态，然后又从B状态转化为A状态，在各种情况下，从A状态转化为B状态所放出或吸收的热量等于从B状态转化为A状态所吸收或放出的热量。后续学习中将反复利用这一定律。

15.能量守恒

以前，固体物质的熔化热称为潜热，因为人们认为这种消失的热量以某种难以辨识的形式存在，当物质再次凝固时，会释放出相同的热量，即热量是“恒定的”。目前认为物质状态的变化等同于消失的热量，或者更确切地说，新状态代表原始物质与这一热量的转化乘积。换句话说，这种热量不再以热量的形式存在，因为它已经转化成了其他的东西。这在这种物质的新性质（液态而不是固态）上显而易见。正如把一棵树变成可做燃料的圆木或把一大块固体变成粉末需要做功一样，把固体变成液体也需要做功。在这种情况下，消耗的热量会做功，就像蒸汽机将热量转化为功一样。通过摩擦，可以采用做功再次获得热量；事实上，获得的热量与做功所消耗的热量相同。因此，功和热量是可以相互转化的两种不同的东西。将固体转化为液体的功称为化学功，因为这种转化实际上代表了一种化学变化。

只要是可以转化为功的，或者可以由功产生的，可以统称为能量。因此，热是能量的一种形式。各种能量可以相互转化，在任何情况下，当一种形式的能量消失时，都会出现等量的其他形式的能量。这是一个非常普遍的经验法则，依据的是这样一个事实，即以任何方式创造永动机都是不可能的，永动机可以从无到有地做功。除非从能量A中形成的能量B超过了通过反向转换产生初始量A所需要的能量，那么可以保留能量B的多余部分，并且可以多次重复正向和反向转换，可以从无到有地产生任何所需量的能量B，并且将其转换成功。除非可以从无到有地创造功（可以通过能量来做功），否则永动机将永远无法实现。

16.用冰冷却

冰在融化时需要大量的热量，而温度不会有任何变化，可将这一特性用于制冷。将1g冰融化的热量可将1g水的温度从0℃提高到80℃。许多物质（如肉、水果等）很容易变质，在0℃左右会保存得更好。冰可用于地窖、冰柜、运输船舶、汽车等的制冷。许多炸药在温暖的地方很容易分解，所以为了安全起见，用冰来冷却研磨室。

17.通过熔化实现分离

我们可依据熔点的差异分离固体物质混合物。我们知道，细粉末固体物质充分混合后不会自行分离，尽管二元混合物中的一种成分是固体或液体时，可通过重力作用实现分离。加热两种固体物质的混合物，直至将其中一种液化，在重力的作用下就会发生分离。

采用该工艺可从脉石矿物中分离出金属铋，将矿石放在倾斜的管子里加热，金属熔化并后会从底部流出，留下固体杂质。

在西西里岛，也采用这种工艺从黏土中分离硫。自然界中的硫和黏土块堆积在一起，就像木炭堆一样，将这种混合物放在倾斜的地面上并点燃，产生的热量足以熔化其中的硫，液体硫流入底部的坑中，留下黏土。

沸腾和液化

1.蒸发

无论怎样冷却固体物质，它总是保持固态不变，任何物质均不会在冷却后变成液体或气体。但如将液体加热，它不会一直保持液态，在一定的温度下会转化为气体。加热液体得到的气体称为蒸气，尽管这实际上是一个赘名，因为蒸气并不表示任何特殊的性质。事实上，所有气体物质都是在一定温度下由液体形成的；相反，所有气体都可以通过充分冷却转变成液体。

与固体转化为液体的情况相同，各种液体转化为气体的温度也在已知温度范围内。液体转化为气体（或蒸气）的温度称为液体的沸点。液体的沸点就像固体的熔点一样，取决于物质的性质，其同样可用于物质的表征和鉴别。

2.沸腾

如果将水放入装有温度计的烧瓶中，并置于酒精灯上加热，则水的温度将越来越高，直到最终温度达到100℃。这时在水最热的烧瓶底部开始形成气泡，彼此分离并会在水中上升。刚开始时逸出的气泡不会四处飘散，在到达水面之前就破裂了。与此同时，烧瓶中会发出一种特殊的声音，表明水开始沸腾。

气泡上升得越来越高，很快到达水面并破裂。然后在烧瓶的颈部出现雾状凝结的蒸汽，当插入软木塞时，蒸汽对软木塞施加压力，将其向外挤压，软木塞与烧瓶的缝隙间会发出嘶嘶声。

此时，液态水开始向气态水剧烈转化。烧瓶的上部看起来非常透明，说明水蒸气本身是无色透明的，接着出现白色的“蒸汽云”，尤其是在冬季机车运行时，“蒸汽云”不是水蒸气，而是液态水。周围的空气将蒸汽冷却而使其凝结成水，这一冷却过程发生得非常快，导致水以无数微小水滴的形式存在。随后白色“蒸汽云”消散在空气中不再可见，这种情况在夏天比在冬天发生得更快，这是因为液滴已经再次转变成蒸汽，溶于大气中，导致肉眼不可见——无色气体即使与另一种气体相混合，人们也看不见。

正如水可以通过简单的加热转化为气体一样，所有其他液体也可以。酒精在78℃时沸腾，石油比水的沸点高得多。因此，每种物质的沸点都不一样。

水银在356℃时沸腾，我们一般认为金属不可以沸腾，这个温度不是很高，所以最好通过实验验证。在试管或小圆底烧瓶中加热少许水银，在温度较低的上部很快会形成由微小灰滴组成的沉积物，在放大镜下观察，会发现有水银的光泽。最终，水银会剧烈沸腾，汞蒸气与大多数其他蒸气一样，是无色透明的。由于水银沸点相对较高，大部分蒸气会在试管或烧瓶中冷凝。水银的蒸气是有毒的，因此应在实验室通风柜中进行实验，以防止意外吸入蒸气。

在加热容器的上部冷凝成的灰色沉积物中，可以识别出非常少量的汞，因此通常以这种方式检测混合物中金属汞的存在。

3.液化

与上述情况相反，在普通条件下存在的所有气体物质经过充分冷却后均可转化为液态。某些气体，如空气，在很长一段时间里无法液化，因为人们不知道如何充分降低温度。但目前已经实现工业液化，液态空气甚至作为一种商品出售。液态空气一般保存在配有双层玻璃罩的容器中（图16），玻璃壁之间为真空。通过这种保护，玻璃壁的热传导显著减弱[①]，因此液态空气（只要处于液态）就可以保持非常低的温度，可以在这种容器中保持数天。如果把液态空气放在一个普通的容器里，将很快开始沸腾并转化成普通的气态空气。

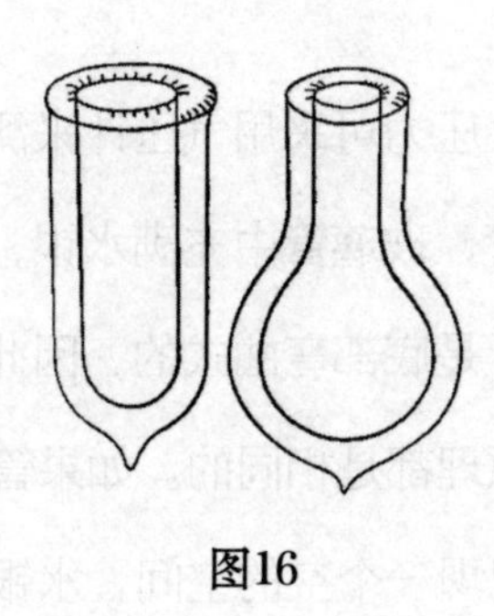

图16

4.沸点的可变性

纯净物的沸点与熔点的特性完全相同，是一个完全确定的温度，在相同

① 日常生活中也经常使用这种容器瓶。如果液体倒入时是热的，则会保温很长时间；如果倒入冷液体，则会保持低温。

的条件下，同一种物质的沸点保持不变。因此，可以采用温度计确定某种物质的沸点。在实践中，水常被用来测定熔点和沸点，因为在纯净状态下，水是最容易获得的物质。

但如果用灵敏温度计仔细进行实验，就会发现不同时间水的沸点并不完全相同。沸点取决于气压计上读出的大气压力，大气压越大，水沸腾的温度越高，反之亦然。因此，水和其他所有物质的沸点取决于大气压力，如果气压计读数正好是760mmHg，那么水沸腾的温度正好是100℃，气压计读数每相差10mmHg，沸点就会相应变化0.37℃。如果制作温度计时大气压力不是760mmHg，则对于水银来说，沸水的温度不对应100℃，但是水的沸点要根据大气压对沸点的影响进行计算。

5.压力

我们生活的环境的大气压力可采用气压计来测量。最简单的气压计的主要结构是一端封闭的玻璃管，玻璃管中充满水银，然后倒置在水银槽中（图17）。另一种形式的气压计是底部弯曲式的，因此水银柱可上升至另一侧开口管中，每一种气压计的原理都是相同的。如果管子长80cm或者更长，在水银柱上方的封闭管道中会出现一个空的空间，水银下沉到大约76cm高度处，在开口容器或开口管中的液面以上。这个高度就是大气压力的量度。用橡胶管连接两个管子，然后注入水银，即可得到另外一种气压计，也是我们后续将用于其他目的的气压计（图18）。其中一根管子的顶部装有一个旋塞，在关闭旋塞之前，管子内完全充满水银，另一根管子为开口管。由于橡胶管具有柔性，两根管可以相对上下移动；降低开口管的液面，直至两管中水银柱的高度差大于76cm，封闭管中的水银液面将会随之下降，直至两个水银液面之间的高度差对应于大气压力。

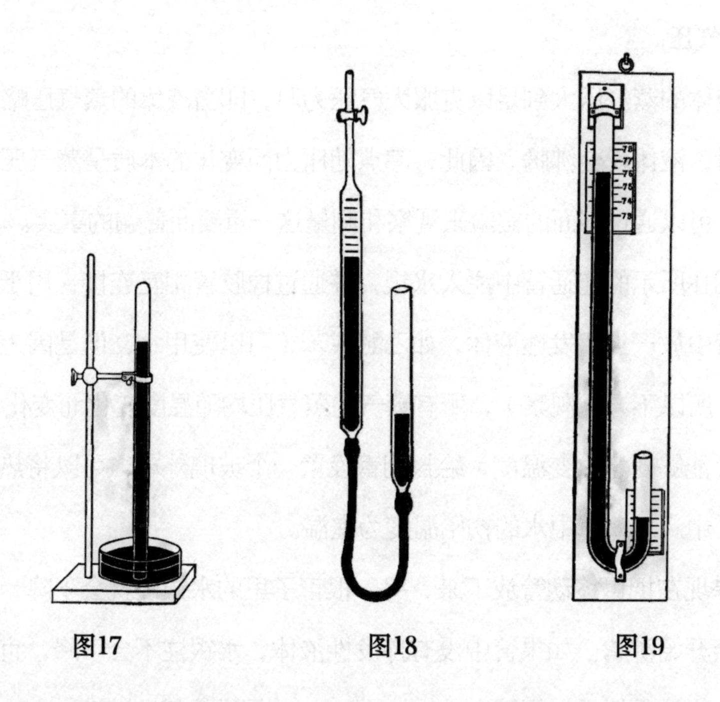

图17　　图18　　图19

760mmHg水银柱的压力称为1标准大气压（1atm），通常作为测量压力的单位。

根据流体静力学定律，液体柱施加的压力与液体高度和密度成正比。由于水银的密度是水的13.6倍，因此，施加相同压力的水柱的高度是水银柱的13.6倍。换句话说，在1atm条件下使用水代替水银的气压计的水柱高度是76×13.6=1034（cm），约多出了10m。

也可以用作用在某一特定表面上的质量来测量压力。表面积的单位是cm^2；横截面积为$1cm^2$，高度为1033cm的水柱的质量为1033g，略多于1kg。出于技术上的考虑，通常以kg/cm^2表示压力，1atm用约$1kg/cm^2$表示，出于科学目的，将大气压做如上定义。

6.蒸气压

当液体的蒸气压大到足以克服大气压力时，即当液体的蒸气压略高于大气压力时，液体就会沸腾。因此，沸点随压力而变化的本质是蒸气压随温度而变化。可以通过下面的实验来观察和测量这一重要而普遍的事实。

将图18所示的连通管中注入水银，并通过橡胶管相互连接，用于实验。在封闭管中放一点挥发性液体，如乙醚或苯（可以使用水，但是因为水的沸点较高，所以不方便观察），所有蒸气的蒸气压均随温度变化而变化。

为了能够随意改变温度，给封闭管设置一个玻璃外罩，可以将热水或冷水倒入其中。玻璃罩中水的初始温度为室温。

如果现在把可移动管放下来，另一根管子里的水银柱就会下降，挥发性液体就会开始沸腾。如果管中没有挥发性液体，水银柱不会下降，直到开口管中的水银液面低于封闭管中水银液面76cm（假设为气压计读数）。液体沸腾后，测量两根管子的液面差，会发现差值很小，差值设为m。用气压计读数减去这个数值，得到液体的蒸气压为$76-m$。

升高或降低可移动管，并且每次均测量两个水银液面之间的高度差，会发现在给定的温度下m值均相同。因此，不管液体蒸发了多少，液体的蒸气压保持不变，蒸气压不取决于液体或蒸气存在的量，而仅仅取决于温度和液体的性质。这是一条重要的自然定律。这与我们发现的水和冰，以及所有其他物质的固态和液态共存的规律相似。实际上，从水的沸点是100℃这一事实中就可推导出该定律，因为水的沸点与水量、蒸汽量或盛水容器的大小无关，这些因素都不会影响水的沸点，所以它们对液体和蒸汽间的关系没有影响。

从这个简单的例子中可以明显看出，如果仔细研究日常现象，可以得出重要的结论。一个著名的例子是牛顿通过观察苹果的下落发现了万有引力定律。诚然，从日常生活中得出这样的结论需要一个不同寻常的头脑，但我们仍可能以这种方式获得重要发现。

得出一个结论后，我们一般会通过尽可能详尽的实验来验证该结论，因为我们永远无法确定是否忽略了部分基本特性。出于这个原因，进行了上述和下述实验。

7.蒸气压和温度

如果将少量冰放在玻璃罩里，蒸气压就会减小。在每一种温度下，都存在一个确定的对应压力值，在这个压力下，蒸气和液体同时存在。如果升高可移动管来增加压力，那么一些蒸气会出现冷凝，为了确保再次恢复至之前的压力，可以根据需要升高压力，直到最后所有的蒸气都转化为液体。类似地，通过降低管子增加水银柱上方的空间，最终所有的液体都可以转化为蒸气，但是在所有的液体都蒸发之前，封闭管子上部的压力不可能降低，因为蒸气像其他气体一样，会与作用于它的压力成反比地膨胀。

将热水倒入罩中，蒸气压会增加，因此必须升高可移动管，当两根管子中的水银柱高度相等时，蒸气压等于大气压力，玻璃罩里水的温度则为大气压力下挥发性液体的沸点。如果升高水温，必须将可移动管抬高到另一根管子的上方，以增加外部压力。

通过这种方式，我们可以获得两个参数（温度和蒸气压）的相应值。每一个温度对应一个特定的蒸气压，而每一个特定的蒸气压仅对应一个温度。可以归纳为：蒸气压和温度互为函数关系；蒸气压是温度的函数，正如温度是蒸气压的函数一样，每一个都是另一个的显函数。

如果把温度计放在一个水平位置，刻度尺上的每个度数对应的垂直高度与汞柱高度相同，该汞柱显示相应的蒸气压（76-m），然后就可以绘制出这种相互关系了。由于这些长度值太大，难以绘制，所以最好取真实值的一部分来表示这些垂直距离，就像按比例绘制地图一样，然后在页边空白处注明真实尺寸，就不需要知道图纸的确切尺寸了。因此，在图20所示的曲线图中，水平方向（横坐标）上的每个最小划分代表温度1℃，垂直方向（纵坐标）上的每个最小划分代表1cm高的水银柱，尽管在图中这些距离小于1mm。

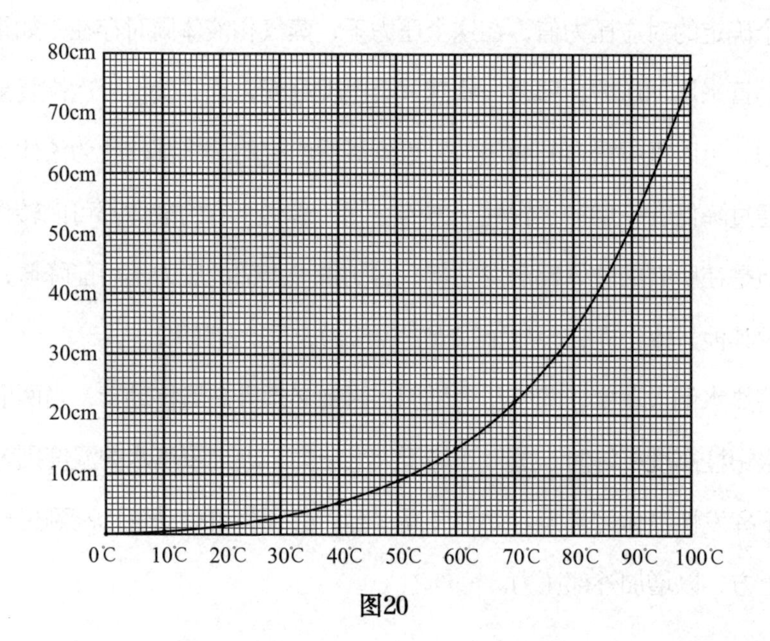

图20

在图20中，假设每隔10℃进行一次测量，纵坐标表示这些温度下对应的水银柱高度。将这些线的上端点用一条线连接起来，可得到一条规则曲线。下表给出了相应数值。

水的蒸汽压

温度	蒸气压	温度	蒸气压
0℃	0.46cmHg	60℃	14.92cmHg
10℃	0.92cmHg	70℃	23.38cmHg
20℃	1.74cmHg	80℃	35.55cmHg
30℃	3.16cmHg	90℃	52.60cmHg
40℃	5.50cmHg	100℃	76.00cmHg
50℃	9.22cmHg		

如果想知道85℃或57℃下水的蒸汽压是多少，可以假设85℃下的测量压力介于80℃和90℃下的测量压力之间，57℃下的测量压力介于50℃和60℃下的测量压力之间。如果进行实验，可以证明这个假设是正确的。也就是说，可以从图20所示的曲线图中读出所有中间温度的蒸汽压。

8.连续性定律

连续性定律已经通过事实验证。该定律其实是一般规律的一种表达，其内容为：大多数自然现象都是在相当大的范围内连续出现的。换句话说，如果一个物理量，例如温度，发生细微的变化，那么另一个物理量蒸气压，也会相应地发生很小的变化，而且每一个数值都有规律地落在相邻的数值之间。

这一普遍规律可以总结为：“大自然不会跳跃。”其实这句话只在某种意义上才是正确的。水转化为冰可以视为一种跳跃，因为当水转化为冰时，性质会突然发生变化；当水转化为蒸汽时，情况也是如此。在这种情况下，除了质量之外，所有的性质都会突然变化。从这个意义上说，大自然当然会有相当大的跳跃。另一方面，说某些性质不断变化，而另一些性质突然变化是不正确的。如果温度连续变化，蒸气压、蒸气密度和几乎所有其他性质也将连续变化。其中一些性质比另一些性质的变化快得多，但总体而言都在不断变化。

9.图形表示

根据连续性定律，我们可以探索之前没有研究过的数值知识。如上所述，从图20所示的曲线上，我们可以读出所有没有测量的中间温度的蒸气压，且通过实验验证，发现读出的值是正确值。这种确定中间值的过程称为插值，在这种特殊情况下是作图插值。蒸气压和温度的测量值之间的关系可以用一个公式来表示，这样如果给定一个值，就可以计算出另一个值。这个公式也可以用于确定中间值，在这种情况下是数学插值。作图插值通常要简单得多，如果仔细测量，得到的值的精确度很高。如上所示，作图法还有一个优点，即对整个实验现象给出了一个全面的总结，因此这种方法被广泛用于自然科学研究中。

从图20中可以看出，蒸气压随温度的升高而增大，且随着温度的升高，蒸气压增大的幅度越来越大——图中曲线不断变陡，因此随着温度的升高，两个相等温度区间对应的蒸气压的增加值越来越大。

这是所有蒸气压曲线的一般性质。但不同液体的蒸气压曲线不同，因为对应不同的沸点。

10.冷却沸腾

以下实验也可证明上述关系。将圆底烧瓶中的水加热至沸点，直至剧烈沸腾。然后用一个合适的软木塞把烧瓶口塞紧，同时停止加热。将烧瓶倒置，然后往烧瓶上倒冷水，烧瓶中的水会再次沸腾，尽管烧瓶中的水的温度在持续降低。虽然每次倒冷水都会冷却烧瓶中的水，但这种沸腾现象可以重复若干次。

为了理解这个实验，可借助其他实验仪器（图21）。给烧瓶配备一个测量压力的装置，即压力计，以准确显示烧瓶内压力的变化情况。压力计的主要结构为一根以直角弯曲两次的管子，长度和气压计管的长度一样（约80cm），并浸入装有水银的容器中，短管通过旋紧的软木塞插入烧瓶中。

将烧瓶中的水加热至沸腾，气泡通过水银密封口逸出。最初的气泡是水蒸气将烧瓶和管子中的空气排出形成的，当水蒸气中不含空气时，气泡在与冷水银接触时会凝结，这种凝结会产生金属撞击。

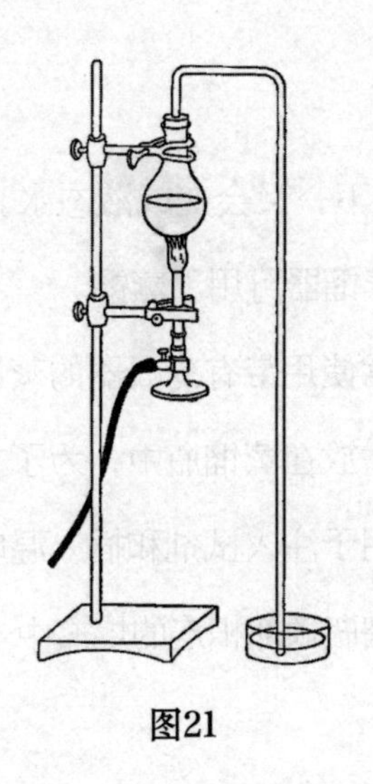

图21

然后停止加热，烧瓶及烧瓶中的水开始冷却，水银在管中慢慢上升，由此可见烧瓶内的压力越来越小，因为烧瓶内的压力等于大气压力减去压力计管中水银柱的压力。因此，烧瓶中的水的温度越低，水蒸气的压力就越小。

如果将冷水倒在烧瓶上，管中的水银会突然上升，烧瓶中不断变冷的水会再次沸腾，然后水银柱会稍微下降，但不会降到倒入冷水之前的位置。

这很容易解释，因为当冷水倒在烧瓶上时，烧瓶壁附近的水蒸气立即凝结成水，导致烧瓶内的压力突然下降。当烧瓶中的蒸汽压降到一定程度时，水会再次沸腾，并且产生蒸汽，使得烧瓶中的压力下降至当时温度下的水的蒸汽压。每一次将冷水倒在烧瓶上时，管中的水银上升，水沸腾一次，然后水银柱再次下降，但不会回到原来的位置，因为水的温度不断下降，水蒸气的压力也在不断降低。

还应注意的是，蒸汽气泡并不像往常那样在烧瓶底部形成，而是在水面形成。

11.蒸馏

水蒸气冷却到100℃以下，又会变成液态水。液体沸腾后蒸气冷凝的过程称为蒸馏，各种形式的蒸馏器可用于蒸馏。

在化学实验室中，经常使用带有冷凝器的蒸馏瓶和烧瓶。蒸馏瓶是带向下弯曲长颈的烧瓶。将液体放在蒸馏瓶中，为了方便起见，蒸馏瓶通常有一个特殊的开口（细管），用于注入试剂和插入温度计。将蒸馏瓶中的液体加热至沸腾，蒸气流入与蒸馏瓶颈部相连的烧瓶中（图22）。

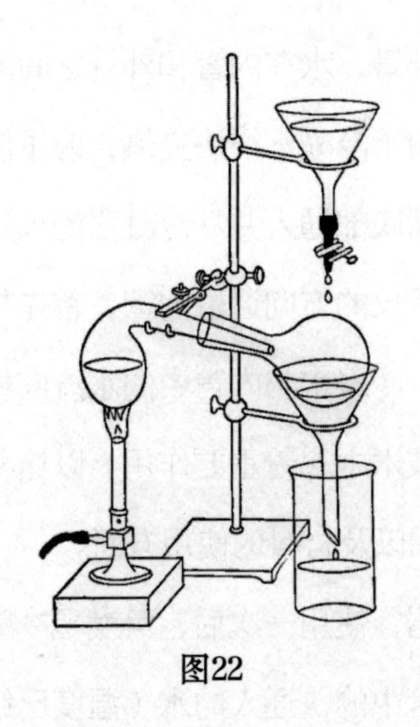

图22

蒸馏开始后，烧瓶（收集瓶）中很快就会出现蒸气，并在瓶壁上凝结成小液滴。液滴聚集并流动，馏出液会被收集在收集瓶的底部。很快，收集瓶本身的温度会变得很高，无法继续冷凝蒸气，蒸气开始向外逸出。收集瓶变热部分是由于蒸气本身的温度很高，但更具体地说，是由于蒸气凝结时释放的大量热量所致。

因此，如需继续蒸馏，必须采用其他装置带走收集瓶内的热量。为此，在收集瓶上方放置一个滴冷水的漏斗（图22），再用另一个漏斗将收集瓶支撑在合适的高度，温水就会流入漏斗下方的烧杯中。现在收集瓶中不再逸出蒸气，只要蒸馏瓶中还有液体，就可以继续蒸馏。

12.逆流

另一种更方便的蒸馏设备如图23所示——使用蒸馏烧瓶代替蒸馏瓶。蒸馏烧瓶的侧管与冷凝器相连，蒸气在冷凝器中液化或冷凝。冷凝器由两个管子组成，分别为内管和外管，水在内管和外管之间流动。蒸气通过内管，外部流动的水将其冷却。由于冷凝水很快变热，为了使热蒸气以冷却液体的形式流出，所以将冷凝水从底部通入并从冷凝器的顶部流出，使得水在流动时不断带走热量，蒸气以相反的方向通过内管，首先与较热的冷凝水接触，然后被冷凝水冷却。因此，冷凝水与内管中的水流向相反，即冷凝器是逆流原理的实际应用，在化学技术中起着重要作用。以这种方式可获得最大的经济效益，包括在热量的利用以及材料的使用方面。

如果仔细检查冷凝器，使用一次后，可发现冷凝器的上部最热，因为蒸气就是从上部进入冷凝管中的。通入的水（温度已经很高）在冷凝器的上部发挥最后的冷却作用，因为新蒸馏出的热蒸气最容易被冷却，蒸气在冷凝器上部部分冷凝。因此，经过了最大程度的冷却之后，冷凝水会以几乎沸腾的状态离开冷凝器。冷凝器中的水温会向底部逐渐降低，在底部冷水进入的地方，剩余蒸气会发生冷凝，所以没有蒸气逸出，为此需要冷水，因为温水只能确保部分冷凝。

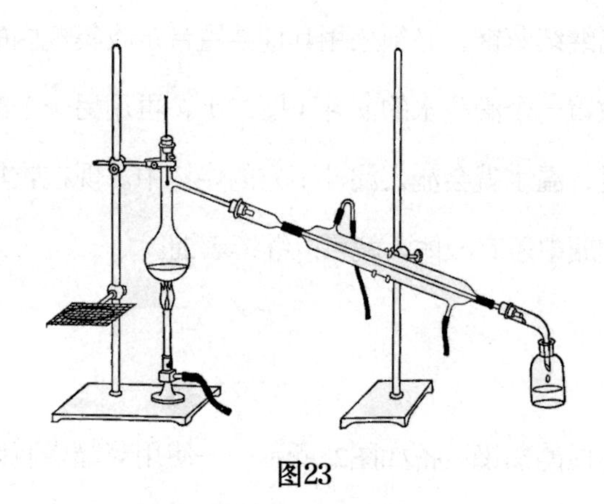

图23

另一方面，如果冷凝器中的冷水从顶部进入，底部流出，虽然大部分蒸气确实会发生冷凝，但最终可能还会存在部分蒸气，原因很简单，冷凝器底部的水温仍然很高。在这种情况下，实现完全冷凝的唯一方法是在冷凝器中通入更多的水。

逆流可尽可能地减少相互影响部分的差异。对于蒸气来说，越接近冷凝器的底部，温度越低，冷凝水的温度也会越低。最热的蒸气与最热的水接触，而最冷的蒸气与最冷的水接触，因此冷凝器的所有部件都要在温度下降幅度尽可能小的情况下做功。否则，蒸汽和水入口处的温度会下降得非常大，并且引起大量的水浪费。因此，逆流原理在各方面都提供了最佳和最有效的冷凝效果。

逆流原理非常简单，但非常重要，后续会在其他化学研究中反复使用。该原理是经济技术的基础，而不仅仅是化学技术的基础。

大量水的蒸馏设备（图24）的设计也基于该原理。但在这种情况下，为了节省空间，内管采用盘管或螺旋管的形式，并且将整个管道放置在一个大水箱中。即使在这种情况下，也要注意冷凝水从下面进入，蒸汽从上面进入，这样可使最热的蒸汽与最热的水接触，反之亦然。

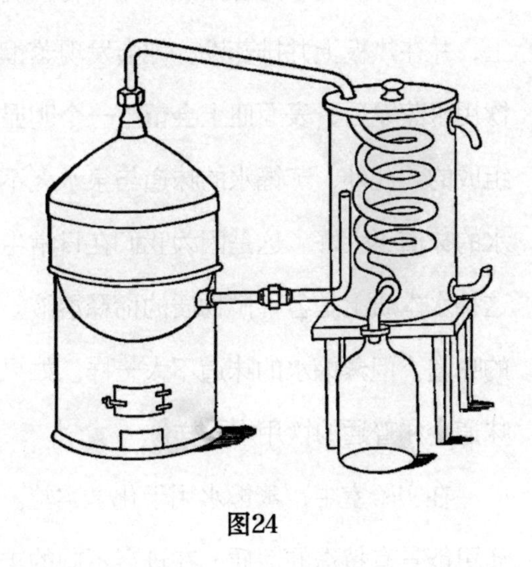

图24

13.蒸馏水

水为什么可以被蒸馏？之前的实验已经证明蒸发和液化是完全可逆的过程，所以蒸馏水就是纯水。即使是天然水，也是首先以蒸汽的形式出现在空气中，然后凝结成雨或雪落到地面上，形成泉水、小溪和河流。也就是说，所有的水都是蒸馏水；事实上，都是经过反复蒸馏的水。

上述所有观点都是完全正确的，如果不是大自然的蒸馏装置在接收或收集方面有缺陷，根本没有必要在人为设计的相对较小的装置中再次蒸馏。雨水接触到的石头和泥土并非完全不溶于水的物质。因此，水很快就会从其周围环境中吸收各种固体和气体物质，因此所有的泉水、河流和湖泊的水都不是纯净的水，而是一种含有许多物质的溶液，这些物质来自与水接触的地面。

泉水并不是纯净水，锅炉中的水垢就可说明这一事实，水垢会沉淀在用于煮沸和蒸发水的容器上。如果将几滴蒸馏水和等量的饮用水放在表面皿上，并在热板上并排蒸发，你会发现蒸馏水蒸发后不会留下任何残留物，而饮用水蒸发后，表面皿上会留下一个明显的环，这个环是由水中的固体物质组成的。此外，蒸馏水的味道与泉水大不相同，蒸馏水几乎没有味道，但泉水的味道不太好。这是因为我们在日常生活中习惯于饮用未经蒸馏的水，而这种水本质上是各种矿物质的稀释溶液。因此，它的味道对我们来说是正常的味道，但蒸馏水的味道不太一样。如果在蒸馏水中加入等量的杂质，它的味道会和普通的饮用水一样。

在实验室中，蒸馏水用于化学实验。泉水中含有一定量的杂质，这些杂质可能具有特殊的性质，在进行不同的实验时必须考虑到这些性质。由于这个原因，一般使用不含杂质的水进行实验。但在化学工业中，蒸馏水的成本非常高，这是必须考虑的。在许多情况下，需要获得尽可能纯净的天然水。最纯净的天然水是雨水，虽然可以防止雨水受到任何杂质的污染，但是雨水水源无法控制，很难收集到需要的水量。

蒸馏过程不仅适用于水，也适用于其他物质的提纯。因此，蒸馏设备的发明对于化学的发展具有非常重要的意义，因为通过蒸馏设备可以获得大量纯净的物质。蒸馏设备的发明（发明者未知）引起了业界的高度重视，最初的蒸馏设备——蒸馏瓶，被作为化学的象征符号。

14.汽化热

物质从液态转化为气态的过程中，热量的吸收方式与固态转化为液态的过程相同。事实上，液体汽化吸收的热量大于固体液化吸收的热量。热量是可以测量的，对于水来说，将水蒸气收集在装有水的烧杯中，烧杯质量已经称量。记录烧杯中水温的上升值，水蒸气的质量 d（单位为 g）为装水烧杯的质量增加值。设 x 代表 1g 蒸汽变成液态水时释放的热量，w（单位为 g）是烧杯中原有水的质量，$w+d$ 是水蒸气冷凝后的总质量，t_1（单位为℃）是烧杯中原有的水的温度，t_2（单位为℃）是引入所有蒸汽后的温度，质量为 d 的蒸汽转化为水的过程中，释放的热量为 dx，此外，质量为 d 的水从 100℃冷却到 t_2 温度的过程中，释放出的热量为 $(100-t_2)d$。原有的水吸收的热量为 $w(t_2-t_1)$。这两个热量是相等的，由方程 $dx+(100-t_2)d=(t_2-t_1)w$ 可以计算出 x 的值。理论值为 540 卡 /g，但在上述实验中得出的数值稍微偏低，因此必须采取特殊的预防措施来避免所有的误差源。

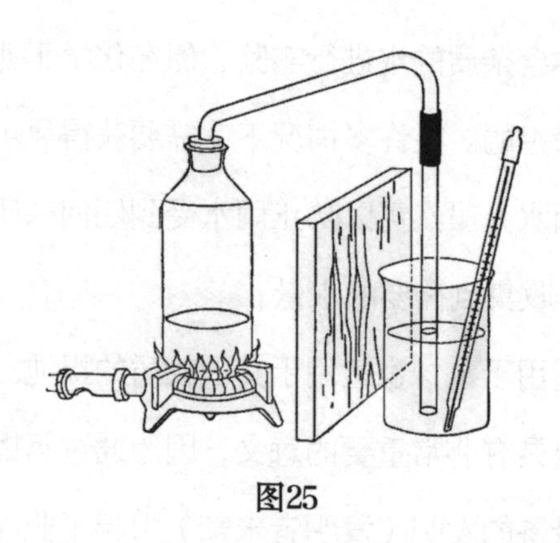

图25

通过这种方式，我们可以确定蒸汽凝结成液态水所释放的热量。液态水形成蒸汽所需的热量与之相同，但符号相反，这种情况下不释放热量，而是吸收热量。

15.蒸汽加热

与相同温度下的水相比，蒸汽含有大量热量，这也是蒸汽在实践中被广泛应用的原因，即用于加热。虽然1g水从100℃冷却到20℃仅释放80卡的热量，但事实上，1g水蒸气从100℃冷凝到20℃会释放出540卡的热量。因此，1g温度为100℃的水蒸气转化成20℃相同质量的水的过程中，释放出的热量为540+80=620（卡），几乎是液态水冷却80℃释放的热量的八倍。蒸汽是将大量热量从一处传递到另一处的不二选择，而且不需要运输大量的物质。由于具有这一特性，蒸汽不仅被用于建筑物采暖，在大型化工厂中还被用作其他用途的热源。如果能确保“冷凝水”的供应，可以直接将蒸汽通入需要加热的液体中，否则只能将液体放在加热盘管中加热。

水形成蒸汽的温度是否是100℃，取决于水沸腾时的大气压，大气压也决定了蒸汽凝结成水的温度。在2atm条件下，水的沸点是121℃，超过2atm，水的沸点是134℃。当液态物质受热后，蒸气压随之增大，待蒸气压大到和外界大气压或所施加给液体的总压力相等时，液体开始沸腾，液体的蒸气压与标准大气压相等时的温度，即为该液体的沸点。这样一来就可以在加热装置中设定这一温度，比使用明火加热精确得多，当使用明火加热时，与火焰直接接触的部分不可避免地比其他部分的温度高得多。许多化学物质在高温下会发生变化；因此，为了避免这种变化，在管道中放一个压力计或压力表，可以确定蒸汽任何部分的最高温度。蒸汽作为热源具有很大的优势。

通常情况下，管道的布置可使冷凝后的水回流到锅炉中，并在锅炉中再次转化为蒸汽。因此，同样数量的水可以循环传递无限量的热量。

16.蒸发分离

如前所述，如果要分离两种固体物质，可以加热熔化其中一种物质，分离出其对应的液体，我们也可以通过蒸发来分离液体混合物。如果一种物质在另一种物质没有明显蒸发的温度下转化为蒸气，那么只需将液体混合物加热到该温度，就可以实现分离。蒸气所需的空间越大，这种分离的效果就越明显。

最常见的蒸发分离中，挥发性成分是水，所有潮湿物体的干燥均基于该原理。在化学实验中，经常通过结晶或沉淀从水溶液中获得所需物质，但是这些物质表面依旧潮湿，因此需要去除水分。即使在室温条件下，水的蒸汽压也很大，因此将这些物体放在室内即可干燥，并采取预防措施，用滤纸盖住，防止被灰尘污染。而水蒸气可通过滤纸，不影响干燥效果。

由于水的蒸汽压随着温度的升高而迅速增大，所以随着温度的升高，干燥将会进行得越来越快。因此，在化工厂中，产品在热储藏室里很快就会被烘干。当然，这一过程需要吸收一定的热量，但这种干燥方式仍然很经济。否则，同时干燥相同数量的物体，需要更大的空间，且在室温下等待自然干燥需要大量时间。正是由于这个原因，在常温下干燥仅适用于不太昂贵并且不需要密切监测的物品，如砖。在工厂里，通常可从排出的蒸汽中获得足够的热量，所以干燥只需要很少的费用。

为了更好地解释两种物质的分离，采用两种在原始状态下都是固体，通过挥发可以分离的物质，例如硫和砂子。如上所述，可以将硫汽化来实现分离，将硫和砂子的混合物放在一个小蒸馏瓶中加热，硫会熔化，然后沸腾，蒸馏成深棕色的硫蒸气，而砂子留在蒸馏瓶中。在这种情况下，没有必要使用冷凝器，因为硫的沸点很高，空气可以将硫蒸气完全冷凝。液态硫从蒸馏瓶的颈部流出，纯净的硫被收集在收集瓶中。从技术上讲，可以大规模采用这种工艺将粗硫黄与混杂的砂子分离。

同样，在试管中加热汞和砂子的混合物，汞挥发并通过特有的方式以灰色沉积物的形式沉积在试管的上部。如果汞的量很小，汞滴就非常小，只有通过放大镜才能看到，随后汞滴越来越大，并在试管的某些位置形成镜面涂层。

17.熔化和沸腾的相似性

熔化和沸腾均可改变物质的形态，这两个过程非常相似。如果完全理解了这种相似性，就更容易掌握和应用相关定律。

首先，这两种转化都发生在一个确定且恒定的温度下，该温度与存在的物质的量的多少无关。水的量和冰的量都不影响熔点；同样，水和蒸汽的量对沸点也没有影响。这就是将温度计的两个温度分别设为0℃和100℃的主要原因之一。在纯溶剂中加入一些溶质形成溶液后，溶液的蒸气压会降低，因此溶液的凝固点比纯溶剂的低。同样，沸点取决于相同的条件，只是在这种情况下，液体水的沸点升高，而且必须考虑大气压，因为沸点会随大气压的变化而变化。这就引出了一个问题：熔点是否也随着大气压的变化而变化?

答案为“是”。但是大气压的变化的影响很小，一般不会发现这种影响。普通温度计的灵敏度难以测出熔点随大气压的变化情况，但是很容易测出沸点的变化情况，因为大气压对沸点的影响要显著得多。这是因为在冰的融化过程中，水的体积变化很小（约十分之一），蒸汽占据的空间却是液态水的1400倍。

另一个相似之处是，在相同的温度下，这两个过程可能会颠倒。冰点不仅是液态水的凝固点，也是冰的熔点。同样，沸点不仅是液态水转化为蒸汽的温度，也是蒸汽凝结成液态水的温度，两者都处于同一个大气压下。换句话说，在这一温度下，同一种物质的两种不同形态可以共存，因此称这两种形态是相互平衡的。0℃时冰与水平衡，100℃时水与蒸汽平衡。

还有一个相似之处，即控制熔化和沸腾的定律只适用于纯净物。溶液没有固定的熔点，也没有固定的沸点，随着越来越多的液体转化为固体，熔点温度逐渐降低，而液体的沸点会随着液体中的水转化为蒸汽而升高。根据这种性质，可以判断一种液体是否为溶液；如果它是溶液的话，它会在冷冻和沸腾时表现出相应的特征。

在这两种情况下都会发生分离，因为在溶液凝固时，通常是纯溶剂首先分离出来，导致溶液中溶质的浓度增加。溶液沸腾时，如果溶质不挥发，纯溶剂以蒸汽的形式逸出。如果这种物质的挥发性的，它也会随溶剂逸出，但在大多数情况下，这两种物质在蒸气中的数量之比不同于它们以液态存在时的数量之比，因此一般可以得到较好的分离效果。

这些原理在化学中有非常广泛的应用，可以基于这些原理制备纯净物。发生化学反应时，产物在大多数情况下是混合物或溶液，必须经过分离才能获得纯净状态的不同部分。因此，固体物质通过结晶进行分离，挥发性物质通过蒸馏进行分离。

升华

1.固体物质的蒸发

上述所有讨论针对的物质，在低温下是固体，在稍高的温度下是液体，在更高的温度下是气体。这也是最常见的情况，尽管某些物质会不经过液态直接从固态转化为气态。

比如氯化铵，它是一种白色颗粒性粉末，铁匠用这种材料焊接，电工用其制作电池槽。如果在试管中加热少量氯化铵，你会发现在试管的上部很快开始形成一个白色的环，进一步加热，这个环的厚度越来越大，并且可以通过加热从一个地方移动到另一个地方。在试管底部的氯化铵和侧面形成的环之间看不到任何东西。如果加热持续足够长的时间，所有的氯化铵都会消失。经验证，试管侧面的环为氯化铵。也就是说，氯化铵固体通过加热变成无色气体，然后又凝结在了试管壁上。

这一过程称为升华，即固体在没有熔化成液体的情况下直接蒸发。升华后气体在未转化为液态的情况下会再次凝结成固体。

2.气压的影响

固体物质的蒸发与液体的蒸发遵循相同的规律，蒸汽压尤其如此，它取决于温度，并随着温度的升高而升高。因此，固体物质在较低的温度下会随着压力的降低而成比例地升华。

由于固体物质的熔点几乎不受气压的影响，很明显，通过减小气压来降低液体的蒸发温度直至降到凝固点以下是完全可能的。例如，如果将水置于小于0.46cmHg的气压条件下，水就不再以液体的形式存在，因为水的凝固点对应的蒸汽压是0.46cmHg，在这种低压条件下不可能将冰融化，因为冰在达到熔点之前就完全蒸发了。因此，在小于0.46cmHg的气压条件下，水的特性就像普通气压条件下的氯化铵，冰经过加热完全变成蒸汽而不经过液态。

其他所有物质也有类似的性质。在任何情况下，总有一个确定的气压值，低于这个气压值时物质不熔化，而是直接升华，这个气压值就是液体凝固点对应的蒸气压。如果将少量蒸气压不太低的固体物质放在玻璃管中（图26），用真空泵尽可能抽出空气后密封玻璃管，即使该物质在正常条件下容易熔化，也无法通过加热将其熔化。该物质吸收的所有热量均用于蒸发，产生的蒸气在玻璃管较冷的地方再次凝固。可以用碘或樟脑进行实验，但如果加热整个试管，从而形成具有足够压力的蒸气，那么就有可能熔化该物质。

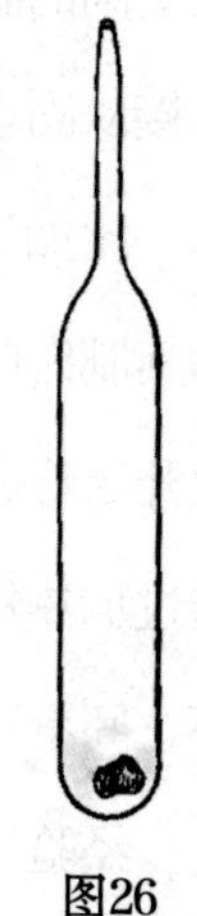
图26

根据自然的一般规律，在熔点处，固体形态物质的蒸气压等于液体形态物质的蒸气压。因此，如果在固态和液态下绘制不同温度下物质的蒸气压，如图27所示，两条蒸气压曲线将在熔点处相交。在图27中，*a* 点对应于0℃和0.46cmHg蒸汽压。在较低的温度和气压条件下，也就是低于*a* 点的温度和气压条件下，存在升华区域，升华点用线 *sa* 表示；在较高的温度和气压条件下，存在蒸发区域，液体的沸点沿着al线移动。

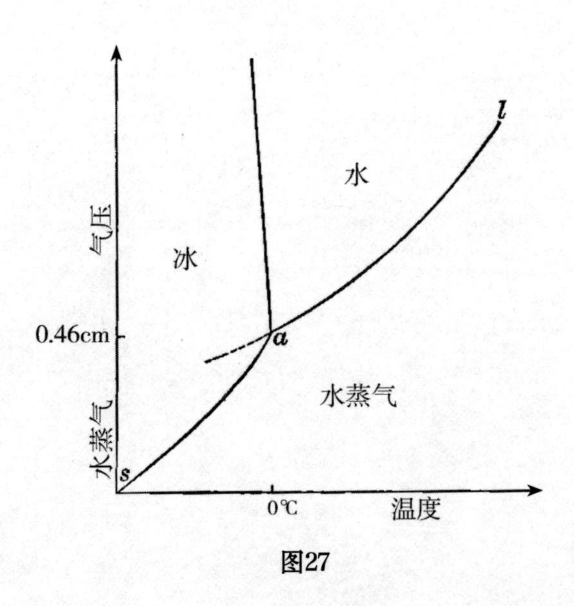

图27

根据这一点，在理论上可以充分减小压力，对于所有可以汽化的物质，使其进入升华的领域。在熔点时的蒸气压通常非常小，以至于实际上不可能获得并维持如此小的气压。

INTRODUCTION TO CHEMISTRY

第三章

溶液

纯净物和溶液

1.溶液

从一般事实的角度看，每一种特定的物质都具有某些特定的性质，从而可以推导出相关的自然定律，但是经过仔细观察和思考，我们会发现事实并非完全如此。水是一种特定的物质，但不同来源的水的性质并不完全相同。泉水的味道与河水或海水不同。海水不仅与泉水有着完全不同的味道，密度也不同；在其他方面两种水非常相似——这两种水都是澄清透明的液体，所以需要进行特定检验，才能发现肉眼难以观察到的差异。

向普通水中添加盐可得到一种类似于海水的液体，盐会溶解在水中，也就是说，表面上看盐消失了，但会使溶解盐的水的性质发生一些变化。根据实验结果可知，水的密度变大了，100mL盐水的质量大于100g，而且，众所周知，这种水尝起来是咸的。

可以说盐水是盐和水的混合物，但从严格意义上来说并不准确，因为用肉眼无法发现盐的存在。即使是用大倍数显微镜也无法观察到盐，如果盐完全纯净（一般情况下并非如此），那么盐水也会是完全透明的，否则应过滤盐水。

像纯水一样，这种盐水也有某些特定的性质，尽管不同的物质性质不同。因此，可以认为盐水是一种与纯水相似但不相同的物质。

盐水可以与纯水混合，从而得到性质介于纯水和原始盐水溶液之间的均质液体。这种溶液的味道不像之前那么咸，它的密度更接近纯水。以类似的方式可以制备无数种物质，这些物质不是真正的混合物，但却很像混合物，因为盐和纯水可以按许多不同的比例混合。每种比例配置出的溶液均不相同，如需对这些溶液进行检验和说明，即使是最简单的情况，也必须用到化学知识。

此类物质由不同比例的组分制成，称为溶液。溶液是均质物质，各部分的性质完全相同，每种溶液都有自身的特性。不仅盐和水可以制备溶液，所有可能的液体、固体以及气体均可制备溶液。例如，糖、硝石和硫酸铜易溶于水，树脂溶于酒精，脂肪溶于汽油。气体也可以溶解在清澈的泉水中，因为加热泉水或将一杯泉水静置在室内，这些气体会以小气泡的形式附在玻璃壁上，水看上去“发泡”了，苏打水中的气泡更明显。

液体可以互相溶解，比如酒精溶于水中，汽油溶于油中。所有这些溶液都是透明、均质的液体，其特性类似于具有特定性质的物质。

2.溶液凝固

在某些方面，溶液与组成溶液的纯净物有很大的不同。首先使用最常见的物质水来研究这些非常重要的区别。

我们知道纯水在0℃时结冰，取10mL纯水放在试管中，并在水中放置一个温度计。然后将冰和盐制成冷冻混合物，放在试管周围，让试管中的水结冰。温度接近0℃时，可向水中加入一小块冰，以防止过冷。试管中的冰越来越多，但温度保持在0℃，我们已经知道，水转变成冰完全发生在0℃。

盐水则完全不同，将约5g盐溶解在95g水中（制成质量分数为5%的盐溶液），将部分溶液放在试管中，周围是一层碎冰与约一半质量的盐粉末的冷冻混合物。盐溶液在-3℃左右开始凝固，比纯水结冰的温度低。此外，在凝固过程中，温度持续下降，最终部分液体未凝固，因为冷冻混合物没有将温度降低到足以使所有盐水凝固的程度。将试管从冷冻混合物中取出，部分凝固的盐水开始融化，但温度并不像纯水那样保持恒定，直到所有的冰都融化，而是逐渐上升，直到最后一部分凝固的盐水融化时，温度计显示温度为-3℃，即开始凝固时的温度。

3.纯净物和溶液

我们可以用这种方法研究所有的均质物质，结果发现有些物质的熔点和凝固点不变，有些物质的凝固点随着凝固过程的进行越来越低，熔点则以相反的方式变化。

第一类（熔点和凝固点不变）物质称为纯净物，第二类物质称为溶液。

化学主要研究的是纯净物的性质。可以肯定的是，在化学研究中会用到各种溶液，但在大多数情况下，研究溶液的目的是确定组成溶液的纯净物的特性。下述章节中将使用物质这个词来表示纯净物，而不是用来表示溶液和混合物。

4.溶液的形成和分解

溶液由两种或两种以上的物质组成，这些物质可以制备溶液，也可以从溶液中分解出来。事实上，从溶液中可以获得与制备溶液时相同量的相同物质。物质形态的变化也是如此，因为在这种情况下，很容易得到同样数量的原形态物质。要想改变物质的形态，只需要改变温度，而在溶液的情况下，如需获得原纯净物，必须采用不同的方法。在形态的变化中，如果我们想获得物质的原始形态，那么在一种形态完全变成另一种形态的过程中，不涉及任何分离。但对于溶液来说，其中存在至少两种不同的物质，必须采用专门的方法来分离这些物质。

在上面的最后一个实验中，就用到了这种分离。航海员都知道将盐水上形成的冰融化后可得到淡水。在溶液凝固的过程中，通常一种成分会首先以固态分离出来。

这也是溶液凝固点不断降低的原因。通过实验可以看出，盐溶液（非浓溶液）的凝固点会随着所含盐量的增加成比例地降低。如果盐溶液凝固时，首先分离出来的是纯水，那么溶液中剩余的水量就会越来越少，但盐的量保持不变。这样，随着冰的不断形成，溶液的浓度越来越大，因此，温度必须降至更低才能形成更多的冰；随着冰的不断形成，温度会越来越低，这一过程会持续到某一点。

纯水的情况则完全不同，如果一部分水已经结冰，剩下的部分仍然是纯水，因此凝固点不会发生任何改变，直至最后一滴纯水结冰，凝固点仍然保持不变。

那么问题是，凝固点的这种特性是所有溶液共有的吗？答案是：是的。此外，还有许多其他性质是所有溶液共有的。因此，如果一种非混合物的物质具有溶液的一种性质，那么可以推测这种物质也会表现出溶液的其他性质。

5.溶解和熔融

在上述情况下，溶解过程是把固体物质放入液体中，然后全部变成液体。在这方面，溶解相当于熔融或熔化。正如我们所见，熔融或熔化是将固体物质变成液体的过程，它们的一个重要的区别是是否提高了外部温度。另一个相似之处在于，当一种物质溶解时，通常会吸收热量，液体变冷就证明了这一点。水和细粉状硝石在室温下以5：1的比例混合，搅拌后温度会下降10℃左右。

就溶质的性质变化而言，溶解过程呈现的是化学过程的特征，因为物质从固态变为了液态。总的来说，从溶液中提取固态物质并不困难，只需要除去溶剂即可，如果溶剂易挥发，即容易转化为蒸气，则更容易实现分离，溶剂蒸气逸出后，留下固体物质。以这种方式，可从盐水或者自然界中的“卤水”中获得食盐，水蒸发后留下盐。蒸发首先发生在空气中，然后通过加热，更快、更完全地将水蒸发出来。

6.溶解度

固体物质是否能溶解，取决于它自身的性质和溶剂的性质。一般来说，每种物质都有对应的溶剂（液体）可液化和溶解该物质，通常会有许多这样的溶剂。同样，对于每一种液体，都有某些物质可溶解在其中。但是也有许多物质不会溶解在特定的液体中，在这种情况下，称为固体不溶于液体，液体不是固体的溶剂。

比如说，食盐和硝石溶于水，但不溶于油；树脂溶于酒精和汽油，但不溶于水。化学教科书中阐述了大量物质的溶解度关系。

溶液不仅可以由固体物质和液体制备，也可以由两种或多种液体共同制备，一种液体在另一种液体中的溶解情况有明显差异。酒精完全溶于水，形成均质液体，且这两种成分彼此无法区分。油不溶于水，如果通过摇动将这两种液体充分混合，就会形成由水和漂浮在水中的微小油滴组成的乳浊液。在显微镜下，很容易观察到这些油滴，一段时间后，较轻的油上升并聚集在水面上，从而形成两层液体。由此可见，油和水只能形成一种混合物，但不会互相溶解。乳浊液的不透明性也表明它是混合物。

当然，气体也可以溶解在液体中。所有与大气接触的水中都含有溶解的空气，如果将水加热，溶解的气体会逸出并聚集在容器侧面的气泡中。气体逸出发生在温度达到100℃之前，到该温度时会形成蒸汽泡。

7.溶液蒸发

前面推导出的关于液体形成蒸气的定律适用于纯净物，溶液的一些性质则不同。

将硝石水溶液加热到沸腾，会发现其沸点高于纯水的沸点。其沸点取决于溶液的浓度，与溶液中硝石的质量分数成正比。硝石的质量分数每增加1%，沸点就会上升大约0.1℃，所以质量分数为10%的硝石溶液的沸点约为101℃。

同时可发现溶液没有固定的沸点，因为在沸腾过程中，水不断以蒸汽的形式逸出，留下硝石。因此，剩余溶液中的硝石的质量分数增大，导致沸点升高。

其他所有溶液都有类似的特性，但溶质对沸点的影响因溶质的性质不同而不同。食盐的作用大约是同等质量硝石的两倍，也就是说，食盐的质量分数每增加1%，沸点升高约0.2℃。

溶液沸腾时的特性与在凝固时相似，只是温度的变化方向相反。沸腾时，沸点越来越高；凝固时，凝固点越来越低。在两种情况下变化的原因是相同的，以水溶液为例，无论是结冰还是蒸汽逸出，溶液中的液体水都会变少，使溶液的浓度变大。因此，通过研究沸腾或凝固时的特性，我们可以识别溶液并与纯净物相区分；如果一种液体在沸腾时表现为溶液，则在凝固时也会表现为溶液。如果制备不同物质的溶液，它们总是在沸腾或凝固时发生反应，那么在这个过程中温度会发生变化，同时分离出不同的成分。

8.挥发性物质的溶液

如果溶液的两种成分都具有挥发性，或者都能够转化为蒸气，沸腾的性质就稍微复杂一些。上述所有例子均仅限于溶质在当前温度下未明显转化为蒸气的情况。显然，如果将溶质的蒸气与溶剂蒸气相混合，则会增加分离的难度。

在这种情况下，为了实现较好的分离，则应考虑蒸气组成与原始液体组成之间的差异。最典型的例子是酒精在水中形成的溶液，这种溶液通过发酵形成，蒸馏厂通过蒸馏该溶液制酒。纯酒精在78℃时沸腾，而水在100℃时沸腾，将这两种液体的溶液煮沸，蒸气中含有大部分酒精和一定量的水，且酒精和水的比例大于原始溶液的比例，剩余液体中水的含量远大于酒精的含量。可以肯定的是，发生了部分分离。

为了控制这一过程，有必要使用某些方法来快速估算溶液中的酒精含量。由于水的密度是1g/cm³，酒精的密度是0.794g/cm³，酒精溶液的密度是处于这两者之间的一个中间值，通过计算密度，可以估算出酒精的含量。实验中使用图23所示的装置，采用一份酒精和两份水制备溶液，并蒸馏出大约一半的溶液，然后测定馏出液和烧瓶中残留液体的密度（冷却至15℃后），会发现馏出液的密度比未馏出液的密度小得多，说明馏出液的主要成分是酒精。

通过反复蒸馏，分离效果会更好。实际上，为了实现高纯度蒸馏，人们利用逆流原理制造了特殊的蒸馏器，可通过蒸馏酒精含量很低的液体得到高纯度的酒精，同时可尽可能减少时间和燃料的消耗。

9.溶液分离

如果采用其他方法无法较好地分离某种混合物，一般可以通过溶解来实现分离。可以将混合物放入可溶解一种成分但不溶解另一种成分的液体中，可溶部分溶解，形成溶液，之后可通过沉淀或过滤进行分离，如前所述。

金是从金砂中分离出来的，金的粒度特别小，无法通过淘洗来分离，金溶于液态汞中，而砂子不溶，可应用此原理分离金和砂子，后再采用蒸馏手段将金和汞分离。水银在356℃时沸腾，在这个温度下金仍不会挥发。因此，汞可以从铁蒸馏罐中蒸馏出来，得到溶液中的金，收集馏出物，可再次用于溶解新砂中的金。

可用同样的方法从甜菜中获取纯糖，将切成薄片的甜菜用水处理，水会溶解细胞中的糖，经过适当的纯化后，过滤糖溶液，再进行蒸发浓缩，最终通过结晶获得纯糖。除糖以外，甜菜中还含有其他物质，因此无法完全蒸发掉所有的水分，残留的水分中完全保留了母液（糖浆）中几乎所有的杂质。

还有很多其他的例子也应用了类似的原理。实验室中用水和过滤器处理黑色火药，然后在玻璃蒸发皿（或表面皿）中蒸发无色滤液，可得到无色透明斜方的硝石晶体。

火药是硝石、硫黄和木炭的混合物，那么过滤器上的残留物中必然含有硫黄和木炭。硫虽然不溶于水，但会溶解在二硫化碳液体中。这种液体有一种刺激性气味，非常易挥发且非常易燃，不能在明火附近使用。干燥残留物后，用少量二硫化碳溶解并摇动，然后过滤，静置后二硫化碳将快速蒸发，最后得到黄色晶体形式的硫。

为了实现溶液的完全分离，仅仅让溶液通过过滤器还不够，因为一部分溶液还黏附在残留物和过滤器上。因此，在过滤全部溶液后，将一些溶剂倒在过滤器和残留物上继续洗涤，直到除去所有可溶物质。除非残留物暴露在空气中会发生变化，否则清洗时要等先前的溶剂完全流出后，才能将新溶剂倒在过滤器上。通过这种方式，我们可以更快地洗涤，并且使用最少量的溶剂。

饱和与过饱和

1.饱和溶液

如果向定量的水中逐渐加入盐，先加入的盐将溶解，形成均质溶液，但盐不会无限地溶解，液体很快就无法再溶解盐，新加入的盐不溶解，而是沉淀在液体底部。在室温下，100份水中含有36份食盐时，就达到了这一临界点。如果开始时取100份水和45份盐，混合后摇晃很长时间，最后仍会有9份盐未溶解。100份的水在室温下最多只能溶解36份的盐，与加入的盐是否过量无关，无法再溶解给定物质的溶液称为饱和溶液。

达到一定的比例时，每一种能够溶解固体物质的液体都会形成饱和溶液。使溶液达到饱和所需的溶质的量取决于溶剂和溶质的性质，且在不同情况下所需的量不同。仔细观察可发现，大多数看似不溶的物质其实也会发生少量的溶解，而且可能会发生这样的情况：给定物质在一种液体中很容易溶解，但在另一种液体中难溶。这些关系对于化学研究非常重要，因为大多数化学实验使用的不是纯净物，而是溶液。这是因为溶解后的物质通常比纯净物更容易发生反应。事实上，早期化学家曾断言物质只有在溶解的状态下才能发生反应。显然，这句话不完全正确，但大多数情况下确实如此。

2.温度的影响

溶解度通常受溶剂温度的影响很大，普通食盐是个例外，热水也可以溶解食盐，但是溶解的量和冷水差不多。大部分其他物质的溶解度随温度的变化很大。一般情况下，随着水温的升高，可溶解更多的溶质。

最常见的在热水中比在冷水中溶解更多的物质是硝石，将硝石粉（硝酸钾）多次少量地加入冷水中，先加入的会溶解，但形成硝酸钾饱和溶液所需的硝石比形成食盐饱和溶液所需的盐少。如果加热烧杯底部有过量硝石的溶液，过量的固体将消失，得到澄清溶液，在较高温度下，可以加入相当多的固体，溶液才会达到饱和。

如果冷却热的饱和溶液，在较低温度下溶液中无法继续溶解的、多余的硝石，将以固体形式析出。我们将热的饱和溶液分成两部分，将盛放其中一部分的烧杯放在冷水中并搅拌其中的溶液，使所有溶液都与冷烧杯壁接触，从而快速冷却这一部分，然后会发现硝石以白色细粉末的形式析出。最终，当混合物温度相当低时，可以通过过滤从饱和溶液中除去固体。通过这种方式得到的固体并不纯净，因为附带有润湿溶液。取尽可能多的糊状物，将其放在几层滤纸上，可以除去大部分水分，滤纸会吸附液体或“母液”，一段时间后，硝石变干，呈略带光泽的粉末状。

与此同时，将另一半饱和溶液原样冷却，会发现也可以析出部分固体硝石，但并不是白色粉末，而是大块物质。这些物质看起来像棱柱，四周均以平面为边界，因此认为它是晶体。与大多数物质从熔融状态转变为固态时呈现结晶形态一样，硝石从溶液中析出时也表现为晶体。晶体不仅会在冷却饱和溶液时出现，如果通过蒸发除去溶剂，也会形成晶体。如果排出饱和溶液中一定量的溶剂，则必然析出相应量的溶质；如果这个过程非常缓慢，则固体会呈现明显的结晶形式。现在从上述实验中提取母液，并将其倒入浅槽中，为了防止灰尘污染，用纸盖住溶液槽，这样不会妨碍水的蒸发，并让它静置。几天后，液体的体积会大量减少，而硝石会以特有的晶体形式沉积下来。取出这些晶体，放在滤纸上晾干；如果需要，可以进一步蒸发母液，得到更多的晶体。

如果我们在显微镜下观察从第一份溶液中得到的粉末，我们会发现它也是由晶体组成的。但是粉末的晶体非常小，因为在快速冷却和搅拌过程中，首先沉积的晶体没有时间生长成更大的晶体，越来越多的晶体不断沉积。因此，晶体的大小取决于固体的沉积是缓慢发生的，还是通过搅拌迅速发生的。在需要处理大量液体的工厂，会得到更大的晶体，因为大体积液体的冷却过程要慢得多。

上述过程被称为结晶。晶体形态的固体物质纯度非常高，因此当化学家需要进行实验时，通常使用物质的晶体形态。如果要进行提纯的物质中有杂质，它要么不溶解，在提纯一开始就可以通过过滤的方法除去；要么留在母液中，在结晶的过程中被排除在生长的晶体结构之外。结晶的次数越多，余下的溶液中杂质就越多，析出晶体的纯度也就越差。因此，最后一批晶体的纯度通常是最低的。

3.溶解度曲线

通常用图28所示曲线表示溶质与溶剂之间的溶解度关系：横坐标为温度，度数可以任意所需的水平距离表示，在每个测量溶解度的温度下，画一条垂线，当溶液饱和时，垂线的长度与给定质量的溶剂（通常为100g）中存在的物质的质量成正比；因此，水平方向上的1mm可以代表1℃的温度，而垂直方向上的1mm可以代表每100g溶剂中的1g溶质。垂线顶部的点对应于给定的质量和温度。在不同的温度下测定多个溶解度，可在图上得到一系列的点，连接这些点，可以得到一条曲线，通过这条曲线可以立即确定在任意中间温度下的溶解度，这是连续性定律的一个应用。该曲线被称为相关溶剂中给定物质的溶解度曲线。对于食盐（氯化钠）在水中的溶解，溶解度曲线近似水平线，因为在不同的温度下，形成饱和溶液所需的盐量几乎相同。因此，在图中，与温度测量点对应的垂线几乎具有相同的高度，连接这些线的顶点，得到的线几乎平行于横坐标。对于硝石（硝酸钾）的溶解，饱和溶液中溶质的量随着温度的升高而迅速增加，因此曲线上升得非常快。该曲线与图20所示的蒸气压曲线大致相同，因此可以得出结论，随着温度的升高，每一温度对应的溶解度升高量也在增加。在图28中，每隔10℃作一条垂线，曲线上两个相邻点之间的距离随着温度的升高越来越大。

氯化钾的溶解度曲线近似一条直线，但从左到右不断上升，在这种情况下，两根相邻垂线对应的溶解度差值始终大致相同，与温度无关。氯化钾的溶解度随温度的升高略有变化，但上升过程是均匀的，可以说氯化钾的溶解度与温度成正比。因此可以得出结论，如果溶解度曲线是直线，则溶解度与温度成正比。

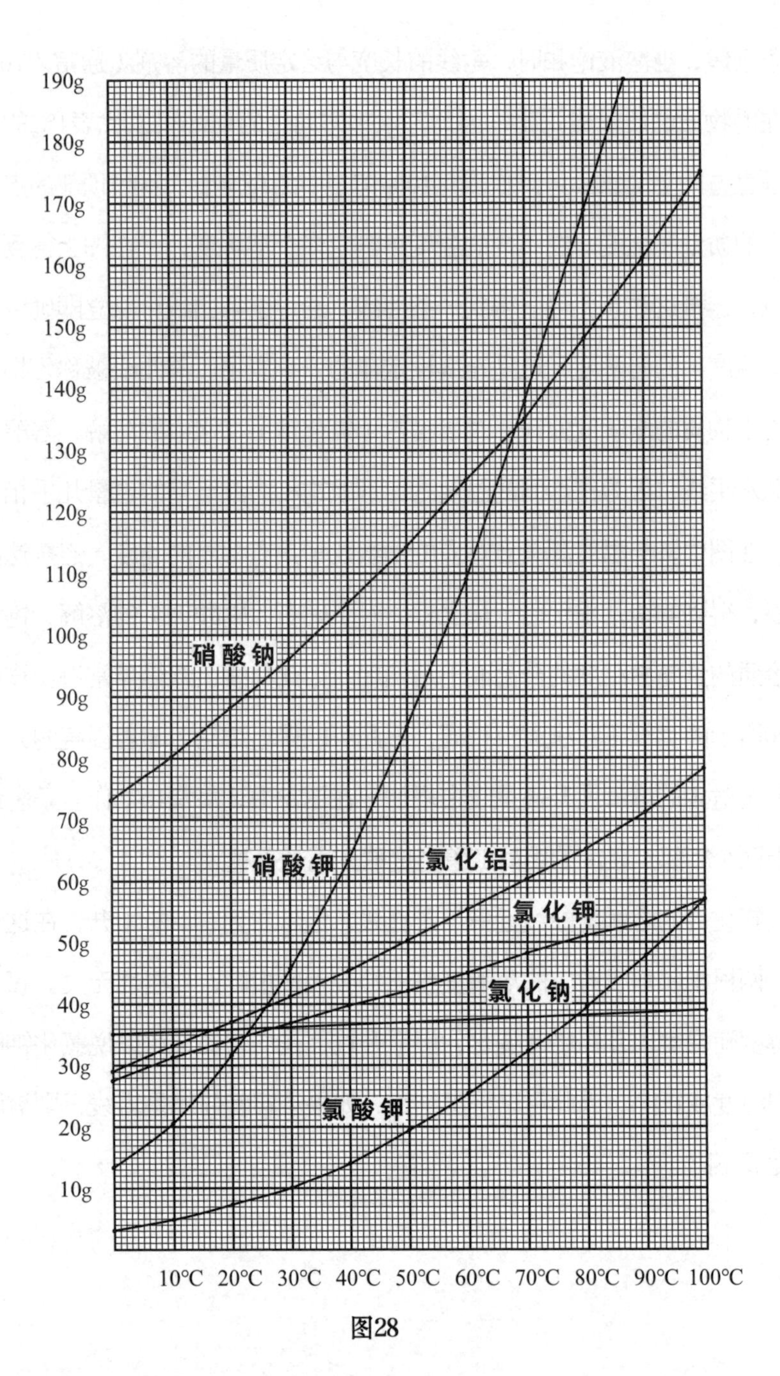
190g
180g
170g
160g
150g
140g
130g
120g
110g
100g
90g
80g
70g
60g
50g
40g
30g
20g
10g
硝酸钠
硝酸钾
氯化铝
氯化钾
氯化钠
氯酸钾
10℃
20℃
30℃
40℃
50℃
60℃
70℃
80℃
90℃
100℃

图28

4.过饱和溶液

饱和溶液中存在未溶解的固体时，处于一种平衡状态，类似于固体与其熔化成的液体共存。在固体熔化的情况下，平衡状态需要两种形态（固体和液体）共同存在。对于溶液来说，区别在于固体和液体是不同的物质，但是平衡状态同样依赖于两种形态的共存。通过前述学习，我们知道要想得到某种物质的晶体，可以使该物质的饱和溶液过冷；同样地，也可以通过制备该物质的过饱和溶液，从这种溶液中析出该物质的晶体。

取100g醋酸钠，加入20g水后加热，固体溶解形成溶液，然后通过湿式过滤器过滤该热溶液，过滤的原因是市售醋酸钠中通常含有粉尘状杂质，可以通过过滤除去，否则会干扰实验。将溶液过滤到一个非常干净的小烧瓶中，塞住烧瓶口，以防灰尘进入。如果没有固体醋酸钠与之接触，液体可以无限期地保存，即使摇晃烧瓶也不会凝固，但是如果将微量的固体醋酸钠投入烧瓶中，会立即开始结晶。事实上，结晶需要的醋酸钠的量非常少，将少许醋酸钠在一张纸上摇晃，然后用一块布尽可能小心地拂去，留在纸上的醋酸钠就已经足量。这样，撕掉一小片有醋酸钠的纸放入过饱和溶液中，溶液会立刻结晶。随着晶体的形成，液体的温度上升，晶体继续沉积，直到剩余的溶液不再过饱和。

每一种物质都可以形成过饱和溶液，而且与过冷量有限度一样，过饱和量也是有限度的，且不同物质的限度不同。

也可用比醋酸钠更难溶解的物质来说明过饱和状态，以硼砂为例，在常温下，100g水中只能溶解大约3g，但同样量的沸水中可溶解20g，将20g硼砂溶于100g沸水中时，需要注意的是，过滤后的溶液冷却时没有固体析出。

在过饱和溶液中加入微量硼砂，剧烈摇晃烧瓶，刚开始无明显现象，稍等片刻，即出现了结晶，并在摇晃时迅速增加。

固体物质的存在非常重要，如果除去其中的固体，就会停止结晶，可以通过醋酸钠过饱和溶液的实验来证明这一点。将少量醋酸钠熔融在玻璃棒的末端，注意玻璃棒上不要粘上灰尘，然后将玻璃棒浸入过饱和溶液中，溶液中立刻开始大面积析出晶体。几分钟后，当晶体长到大约1cm长时，小心地取出玻璃棒，玻璃棒上有一簇簇附着的晶体，注意不要让晶体接触到容器的侧面。如果将玻璃棒提出溶液，溶液将停止结晶，且溶液可以无限期地保持透明，即使溶液仍然处于高度过饱和状态。

气态溶液

1.气体互溶性

上述章节中探讨的溶液名称和概念均针对液体。一方面，溶液的定义就是一种液体和其他物质形成的液体；另一方面，溶液中的物质可通过蒸发或凝固分离出来。由此可知，与纯净物相比，溶液的沸点和凝固点是可变的，但纯净物的沸点和凝固点都是恒定的（在给定压力下）。

由气体和其他挥发性物质的蒸气组成的气体混合物，也可以直接采用和气体相同的名称，并且可以通过适当地冷却和增加压力，从这种气体混合物中得到其组成成分。与上述研究过的液体溶液相对应，这种气体混合物称为气体溶液。

在这一点上，首先应注意的是，从这个名称的意义上来说，所有的气体都可以无限地相互溶解。任意两种气体混合在一起，都会得到一种均质溶液，在这种溶液中，看不到任何分离界面。如果此时照明气进入室内，在正常情况下是看不见的。可以用投影仪投射出一束光线，使它穿过照明气后落在白色幕布上，这样就可以看到照明气的气流了。由于照明气的折射率不同于普通大气，光线在穿过气体时会弯曲，在屏幕上投射出一种阴影，如果在投影仪前放置一个窄屏幕，以使光线呈现出一种规则的形状（锥状），这种效果会特别明显。但这些阴影很快就会消失，因为照明气很快就会与空气混合，形成均质溶液。

所有其他气体的特性都是一样的，除非气体间相互作用形成新物质，也就是说，在严格意义上除非它们发生化学反应。

2.气体的蒸发

气体与液体接触时，如果在对应的温度下，液体的蒸气压相当大，就会产生气态溶液。这种现象在日常生活中很常见，例如，将潮湿的物体在空气中风干。水将物体湿润时，称为潮湿状态；除去其中的水后，称为干燥状态。众所周知，潮湿的物体可以放在空气中风干，但是必须保持良好的通风，即与空气保持良好的接触；如果将潮湿的物体装在容器中，物体无法干燥，或者将其折叠多次，外部干燥后，内部仍然潮湿。

在这种情况下，干燥取决于空气和水蒸气之间气态溶液的形成状态。采用相应的仪器，我们可以测出18℃（室温）下水蒸气的蒸汽压为1.5cmHg；也就是说，如果将水放置在一个空的空间内，水将蒸发直至该空间内的水蒸气对它施加1.5cmHg的压力。如果空间太大，在达到这个压力之前所有的水均已蒸发，那么就没有液体了；如果空间较小，部分水将保持液态。

水存在于含有另一种气体（但没有水蒸气）的空间时，这一定律同样适用，即水蒸发并与气体混合，直到达到自身的蒸汽压（例如，18℃下1.5cmHg的蒸汽压）。水蒸气的压力与另一种气体的压力相加，因此空间中的总压力等于气体和水蒸气施加的压力之和。

为了通过实验证明该定律，最好使用一种挥发性稍强的液体，它的蒸气压在室温下要大于水的蒸汽压。将少量这种液体（例如乙醚）密封在一个薄壁球管中，并将其放入一个大烧瓶中，该烧瓶连接有压力计（图 29），以测量压力。摇动瓶子使密封的球管破裂时，压力计中的水银会立即上升。因为乙醚在 18℃时的蒸气压为 40cmHg，所以压力计管必须足够长，以准确读数。

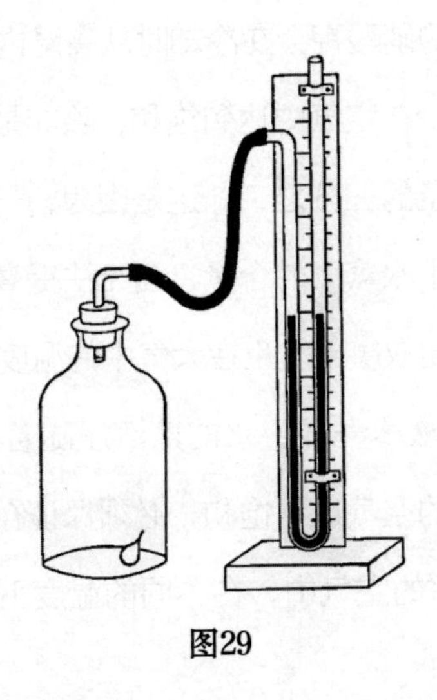

图29

3.分压

挥发性液体在有另一种气体存在时仍然会蒸发，与这种气体本身无关，最终气体压力为两个压力的总和。因此，气态混合物的每一种成分均存在一个分压，一般会根据相应的成分在空间中单独存在时的压力来估算其分压。气态溶液的总压力等于各成分的分压力之和。

4.大气中的水蒸气

我们周围的空气与水表面有大面积接触，即河流、湖泊和海洋，海洋约占地球表面的七分之五，因此我们认为空气中有足够的水分来形成当时温度下水的蒸汽压。如果这一结论成立，则认为水蒸气在空气中达到饱和。其原理与过饱和溶液相同，即在当时条件下，不会再有水溶入空气中。不管出于任何原因，如果空气中存在更多的水蒸气，那么过量的水蒸气会立即以液态水的形式析出，与过量的硝酸钾会在冷却时从高温饱和的溶液中析出一样。

事实上，水蒸气很少在空气中达到饱和，除非是下雨期间，通常空气中的水蒸气只有饱和所需量的三分之二。这是因为，一般情况下，外部影响相当大，因此降低了空气中水蒸气的含量，而无法提高水蒸气的含量，使其达到饱和点。这些影响主要取决于发生在大气中的温度变化。

我们知道，和其他液体一样，水的蒸汽压随着温度的升高而升高。因此，为了使给定空间中的空气达到饱和，必须保证存在的水蒸气的量也随着温度的升高而增加。1m^{3}的空气中，在不同的温度下需要下列质量的水才能达到饱和。

温度 / ℃	水的质量 / g
0	4.9
5	6.8
10	9.4
15	12.7
20	17.1
25	22.8

从上表中可以明显看出，如果温度上升10℃，使空气饱和所需的水量就会增加约一倍。也就是说，如果给定量的空气在5℃时达到饱和，然后加热到15℃，必须再次吸收约相等质量的水分才可以达到饱和。换句话说，在15℃下，空气仅达到半饱和。

同样，如果水蒸气达到饱和的空气被从海洋吹到陆地上且温度升高，则这些空气也会由饱和状态变成不饱和状态；如果空气的温度降低，多余的水会以雨或露水的形式分离出来。这就是为什么室外和室内的空气都很少达到水蒸气饱和状态的原因。尤其是在冬天，外面的冷空气仅需很少的水分就可以达到饱和，冷空气进入温暖的室内后，会达到高度不饱和状态。因此，冬季时室内空气通常非常干燥，尤其是通风良好的时候，在这种情况下，需要采用特殊的装置将水分加入空气中，并使水蒸气的含量达到最适合健康的程度。

水蒸气对空气的不完全饱和状态也是潮湿物体在空气中变干的原因。空气中的水蒸气达到饱和时，物体无法变干。在下雨天，洗衣工不能在户外晾干衣服，即使是晾在挡雨棚中；同样的道理，船上的物体总会感觉有些潮湿。

通过冷却大气中的水蒸气，可证明水蒸气总是存在于大气中这一事实。在一杯水中放入少许冰，并充分搅拌玻璃杯中的冰水混合物，水和玻璃杯壁的温度会降低，玻璃杯的外壁上会有小水滴生成，这可以根据模糊的外观来判断。有时我们会说玻璃“会出汗”，如果空气中的水蒸气几乎饱和，这一现象会更加明显。由于人不断地呼出水蒸气，因此多人聚集处的空气中富含水蒸气，可能接近饱和点。因此，如果周围的人很多，一杯冷水外面会很快出现水滴。如果室外温度低，窗户上很快会覆盖一层水滴，如果室内的空气温暖潮湿，这种现象更容易发生。

确定形成水滴的温度，即可估算出大气的饱和度或湿度。根据前述内容，温度上升10℃会使空气中的水分增加一倍；另一方面，可以假设，如果需要把玻璃的温度降低10℃，水才会在玻璃上形成水滴，则可认为空气中的水蒸气为半饱和状态。在前述表格的基础上，将温度作为横坐标，并在相应的点向上画一条垂线，垂线的长度与相应的水量成比例，连接这些垂线上的点，可以得到一条曲线（图30），由该曲线可读出在所有中间温度下使空气饱和所需的水蒸气量。如果t是给定空间的温度，t_s是水蒸气开始沉积在玻璃上的温度，d是在第一个温度下空气中的水量，d_s是第二个温度，那么d/d_s是空气中的水分与达到饱和所需的水分之比，或称为湿度。大气的湿度可以用露点来估算。如果在晴天和雨天测定湿度，就可看出空气湿度的差异。

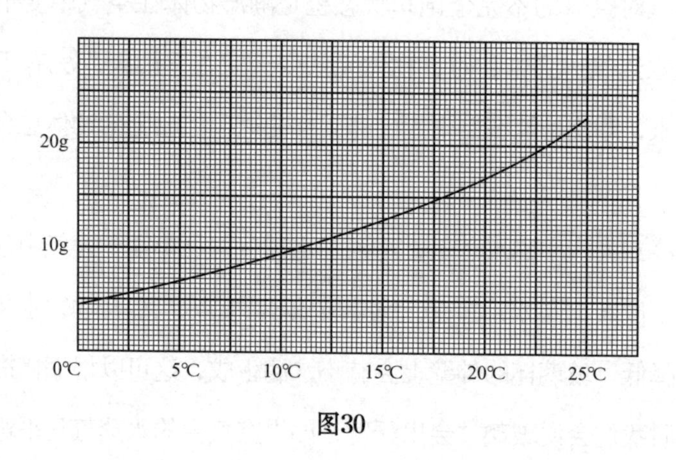

图30

INTRODUCTION TO CHEMISTRY

第四章

化学反应

化合作用

1.化学反应

将1g硫和6.25g汞放在一个细长的试管中小心地加热，硫会首先熔化成棕黄色液体，漂浮在较重的汞上。如果继续加热该混合物，就会发出爆裂声，并发生相当剧烈的反应，由银白色的汞和黄色的硫生成一种黑色物质。这种黑色物质不像两种原始物质那样易挥发，即使加热到试管的玻璃开始软化，这种物质仍然是固体。通常，再次加热时会出现爆裂声，因为在新化合物的空隙中可能会残留一些之前加热时没有相互接触的硫和汞。这种爆裂声很快就停止，冷却后，通过仔细观察可以发现，试管中的物质与两种原始物质并不相同，因为它是由汞和硫产生的，所以称为硫化汞。

这种现象与我们之前研究的现象有着本质上的不同。在某些方面，这种现象与形态变化相似，但不同的是，在形态变化中，一种物质消失了，另一种物质取而代之；在上述现象中，两种物质都消失了，形成了另外一种物质。这种现象称为化合作用，汞和硫化合形成了硫化汞。

类似的被称为化学反应的过程不胜枚举。取16g碘（外观类似石墨的棕黑色固体物质）和25g汞，仅仅将这两种物质相互摩擦，即可产生美丽的碘化汞猩红色粉末，换句话说，形成了一种新物质。将14g铁和8g硫混合研磨，会产生一种灰绿色的混合物，磁铁可以从其中分离出铁，硫可以用二硫化碳分离。将这种混合物装入试管中，然后加热，试管中突然开始发光，直至此反应蔓延到整个混合物，最终冷却后，得到黑色块状物质。当与磁铁接触时，该物质不释放铁；用二硫化碳处理时，该物质也不释放硫。这是一种具有新特性的新物质。

严格来说，某些物质消失，新的物质取而代之时，就会发生化学变化。这种变化可能发生在自然界，也可能是人为造成的。如木炭或木材燃烧时，葡萄汁通过发酵转化成葡萄酒时，铁生锈时，发生的都是化学变化。

在所有这些情况下，我们可以提出以下问题：什么物质会在这个过程中消失？形成了什么物质？如果我们用A1、A2、A3表示消失的物质，用B1、B2、B3表示形成的物质，那么化学变化可以表示如下：

$$A1+A2+A3+\cdots \rightarrow B1+B2+B3+\cdots$$

其中的点表示这一过程包括所有的A和所有的B物质，即所有消失的物质和所有形成的物质。

如上所述，形成硫化汞、碘化汞和硫化铁的化学变化均可由下式表示：

$$A1+A2 \rightarrow B$$

2.质量守恒

回顾之前研究过的质量守恒定律，我们会有疑问：如果发生了本质性变化，这条定律是否仍然成立？如前所述，没有任何迹象表明质量守恒定律受到了影响或干扰，因此我们可以得出结论，该定律适用于所有的化学变化。借助于现代设备，近代化学家进行了最仔细的调查，得出结论：这条定律在任何条件下均成立。

因此，在上述表述中，我们可以进一步说，A和B不仅指物质的性质，也指它们的质量。因为消失的物质的质量必然等于形成的物质的质量。因此，上面的表达式可以写成一个等式：

$$A1+A2+A3+\cdots=B1+B2+B3+\cdots$$

例如：

汞 + 硫 = 硫化汞

汞 + 碘 = 碘化汞

铁 + 硫 = 硫化铁

在上述情况中，所形成的物质是以原始物质命名的，这首先意味着前者可以通过后者来制备。随后我们将学习到，这些名称还有更深层次的意义，也意味着原始物质也是由其他物质反应形成的。

方程式表明硫化汞的质量等于消失的汞和硫的质量之和。因此，如果三个量中有两个是已知的，那么可以通过方程式计算出第三个量。不言而喻，这一原理在化学中非常重要，应用也非常广泛。有时候方程中的某种物质不易称重，这时可以通过其他物质的质量来计算其质量。

3.质量定比

为了通过上述实验制备新物质，我们规定某些物质为特定的质量，那么如果采用不同质量的物质会发生什么现象？

如果规定的量成比例地增加或减少，那么这个过程总是以同样的方式发生。也就是说，如果取2g硫和12.5g汞，而不是1g硫和6.25g汞，实验结果将完全相同，只是会生成两倍的硫化汞。所用物质的绝对数量或质量对化学过程没有影响。当然，用给定量计算比用1000倍的量计算更方便，因为过大的数量必须使用更大和更强的设备。

那么，接下来的问题是：如果使用的物质的质量之间不成规定的比例，会发生什么？从我们对溶液的研究来看，可以预测会产生一种类似的化合物，但性质略有不同。为了一探究竟，我们进行下面的实验。将2g硫与6.25g汞混合并加热，即与之前实验使用的汞的质量相同，但硫的质量是之前的两倍，像之前一样继续实验，然后检测最终产品。我们会发现实验中再次形成黑色硫化汞，但是其中还混合有未参加反应的黄色硫，该黄色硫并不是新物质的组分。由此可见，一定量的汞只能与一定量的硫化合，多余的硫不参加反应。这种情况也涉及饱和度的概念，就像给定量的水只能溶解一定量的食盐，超过这个量则无法继续溶解，尽管饱和盐水中盐的含量依然很低。如果在实验中使用更多的汞或更少的硫将会发生什么，仍有待我们去确定。取0.5g硫与6.25g汞混合并加热，检测所得物质。反应会再次形成黑色的硫化汞，但是黑色物质上面有沉积的金属汞，用毛刷小心地将汞刷到一个小器皿中，然后称重，可以回收大约3g未发生反应的汞。如果在实验过程中采取所有可能的预防措施，会发现不论最初的汞或硫是否过量，所得化合物中汞和硫的比例总为1：6.25或4：25，如果增加任一元素的量，多余的部分保持不变，并且不参与该过程。

对于溶液而言，所涉及的物质的量可以在很大的范围内变化，但其实两种物质之间也存在完全确定的关系。事实上，所形成的既不是混合物，也不是溶液，而是一种具有特性的新物质。

4.定比定律

无数的化学反应已验证了定比定律的普遍适用性。正如定律的发现者所言，定比定律广泛适用。据此，在下述化学方程式中：

$$A1+A2+A3+\cdots=B1+B2+B3+\cdots$$

A物质和B物质的组成元素的质量有一定的比例关系，如果一定质量的A1参与了这个反应过程，那么我们可以由此计算出A2、A3等物质的质量，以及反应生成的B1、B2等物质的质量。无论生成一种物质还是多种物质，由上述实验可知，这一结论都是成立的。

为了更好地理解该定律，做出如下规定。通过实验发现，化合物的性质取决于形成该化合物的物质的性质。采用给定的物质，只能获得具有特定性质的产品，无论是混合物、溶液还是新物质。可以肯定的是，溶液和混合物的性质可以随溶液或混合物中物质的相对质量在一定范围内变化，但是如果确定了质量，就确定了性质。这是毫无疑问的，通过测量溶液的某些性质（如密度），可以确定溶液中溶质和溶剂的相对质量。

纯净物具有完全确定的性质，这种性质在任何限度内都无法改变，无论物质是如何制备的，这种性质总是存在。因此，如果性质取决于物质的组成，那么从同一物质的性质相同这一事实来看，通过逻辑推断，物质的组成也是不变的。正如上面的实验所示，且经其他大量的实验精确测量证明，这一推断完全正确。定比定律是一个普遍定律，适用于所有纯净物（即具有恒定性质的物质），并且只适用于纯净物，不适用于溶液或混合物，通过该定律可以区分纯净物、混合物和溶液。

纯净物可由一定比例的两种或两种以上的纯净物通过化合反应制备而

成，称之为合成物质，或简称化合物。

反应后生成的物质质量等于参加反应的各物质的质量总和，由此可知，反应已经充分进行，参加反应的物质称为组分。单质是指在任何情况下都不能由两种或两种以上的物质共同制备的物质，换句话说，单质没有组分。

化学分离

1.分解

在上述所有化学反应中，由两种物质制备的第三种物质的质量等于原物质质量的总和。那么反过来，可否由一种物质生成两种物质？这两种物质将形成混合物或溶液，并且在某些特殊情况下，还需采用某种方式将这两种物质分离。这一过程的化学方程式为：

$$A=B1+B2$$

尽管这种反应过程可能不太简单，导致有时难以观察，但这样的反应其实很常见。下面就是这样一个反应，具有重大历史意义。

一种可以用化学方法制备的黄红色物质叫作氧化汞。将少量这种物质放在厚壁试管中，并强烈加热，就可以观察到许多有趣的变化。首先，该物质变得越来越暗，最后变成黑色，这仅仅是颜色的变化。它取决于温度，如果让物质冷却，它将再次呈现黄红色。也就是说，这种物质的颜色取决于温度，在化学物质中这很常见。如果进行更强烈的加热，这种物质就会变成气体。经过验证，这是一种气态溶液，因为气体稍微冷却后，会在管壁上形成灰色沉积物，经确定为金属汞，冷却后还会有一部分气体逸出。我们已经知道无色气体是看不见的。点燃一根木头碎片，然后吹灭，保证还有火星，然后把它放在试管口，木条会与逸出的气体接触，并将再次燃烧。

也许有人会认为，带火星的木条仅仅是因为热量再次燃烧，但是如果在一个空试管上以同样的方式进行实验，会发现木条不会再次燃烧，即使将试管加热得比之前更热。因此可以得出结论，在第一个试管中存在一种新的气体物质，这种气体可以使带火星的木条复燃。这种气体一定来自氧化汞，因为试管中没有其他物质，且一部分氧化汞已经消失。随着实验的继续，氧化汞的量逐渐减少，管壁上的汞增加，更多的气体不断从试管中逸出。这种气体就是氧气。

2.氧气

为了确定氧气的存在，可以收集生成的氧气。用穿孔塞子塞住玻璃管，从而保持试管的气密性，其形式如图31所示。出口管通过橡胶管与另一根浸入水中的玻璃管相连，管子按如图31所示来紧定位。气体形成时，水中会有气泡逸出，因此可以看见并收集生成的气体。

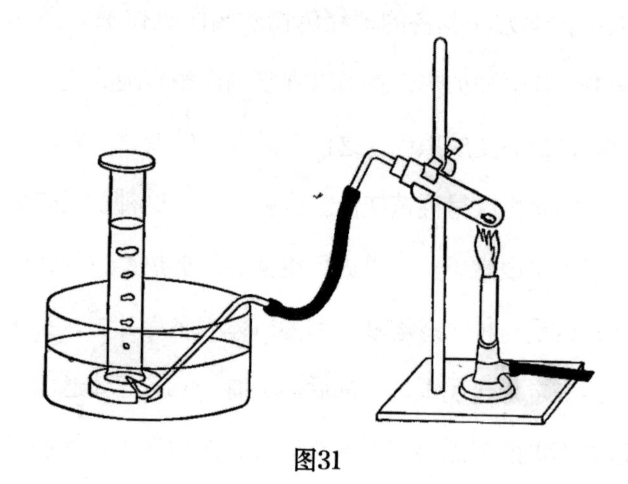

图31

为了收集气体，将一个玻璃量筒装满水，然后用手或玻璃片紧紧地盖住量筒口，将量筒倒置，量筒口位于水下时，移开手或玻璃片，水不会从倒置的量筒中流出来，因为根据流体静力学原理，大气压力可以支撑起约10m高的水柱（760mmHg）。加热试管中的物质时，将倒置的量筒放置在一边。

刚开始逸出的是空气，这些气泡会越来越小，直到几乎不再逸出，这是试管中的空气受热膨胀导致的。很快，一串气泡开始逸出，如果在气泡逸出的地方倒置一个装满水的小试管来收集少量的气体，气体将排出试管中的水，通过带火星的木条实验可发现气体中含有大量氧气。然后将量筒放在管子的末端，同样以排水法收集气体。当试管中的最后一部分氧化汞消失时，就会形成最后一个氧气泡，从中可以看出，氧气实际上来自氧化汞。

3.分解方程

和前面的学习一样，我们可以用方程式来表示化学变化：

氧化汞 = 汞 + 氧气

根据质量守恒定律，氧化汞的原始质量等于形成的汞和氧气的质量之和。这是因为实验是在一个封闭的容器中进行的，在这个容器中不可能存在另一种物质，也就是说，没有形成第三种物质。

可以肯定的是，在水槽内产生气泡的同时，一些物质会溶解在量筒的水中。在这种情况下，水槽中的液体不是纯水，而会变成溶液，并且可以检测到溶质的存在。实验表明，水在实验期间保持不变，因此上述方程式是准确的。

另一种检验方程式的方法是称取加入的氧化汞（组分为汞和氧）的质

量。如果发现氧化汞的质量等于生成物的质量之和，则证明该方程式成立，因为反应不会形成没有质量的物质。

正如我们已经学习过的，两种或两种以上的其他物质形成一种物质的化学反应可以称为化合反应，生成的物质称为化合物，而原始物质称为组分，氧化汞是氧和汞形成的化合物。

一种均质物质形成两种或多种物质的化学反应称为分解反应，形成的物质是分解产物。汞和氧是氧化汞的分解产物。

4.化学反应的可逆性

通过上述学习，有人可能会问：在适当的条件下，分解产物能否反过来形成原始物质？在这种情况下，化学方程式为：

汞 + 氧气 = 氧化汞

答案是完全可能，在氧气流中非常小心地加热汞，达到金属汞刚刚可以沸腾的温度，就会发生化合反应，汞和部分氧气会消失，制备出的氧化汞与上述氧化汞试剂（加热到更高的温度时会分解成汞和氧气）具有完全相同的性质。但这个过程进行得非常缓慢，用这种方法需要几天时间才能生成非常少量的氧化汞。因此，这种方法不适合在实验室做实验。

我们再举一个例子，可以非常容易地研究化学反应的可逆性。取少量胆矾，将一部分磨成粗粉，然后在砂浴上的小蒸馏瓶中加热，水分会在蒸馏瓶的颈部沉积，然后以液滴的形式聚集并流出。取一个烧瓶作为接收瓶，放在蒸馏瓶的前面，缓慢加热，继续实验，直到最后没有水流出。将接收瓶放入冷水槽中（图32），或者通过前边所述的方法，保持接收瓶冷却，以冷凝蒸汽。最好用石棉纸盖住蒸馏瓶的上部，因为如果蒸馏瓶上部温度过低，蒸汽凝结在上面，然后形成水滴落到蒸馏瓶较热的底部，会导致玻璃裂开。

停止加热后，最终蒸馏瓶中有一块灰白色物质，水进入接收瓶中。

冷却蒸馏瓶和其中的物质，将烧瓶中的水倒回蒸馏瓶中，水会消失，将再次出现蓝色物质。蓝色物质也就是胆矾，看起来非常干燥。

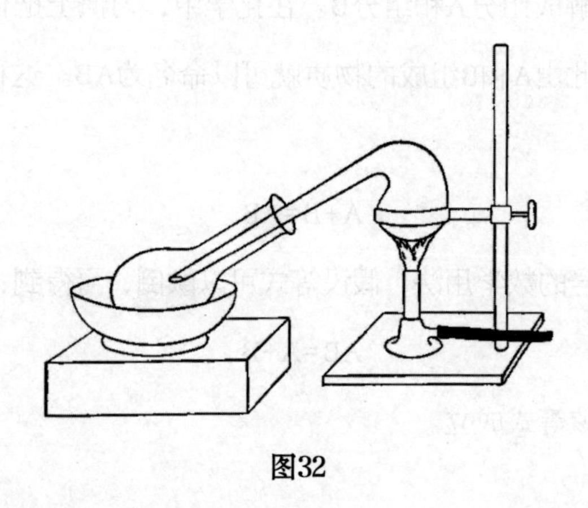

图32

如果我们称蓝色物质为C，白色物质为S，水为W，那么水逸出，白色物质形成这个过程可以用下面的方程式来表示：

$$C=W+S$$

蓝色物质再次形成时为：

$$W+S=C$$

换句话说，在这三种物质之间，既有分解反应，也有化合反应，并且分解产物可以再次形成原始物质。

由此我们可以验证另一个重要的定律，即化合和分解是可逆的过程。如果组分A和组分B可以制备化合物C，那么化合物C可以分解为组分A和组分

B。有时无法简单或直接地实现这一过程，但是总有一些方法可以实现，并且获得相同的物质A和物质B。此外，生成的物质不仅仅是相同的物质，相对质量也相同，即生成的物质与最初化合形成化合物时的两种物质的比例相同。因此，最简单的方法是不要随意标记化合物C的名称，而是直接命名，这样从名称中就能看出这种化合物是由组分A和组分B制备出来的，或者这种化合物可以分解成组分A和组分B。在化学中，习惯上把化合物当作数字产品来命名，因此由A和B组成的物质就可以命名为AB。这种化学过程的方程式可以写为：

$$A+B=AB$$

并且根据等式符号的数学用法，假设等式可以颠倒，可得到：

$$AB=A+B$$

经过实验验证，该等式成立。

5.间接分解

如上所述，可以用化合物来制备该化合物的组分，即使有时需通过间接过程来实现。例如，在之前的实验中制备的黑色硫化汞，在加热时不可分解成汞和硫。如果继续实验，并对硫化汞加强热，则会发生变化，部分硫化汞会挥发并沉积在温度较低的试管上部，也就是说，硫化汞在高温条件下会挥发，但仍然是同一种化合物。

现在将一些硫化汞与少量铁粉混合，并重复上述实验，实验后发现，铁会与硫发生化合反应，但需将混合物加热到比制备硫化汞更高的温度。由此可以推断，汞和铁同时存在时，硫（可以采用汞的硫化物制备）会先和铁发生化合反应。事实上，在加热铁和汞的硫化物的混合物后不久，便可在试管上部看到汞的灰色沉积物，发生了以下反应：

硫化汞 + 铁 = 硫化铁 + 汞

化学家一般不写每种物质的全名，而是使用缩写，上述物质的缩写如下：

S= 硫、硫黄；

Hg= 汞、水银；

Fe= 铁

化学反应方程式可以写为：

$$HgS+Fe=FeS+Hg$$

显然这种反应和之前学习的所有反应均不同。在前面的化学反应中，有且仅有两种物质化合成一种化合物；或者相反，由一种化合物得到两种元素。而在这里，我们使用了第三种单质，它与一种化合物（包含另外两种元素）发生反应，与其中一种元素结合，释放出另一种元素。我们说铁促使汞变成游离状态，而化合物中的汞是结合状态，因为在化合物硫化汞中未发现单质汞的性质。在所有的性质中，只有质量这一性质保持不变。

另一种说法是，铁从化合物硫化汞中“驱除”了汞，因为铁对硫有更强的“亲和力”，这种性质的化学过程称为通过选择性的亲和实现分解，从严格意义上说，这种表达不够充分，因为化合是与分解同时发生的。这种反应通常是为了得到释放出来的物质，因此关注的重点应是元素从其化合物中释放出来这一事实。

6.对生成物质的鉴定

实验后仍需确定铁与汞的硫化物反应生成的物质，并证明这种物质是铁的硫化物，而不是某种其他物质。由于铁的硫化物和汞的硫化物都是黑色的，因此必须通过其他方法来区分。

可以利用气味进行区分，取一些铁的硫化物，这种硫化物可由铁和硫直接化合制备，然后在上面倒少许盐酸。盐酸溶液是一种无色透明的液体，与很多物质可以发生强烈的化学反应，可以通过实验验证。但在本实验中，我们仅仅利用盐酸与铁的硫化物发生某种反应，这是盐酸的一种特性，依据化学家的说法，在这种情况下，盐酸可以作为检测铁的硫化物的试剂。实验中使用稀盐酸，即用水将盐酸稀释，这样反应不会太剧烈。在试管口，可以闻到臭鸡蛋的气味，这是因为稀盐酸与铁的硫化物发生反应，生成了硫化氢气体。这里没有必要进一步研究该反应，我们只需要知道，当铁的硫化物和盐酸相接触时，会产生臭鸡蛋气味。

然后把稀盐酸倒在加热铁与汞的硫化物而得到的残渣上，会立刻闻到臭鸡蛋气味。这表明残留物是铁的硫化物，或者至少残留物中含有这种化合物。

当然，也有人会提出某种异议，用稀盐酸处理时，也许是稀盐酸与汞的硫化物发生反应，产生了臭鸡蛋气味。为了确定这一点，将少量盐酸倒在汞的硫化物上，没有闻到臭鸡蛋气味。类似地，用盐酸处理铁时，自始至终都没有闻到臭鸡蛋的气味，尽管也出现了气泡，有刺激性气味的气体逸出。在所有存在或可能存在的物质中，只有铁的硫化物具有实验中所述性质，因此可以确定残留物中确实存在铁的硫化物。

元素

1.元素概述

通过化合（合成）和分解（解析），我们能够区分单质和化合物。我们可以推断，一种能与另一种物质结合形成化合物的物质，本身可能是由其他物质组成的，因此在适当的条件下，这种物质可能会分解。在这种情况下，该物质是由其形成的化合物的一种组分，并且它是由更简单的物质（可以看作自身的组分）形成的化合物。

这种关系可以用符号来表示。假设两种单质A和B结合成一种化合物AB，这种物质AB本身又可以与另一种物质C结合，形成化合物ABC，那么AB是ABC的一个组分，或者是A和B的化合物。

这不是一个虚构的例子，在实践中经常会遇到。水和在前述相关实验中获得的白色残留物就是两种这样的物质，这两种物质都可以分解成更简单的物质，单质的结合可以再次形成原物质。因此，将一种化合物分解成各组分时，我们无法确定这些组分是否易于进一步分解。

一个多世纪以来，化学家们一直努力制备和分解他们接触到的所有纯净物，希望以各种可以想象的方式将每种物质分解成最简单的组分，所有这些多方面实验的结果可以简略地表述如下。

目前[1]已知的大约八十种物质只能作为组分，而非化合物。经证明，已经研究过的所有其他物质都是由这约八十种物质中的两种或两种以上组成的。我们掌握的所有方法都能证明这些物质是单质，又称为元素。可以确定的是，所有物质，以及自然界中所有可称量的物体，都是由这约八十种元素中的一种或多种组成的，无论是纯净物、溶液还是混合物。

到目前为止，我们实验使用的大多数物质都是元素，包括硫、汞、铁和碘等，水、盐酸和酒精不是元素，而是由元素组合而成的化合物。同样，铁的硫化物和汞的硫化物也是由对应名称的元素组成的化合物。

2.化学符号

因此，正如我们所看到的，可以通过构成化合物的元素，即化合物的组成元素，来表示所有化合物。为了方便起见，化学家们发明了一种与日常用语不同的方法来命名这些元素。在全世界，这些名称或符号实际上是相同的，并且在用日语、土耳其语、法语、德语、英语等书写的教科书中均用来表示化学元素和化合物，这是一个国际化系统，就像阿拉伯数字和音符的使用一样。

下面列出了二十五种最常见元素的名称及符号。虽然列出的大多数元素只有科学家才了解，但相当多的元素，尤其是金属元素，是历史非常悠久的普通物质。

如前所述，化学符号源自元素的拉丁文或希腊文名称。最初只用第一个字母作为符号，但随着时间的推移，发现的元素比字母表中的字母多，导致

① 本书出版时间为1911年。

几种元素的符号相同，因此在许多情况下，必须使用第二个字母，所选的第二个字母不一定是单词中的第二个字母，而是名称中尽可能有特色和突出的字母。

A　非金属

氧　O	硫　S
氢　H	氮　N
氟　F	磷　P
氯　Cl	碳　C
溴　Br	硅　Si
碘　I	

B　金属

钠　Na	铁　Fe
钾　K	锌　Zn
镁　Mg	锰　Mn
钙　Ca	铅　Pb
锶　Sr	铜　Cu
钡　Ba	汞　Hg
铝　Al	银　Ag

3.元素的分类

在上表中，常见的元素不到三分之一，其他大多数元素并不为人所知，因为它们在自然界中出现的频率较低，数量也少，所以许多元素直到近期才为人所知。另一方面，元素在许多情况下关系密切，并且与其他元素的结合特性非常相似，因此研究一些更具代表性或典型的元素就可以分析最重要的化学反应。

从表中可以看出，元素可以分为两大类：非金属和金属。大多数非金属元素广泛分布于自然界，它们的化学性质在很大程度上决定了地球表面以及植物和动物的化学过程的特性。在这些元素中有气体，如氧、氮、氢和氯；同时还有固体，其中一些很容易熔化，如磷和硫，也有一些很难熔化，如碳和硅。此外，其中有一种液体，即溴。这些元素没有金属光泽，导电性较差，除了不是金属以外，没有其他共同的性质，所以称为非金属。在上表中没有提到的稀有元素中，只有少数是非金属，大多数是金属。

金属元素中，有些是在19世纪发现的，有些是最近才发现的，还有一些是从古代就为人所知的。大部分金属元素为所谓的轻金属元素，其中一些比水轻，密度不大于3g/cm^3，其他的为重金属元素，因为它们的密度一般都大于7g/cm^3。

轻金属包括铝 、镁、钙 、锶、钡 、钾和钠7种。其中钙、锶、镁和钡统称为碱土金属，钾、钠为碱金属。碱土金属是指元素周期表中ⅡA族中的元素。碱金属是指元素周期表中ⅠA族中除氢外的所有元素，即除钾、钠外，还包括锂、铷、铯和钫。碱土金属源于这样一个事实：大多数岩石是铝的化合物，它们的风化产物构成了地球表面。将这些元素称为碱土，是因为这一组金属的性质介于土族金属和碱金属之间。在所有这些元素中，还有很多稀有元素，暂时不做研究。

很长一段时间以来，人们习惯于将重金属分为贱金属和贵金属：贱金属包括铁、锌、铅、铜，贵金属包括汞、银和金。这两类金属之间的区别在于，贱金属暴露在大气中会受到影响，但贵金属不会。导致这一区别的是化学原因，因为贱金属会与氧气和空气中的其他成分结合，发生反应，即使在常温下，尤其是在潮湿的空气中，贱金属也会发生化合反应。而贵金属几乎不与氧结合，因此它们在空气中可以保持不变，如果通过其他方式使它们与氧结合，得到的化合物在热作用下可分解并可再次获得原始金属。利用这一特性，可以用汞从空气中制备纯氧。

4.元素守恒定律

化合物可用其构成元素或由其分解而成的元素的符号表示，因此可以得到一个重要的自然定律，为了理解这一定律，还需做出充分的解释。这个定律称为元素守恒定律，也就是说，不可能直接或间接地把一个元素转化成任何其他元素。中世纪的化学家不认同这一定律，他们反复努力，想将铅、铁或其他贱金属转化为黄金，但实验皆以失败告终。另一方面，炼金术士们的大量实验反而验证了元素守恒定律，它像其他所有自然定律一样是经验所得，只能从大量的化学实验中得出。

根据这一定律，一种化合物分解成构成它的元素时，会以完全相同的比例得到相同的元素，而与分解的方式无关。因为如果从某种化合物中通过一种分解方法得到元素A、B和C，而通过另一种方法得到元素A、B和D，那么这就相当于将C转化为了D。采用元素A、B和C制备化合物，然后通过分解反应将其分解为A、B和D，使C消失，而D取代C。这种转变是违反定律的，且无法实现。

对于一个给定的化合物，不仅元素关系符合这一定律，质量关系也是在这个定律的基础上建立的，与化合物形成或分解的方式无关。如果通过不同的分解方法分解化合物AB，可以得到两种不同的A和B的相对质量，这就相当于将一部分A转化为了B，或者将一部分B转化为了A。只有元素比例相同，与合成或分解的方式无关，这个定律才成立；而且由于这一定律普遍适用，故可以得出相反的结论，即物质的元素组分与这种物质形成或分解的方式无关。

在动植物与多种多样复杂的化合物中，没有发现与这一普遍定律有任何矛盾。一般认为植物的生长过程比较特殊，因此无法考虑无机生物的一般规律。关于动植物生长过程的许多观点我们确实还无法理解，但经过实验验证，构成植物的所有元素都来自外界环境。这些元素经历了各种各样的组合，但在所有植物中发现的元素均来自外界。

INTRODUCTION TO CHEMISTRY

第五章

氧气和氢气

氧气

1.氧气概述

在加热氧化汞的实验中，得到了一种物质，它是一种无色气体，具有使带火星的木条燃烧的特性。这种物质称为氧气，是前边的表格中所述的一种元素。实际上，我们认为氧是最重要的元素，而且是最常见的元素，约占地球表面质量的一半。一部分氧以游离态存在，如气态氧，但大部分以化合态存在，即作为化合物的一种成分。

游离氧是我们生活的大气的一部分，空气是含有各种气体的复杂混合物，其中的水蒸气在前述章节中已经研究过。同样，覆盖地球大部分表面的海水，也是一种非常复杂的溶液。大气是包围地球的空气，是地球表面所有气体物质的储存库，就像大海是包含所有固体物质的水库一样。泉水、小溪和河流中的水与地球表面的固体物质接触，最终一起汇入海洋。

空气的主要成分是氮气，我们后续会学习。这里我们只需要知道，氮是一种惰性元素，在普通条件下不容易与其他物质结合。因此，就目前而言，在所有用空气中的氧气进行的实验中，我们可以忽略氮气的存在。

氧气约占空气体积的五分之一（更接近21%），因此其在空气中的分压约为总压力的五分之一。也就是说，空气具有稀释的氧气的特性。这就是为什么在空气中带火星的木条接触到纯氧气时会燃烧。火星是木条中的元素（其本身是复杂化合物的混合物）与氧气结合引起的，二者结合释放出相当大的热量，热量导致出现火星。将带火星的木条放入纯氧中时，与氧的结合发生得更快，不再是缓慢地发出火星，而是快速燃烧。

2.燃烧现象

从上述现象中可以推断出，煤、煤油和照明用的煤气之所以能燃烧，与燃料中的各元素和空气中的氧气相结合有关。事实上确实如此，很明显，燃烧只能在空气中有氧气的情况下进行，因为如果阻止空气进入，火焰就会熄灭。另一方面，这并不能证明只有一部分空气可用于燃烧，为了证明这一点，必须在限定的空气量中进行实验。

将蜡烛放在一根弯曲的金属丝的末端，金属丝的另一端穿过一个可以塞住瓶口的软木塞。将点燃的蜡烛放入瓶中，将塞子塞入瓶颈（图33）。很快，蜡烛燃烧变得微弱，最终完全熄灭。冷却玻璃瓶后，在移开塞子时，明显感觉到瓶子里出现轻微真空，但只是非常轻微的真空。如果再次点燃蜡烛，它会和之前一样燃烧，且蜡烛本身并没有任何可以用来解释瓶子里火焰熄灭的变化，将蜡烛再次放进瓶子里，这次它只燃烧很短的时间。可以燃烧几秒钟是因为有少量空气进入玻璃瓶中，但是这一次蜡烛熄灭的速度比第一次燃烧时（玻璃瓶中充满空气）要快。从这个简单的实验中可以看出，与有限的空气接触时，可燃物体只能燃烧有限的时间，并且残余气体

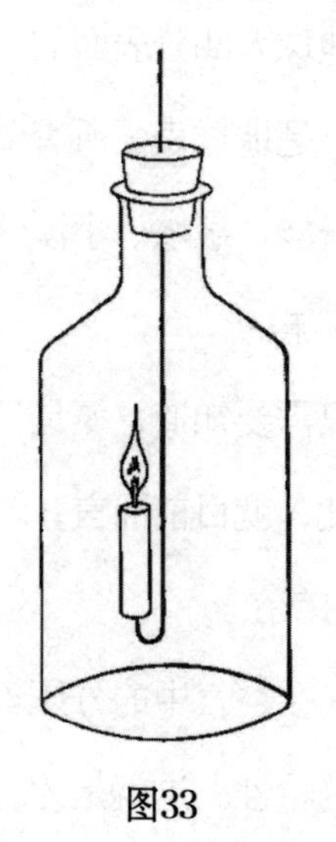

图33

不支持燃烧。

在此可用定比定律解释：蜡烛中的可燃物质以一定的质量比例与空气中的氧气结合。因此，空气中氧气的消耗量与蜡烛的消耗量成正比，没有氧气时，蜡烛就会停止燃烧。

3.空气分析

蜡烛燃烧的实验不能确定给出空气中氧气的比例，因为蜡烛燃烧时会形成其他气体。磷与氧结合会形成固体物质。此外，磷还可以自燃，即使在常温下也可以缓慢自燃，因此可以借助磷对空气进行分析。

由于空气中的磷本身可以缓慢自燃，故一般将磷保存在水中。将一块豌豆大小的磷放在试管中，倒入少许水，然后缓慢加热，磷很快熔化成黄色液体。将一端稍微弯曲的长金属丝插入液态磷中，将试管置于冷水中，使磷在金属丝周围凝固。将另一个充满空气的试管倒放在水槽的上方，放入金属丝和磷，使其位于试管的上部（图34）。很快，在磷周围形成磷氧化物的蒸气云，并在试管中向下沉，空气的体积开始减小，因为试管中的水开始上升。这个过程会持续一个小时左右，直到试管中所有的氧气都与磷结合。由试管中上升的水量可以明显看出，试管中的空气量至少减少了其原始体积的五分

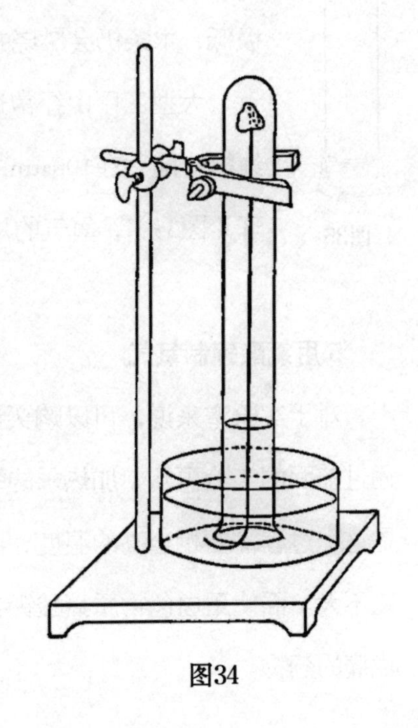

图34

之一，这证实了之前的说法。而残余气体可立刻熄灭任何燃烧物质的火焰。

4.纯氧

有两种方法可以制备纯氧，以便研究其特性：从空气中分离出纯氧，或者通过分解合适的化合物获得纯氧。在这两种情况下都要小心，防止任何其他气体污染纯氧。从空气中分离出纯氧比较困难；直到近代，人们发现如何获得足够低的温度来液化空气之后，才在工业上规模实施该方法。如果有液态空气，只需在敞口容器中保持一小段时间，液态空气中的氮的沸点比氧低，因此会首先蒸发出来，就像在煮沸酒精和水的混合物时酒精首先逸出一样。用这种方法制备的液氧是一种蓝色液体，沸点为-183℃。如果将带火星的木条浸入液氧中，尽管温度极低，木条仍会燃烧并发出明亮的火焰。

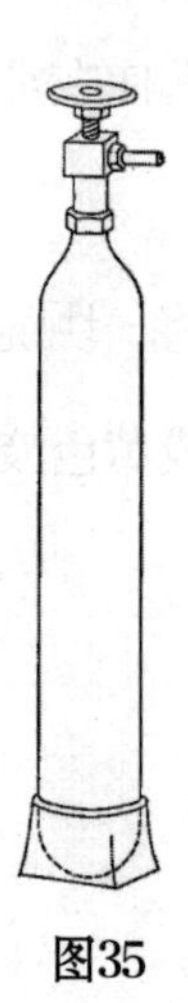
图35

大型工厂中经常运用空气的液化和蒸馏，以便从空气中得到纯氧。随后在100atm的气压下将氧气装入钢瓶中，并进行商业处理（图35），氧气的用途非常广泛。

5.用氯酸钾制氧气

对于实验室来说，可以购买钢瓶液态氧，也可以使用化合物制备氧气。通过前面的实验可知，加热汞的氧化物可以很容易将其分解成它的组分，但是这个过程需要相当高的温度，而且由于只有8g氧气与100g汞结合，显然产量不大。而使用白色物质氯酸钾要方便得多，这种盐在医学实践中是治疗喉咙痛的药物。

氯酸钾由钾、氯和氧元素组成，加热后会发生变化。钾和氯仍然结合在一起，形成一种新的固体物质，氧则以气体的形式逸出，然后可以收集到纯氧。因此，这一过程与汞的氧化物受热分解完全相同，只是在这种情况下，残留的是钾和氯的化合物，而不是汞，从相同质量的原始物质中得到的气体几乎是汞的氧化物的五倍。

首先，将少量氯酸钾放入试管中加热，白色小晶体很快熔化成无色液体，即液体氯酸钾，如果这时冷却，可凝固成固体氯酸钾。当温度升高到熔点以上后，开始形成气泡，并且随着温度的升高，气泡越来越多。在试管口放一根带火星的木条，木条会复燃，验证了氧气的存在。

然后从火焰上取下试管，加入少量粉状软锰矿，尽管试管中的液体已经部分冷却，但此时试管中仍剧烈起泡，就像将糖放到一杯纯苏打水中摇匀后一样。氧气的生成非常剧烈，有时试管中的物质会发光，最后留下一块黑色残留物，且比原来的氯酸钾更难熔化。残留物中的钾盐易溶于水，过滤溶液后，得到未发生变化的软锰矿，可将其干燥并反复用于上述实验。让滤液在烧杯中静置几天，烧杯上盖有滤纸，以阻挡灰尘，白色物质将逐渐沉淀出来，其外观类似于食盐，完全不同于氯酸钾。白色物质是上述钾和氯的化合物，称为氯化钾。

6.催化加速

在前述实验中软锰矿的作用可以总结如下。软锰矿是氧和元素锰的化合物，元素锰是一种类似铁的金属，在人们知道它的化学成分之前，就将它命名为软锰矿。软锰矿在矿业中用途广泛，可以去除玻璃的棕色或绿色，或将釉料和陶器染成棕色。化学上，将这种物质称为二氧化锰或过氧化锰。后续我们将更详细地学习这种物质，在这里不做详述，因为它并未参与这个化学反应，在实验过程中未发生任何变化，只是加速了氯酸钾中氧气的释放。在这种情况下，缓慢的反应因另一种物质的存在而加速发生，物质本身在反应过程中不变，这在化学反应中非常常见。这种加快反应的性质称为催化活性，引起反应加速的物质为催化剂。

7.氧气的制备

利用二氧化锰的催化作用，可以从氯酸钾中制取大量的氧气。将氯酸钾与约十分之一质量的二氧化锰混合（二氧化锰的用量对实际影响不大，因为它在反应中没有变化，也没有必要把两种物质完全混合在一起），将混合物放入烧瓶中并摇晃，该烧瓶配有一根宽出口管，出口管通过橡胶管连接到另一根浸入水中的玻璃管上，将管口插入装满水的倒置瓶子的瓶口（见图36）。小心地加热烧瓶，很快气泡开始逸出。不收集最开始逸出的气泡，因为这些气泡是烧瓶中存在的空气，当氧气开始快速释放时，收集逸出的气体。如果气体的生成过程太剧烈，应移走火焰，因为物质会因自身分解而发热，因此很容易过热。

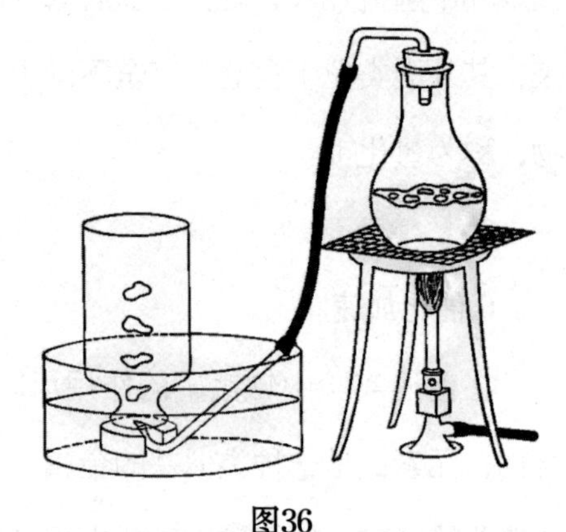

图36

每克氯酸钾约可生成200mL的氧气，由此很容易计算出需要多少氯酸钾（比如欲收集5L的氧气）在进行实验时，最好取比这个多一点的量，因为有必要考虑微小的损失，比如在实验开始时，将空气从烧瓶中排出时的氧气损失。

8.氧气的密度

类似的实验可用于计算氧气的密度，但必须确定给定质量的物质所占的体积。如果使用称量的氯酸钾，则氧气的质量是已知的，并且根据质量守恒定律，在反应结束后称量残留物，放出的氧气的质量等于反应前后物质的质量损失。气体所占的体积可以用一个非常简单的气量计来估算，我们用下面的方法来计算。取一个高大于宽的瓶子，容量大约为1L，然后装上一个两孔塞子，其中一个孔穿过一个短的直角管，并把它连接到橡胶管上，然后和气体生成器相连接。塞子上的另一个孔插入另一根玻璃管，该玻璃管伸到烧瓶底部，上面与带有弹簧夹的橡胶管相连。玻璃瓶和导管中装满水。

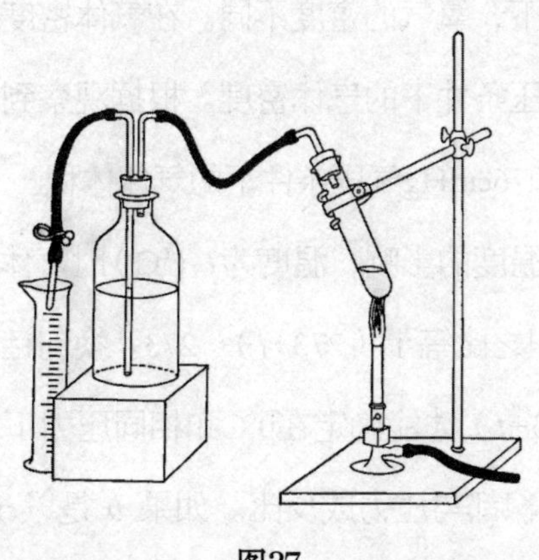

图37

选择一个厚壁试管来装氯酸钾，称量空试管，然后放入大约1g氯酸钾，再次称重，两次质量的差值就是实验中氯酸钾的准确用量。用一个合适的塞子封闭试管，塞子上有一个玻璃管，与气量计的橡胶管相连。将瓶子的出口管通入量筒中，通过这个量筒可以测量实验过程中流出的水量。

加热试管底部，打开弹簧夹，氧气很快被释放出来，将瓶子里的水排到量筒中，只要气体还在生成，就继续加热。然后移开火焰，关闭弹簧夹，让其冷却。最后将短管的末端放在量筒的水面下，打开弹簧夹，适当提升或降低量筒，使其水位与玻璃瓶中的水位一致，那么从玻璃瓶中流出的水量正好等于瓶中所含气体的体积，这个体积由量筒测定。

称量试管，固体留在试管中，质量损失即玻璃瓶内氧气的质量。因此，确定密度所需的两个值均已得到。

例如，如果质量损失为0.382g，体积为286mL，则氧气的密度为：

$$\frac{0.382}{286}=0.00134\ (\text{g/mL})$$

但是根据已知的物理原理，气体的体积随压力和温度而变化，因此在不同的温度和压力条件下，氧气的密度不同。在气体密度的科学测量中，通常计算0℃和76cmHg气压条件下的气体密度。根据观察到的气体体积，然后使用气体定律计算0℃和76cmHg气压条件下的气体体积。

众所周知，关于温度的影响，温度为t（℃）时气体所占的体积与温度为0℃时气体所占的体积之比等于（$273+t$）：273。换句话说，观察到的体积必须乘以分数273/（$273+t$）才能确定在0℃和相同压力下的体积。同样，我们都知道任何气体的体积都与压力成反比。如果 b 是以cmHg为单位测量的大气压力，那么观察到的体积应该乘以 $b/76$，才能算出76cmHg压力处的气体体积，如果V为观察到的体积，那么 $V\cdot b\cdot 273/[76\cdot(273+t)]=V_0$，即“折算”体积。在这样的标准条件下，氧气的精确密度是0.001429g/cm^3。在上面的实验中，没有考虑某些误差源，因此实际得到的值与真实值会有误差。

9.氧气的特性

氧气是无色无味的，这是显而易见的，因为空气本身就是无色无味的，而氧以未化合的状态存在于空气中。氧气在水中的溶解度很小，所以可以像上面的实验一样采用排水法收集，这样没有明显的气体损失。

氧的化学性质活泼，能够与自然界中的许多物质发生化学结合。当然，在常温下，可能难以实现；加热反应物时，反应很容易发生。器皿、房屋、衣服、书籍等大量物质均能够与氧气结合或发生燃烧，这些物质对我们的生产、生活相当重要。如果由于某些催化剂的存在，导致氧在常温下获得与这些物质结合的能力，那么我们所有的文明都会消失，不仅木屋会被烧毁，而且我们的衣服、图书馆、珍贵的文件，甚至我们自己的身体都会被烧掉，因为所有这些物质都可以燃烧。

燃烧是燃烧物质与氧气的结合，上述实验已经证明了这一点。因为空气中只有约五分之一是氧气，所以在纯氧中燃烧速度更快，产生的温度也更高。空气中的氧气用于燃烧时，产生的热量部分可提高大气中氮气的温度，而氮气本身并不参与燃烧过程。在纯氧中没有这样的热量浪费，因而可以获得更高的温度。因此，在纯氧中燃烧产生的现象与在空气中燃烧产生的现象略有不同。如前述相关实验中所述，使用装有氧气的烧瓶进行以下实验。

事实上，当与纯氧接触时，仅仅带微弱火星的木条会爆发出火焰并燃烧得异常明亮，该性质已经过反复证明。将一块带有火星的煤固定在一根铁丝上，放入一瓶氧气中，会发出明亮的光。将硫放在一个铁燃烧匙中，在空气中点燃，燃烧时火焰很浅，在白天几乎看不见；在氧气中，火焰变得剧烈，呈更亮的蓝色。磷在空气中燃烧时发出的黄色火焰如同硬脂蜡烛燃烧时发出的火焰；如果将磷放入一罐氧气中，燃烧异常明亮，以至于在很短的时间内就能使眼睛失明，初学者应注意，这个实验并不太安全。

现象最剧烈的是铁在氧气中燃烧，在这个实验中，最好使用手表的发条，将它在空气中加热软化，并盘成松散的螺旋状。在铁丝末端系一根引线，点燃引线，把它放入氧气罐中燃烧。引线开始燃烧，导致铁的末端变得非常热，然后铁开始燃烧。燃烧继续进行，火星四射，同时铁和氧燃烧的产物以发光的球形熔体的形式落到瓶子的底部，此时必须采取预防措施，如在瓶子底部铺一层沙子，以确保热的熔融物不直接接触瓶底，否则玻璃瓶会破裂。

上述实验可以应用到工业处理上，如果是厚铁板，可以使用氧气切割的方法来进行切割。氧气切割即利用气体火焰的热能将工件切割处预热到燃点后，喷出高速切割氧流，使金属燃烧并放出热量并实现切割的方法。

在以上反应中，燃烧的物质与氧气结合形成一种化合物，氧气与碳和硫形成的化合物是气体，所以肉眼无法观察到。磷的燃烧产生了像雪一样的白色物质，且很容易溶解在水中。铁的燃烧会形成一种灰黑色的固体。

10.酸

把蓝色石蕊试液（染料）依次放在燃烧碳、硫和磷的烧瓶里，溶液在燃烧碳的烧瓶中会变成紫红色，在另外两种情况下会变成黄红色。酸代表一大类物质，具有使蓝色石蕊试液变红的特性。很明显，有些酸是由其他元素和氧结合产生的。但如果把石蕊试液倒入铁燃烧后的玻璃瓶中，就不会出现红色。事实上，原因是铁燃烧形成的化合物不是酸，而是另一种完全不同的物质。

11.燃烧热

氧与其他元素结合的明显发光现象表明释放了大量的热量。这种过程类似于蒸汽的液化，或液体的凝固，但在化学变化过程中释放的热量，通常比状态变化过程中释放的热量大得多。

在所有的化学变化中，与氧的结合是最广泛的，各工业领域（铁路、工厂、电厂等）均需要大量的机械作业，而这些机械作业需要使用可燃燃料与氧气的化学结合所释放的热量，或者换句话说，需要燃烧热。热量首先将水转化为蒸汽，蒸汽可以在蒸汽机中做功。一般认为煤是工业赖以生存的支柱，因为煤是燃烧所必需的，而且必须购买，但氧气几乎可以无限量地免费获得。

但氧气和燃料一样，对于获得燃烧热而言是不可或缺的，如果限制氧气的供应，那么氧气就可以像煤一样出售。氧气不仅对于工业而言不可或缺，而且人类和动物也离不开它。生命体的热量，以及生命体做的各种功，包括精神和身体活动，都是以某些物质的燃烧为基础的。生命本身需要充足的氧气供应，氧气供应不足时，就会导致窒息。“可燃物质”是我们所需的食物，它们和氧气之间的相互作用是热和功的来源。动物体内的食物燃烧是在没有点燃的情况下进行的。

12.氧化物的名称

氧与其他元素的化合物称为氧化物。一种元素经常形成两种氧化物，在一种名称中加上“亚”来表示氧含量较小的氧化物（例如氧化亚铁、氧化亚锰），其他则表示氧含量较大的氧化物（如氧化铁、氧化锰等）。氧含量相对较低的氧化物有时被称为低价氧化物，而氧含量较高的氧化物通常被称为过氧化物。另一种命名方法是用数字表示氧的相对量，如一氧化物、二氧化物、三氧化物、四氧化物、五氧化物等。

13.燃烧理论

燃烧现象属于最剧烈、最常见的化学过程，因此一直受到化学家的关注。燃烧过程大部分指木材、煤、蜡、动物脂等的燃烧，在这个过程中，一般印象是，一种物质完全消失或者至少在很大程度上减少了。现在，我们知道无色气体物质是不可见的，并从燃烧物质中逸出。但事实上，燃烧产物的质量大于原始物质的质量，质量的增加代表了结合的氧气量。下面用一个简单的实验来验证这一事实，在这个实验中，要阻止燃烧气体产物的逸出。可采用氢氧化钠进行相关实验。将一小根蜡烛放在天平的一个托盘里，在托盘上面支一个灯罩，将氢氧化钠棒散开放在灯罩内的金属丝网上，砝码放在另一个托盘中，直到天平处于平衡状态，然后点燃蜡烛（图38）。一段时间后，放蜡烛的一侧比另一侧重，氢氧化钠棒上开始形成一层硬壳。质量的增加说明空气中的氧气已经与构成蜡烛的物质结合。

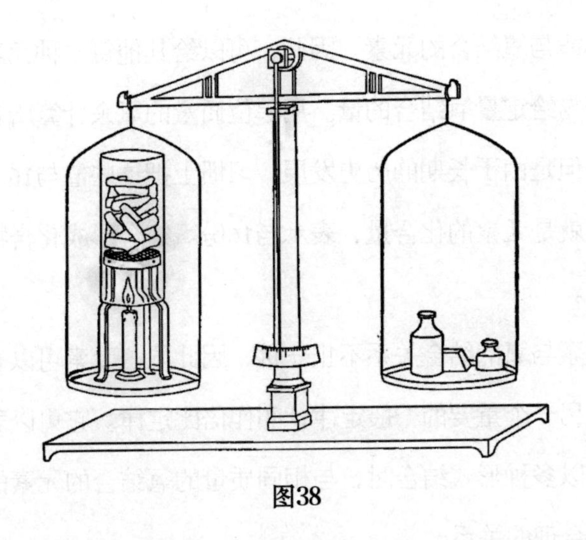

图38

直到18世纪末，化学家们才进行这样的实验，在此之前，人们一直认为燃烧物质中会有某些东西逸出，这种东西被称为燃素。因此，氧化物被认为是元素，而我们现在的元素被认为是具有元素与燃素的化合物。这个理论在区分氧的吸收和释放方面是很令人满意的，但是发现纯氧以及纯氧在燃烧中的作用后，这个理论显然是错误的。舍勒和普里斯特利分别于1770年和1774年发现了氧气，为了解释质量的实际变化，必须颠覆燃烧理论。事实上，可检测到的元素氧就是燃烧的原因，而不再是假设的燃素，法国科学家拉瓦锡在1783年证明了这一事实。拉瓦锡在质量守恒定律的基础上进行了实验，尽管他自己没有发现该定律，但他第一次证明了质量守恒定律在化学研究过程中的重要意义。

14.化合量

在所有元素中，氧与其他元素的结合最多。事实上，迄今为止，氟是唯一已知的不能与氧结合的元素。因此，可以给其他每一种元素确定一个相对数，它代表与给定量氧结合的量。用单位质量的氧来计算所有这些值本来是最简单的，但是由于长期的历史发展，习惯上把这些值与16份氧的质量相比。这些数值就是元素的化合量，表示与16份氧结合形成化合物所需的该元素的相对质量。

但某些元素与氧的结合关系不止一种，因此同一元素可以有不同的化合量。这里涉及另一个重要的一般定律，叫作倍比定律。它可以表述如下：当一种元素与氧以多种形式结合时，与相同质量的氧结合的元素的质量之间存在一种简单而合理的关系。

例如，我们发现汞与氧的结合比例为100：8，即200份汞相当于16份氧。但另一种已知的汞的氧化物不是红色的，而是黑色的，这种黑色的氧化物中含有400份汞，是16份氧的两倍。

也就是说，根据上述定义，汞可以有两种不同的化合量，即200和400。但根据倍比定律，最好将汞的化合量规定为200，并假设黑色化合物中两个化合量的汞和一个化合量的氧结合。当然，我们也可以说，在黑色氧化物中，一个化合量的氧与半个化合量的汞结合在一起，但是习惯上并不使用化合量的分数，因此仍采用第一种说法。

倍比定律不限于氧化物，同样也适用于任何元素与另一元素的化合物。如果一种元素与另一种元素以多种形式结合，则其中一种元素相对于另一种元素的重量比总是比较简单合理的。就汞而言，这些比例不一定是最简单的1：2，也可能是1：3、2：3、1：4、3：4、1：5等。

根据上面给出的定义，化合量针对不同元素与氧的化合物。显然，可以用同样的方法为每种元素确定一系列的化合量，以计算有多少其他元素与给定数量的相应元素结合。但实际上没有必要确定一系列化合量，因为已经发现一个一般定律，即氧气表中的化合量也代表了其他元素相互结合的量。

由于其他化合物中也经常发现多种比例关系，因此倍比定律也要考虑这些化合物。我们可以总结如下：元素按化合量关系或以相同的倍数相互结合。

因此，如上所言，汞的化合量是200，而硫的化合量是32，因为实验发现2×16和3×16份氧与32份硫的氧化物中的硫结合。如需知道汞和硫的结合比例，根据这两种元素的化合量，最简单的一个比例是200∶32，即6.25∶1，后面这个比例是通过实验直接发现的，以质量表示这两种元素相互结合的关系。

15.原子理论

一百多年前[①]，英国化学家约翰·道尔顿提出了一个关于物质组成的概念，这个概念非常清楚地描述了物理学与化学中有关物质本质的问题，因此对教学和研究有极大的帮助。这个概念就是原子理论。

古希腊哲学家提出这样一个观点：所有物质都是由最小的粒子组成的。这些粒子的体积十分小，肉眼难以观察到，并且如果物质没有失去其本质，这种粒子不能进一步分裂。这些粒子叫作原子。在科学发展的过程中，直到现代，人们才普遍接受这一观念，但在自然现象的研究中没有太大的影响，这也促使道尔顿扩展了研究范围。

---

① 本书出版于1911年。

问题来了，我们是必须假设一种给定元素的所有原子都是相似的，但大小不同，就像沙粒一样，还是必须假设他们完全相同？后面一个假设的可能性更大，原因如下。

如果溴[①]等元素的原子不完全相同，那么可以预测通过部分蒸馏或部分凝固，可以将溴分离成沸点或凝固点不同的部分，因为元素的性质在某种程度上取决于原子的大小。然而，正如我们所见，纯净物的特征是它在恒定条件下可转变成另一种状态，因此可以得出结论，这种元素是由完全相同的原子组成的。不同元素原子的大小和形状不同，因为它们的性质不同。另一方面，任何给定元素的原子在相同条件下也必须具有相同的性质，与原子的发现地点或制备方式无关，因为人们已经发现纯净物的性质与这些情况无关。

此外，根据元素守恒定律，一个给定的原子不能转化为任何其他元素的原子，否则，一种元素可以由另一种元素构成，而一种给定的元素可以完全消失。化合过程是不同元素的原子相互结合的过程，这样就形成了化合物。由于这个原因，可以从化合物中再次得到原子。一种元素所有的原子都是相同的，而在化合物中，则存在不同元素的原子。化合物也是由最小的粒子组成的，根据与上述溴相同的推理，这些粒子彼此完全相同，并且这些粒子在不改变化合物本质的情况下不可再分。为了避免混淆，将化合物的最小粒子单独命名（分子），尽管在最初的意义上，“原子”一词适用于所有的物质。

这种表示方法完全符合化学计量定律，即控制元素和化合物质量关系的

① 选择溴作为示例是因为它在常温下是液体。

定律。如果给定元素的所有原子都一样，那么每个原子的质量相同。原子的确切大小未知，我们只知道所有的氧原子都具有相同的质量，与原子所处的位置无关，其他元素的原子也是如此，例如汞。化合物氧化汞是由氧和汞形成的，一个汞原子和一个氧原子结合在一起，由于每个原子都有自身的确定质量，元素间相互结合的质量关系等于各个原子间的质量关系。不管1g氧化汞中实际存在的氧原子和汞原子的具体数量是多少，我们都知道汞原子的数量与氧原子的数量相等，因此在实验中发现元素结合的质量关系同时代表了单个原子的质量关系。

因此，化合量可以看作原子的相对质量，也就是原子量。如果有一个精确度足够高的天平，可以称量一个单独的原子，我们就会发现，16个氢原子的质量相当于1个氧原子的质量，或者12个氧原子和8个氢原子的质量可与1个汞原子的质量达到平衡。

因此，可以用原子理论来解释定比定律和化合量定律，接下来我们学习倍比定律。如果元素A与元素B有多种结合形式，那么在原子理论的意义上，只能通过两种元素不同数量的原子的结合来实现。在一种化合物中一个A原子和一个B原子结合，另外一种化合物为两个A原子和三个B原子结合，可能还有原子比例为1：2或其他整数比例的化合物。根据这一点，这些不同化合物中元素的质量之间必然存在一个简单的关系，这个关系用整数之比来表示，因为既然原子是不可分的，那么每种化合物中的原子个数必然为整数，这是倍比定律的另一种表达方式。

显然，可以通过原子存在的假设正确而清晰地得到化合物的质量关系，因此推断物质实际上就是这样构成的，各种不同领域的发现均可证实这一观点。因此，我们将在本书中反复使用这一理论。

当然许多密切相关的问题仍有待回答，其中最重要的是化合物的性质与其成分之间的关系。一般来说，化合物的性质与由不同元素组成的混合物或溶液的性质有很大不同。例如，硫和汞的混合物外观呈黄灰色，而相同数量硫元素和汞元素组成的化合物是黑色的。此外，在硫和汞均为液态的温度下，该化合物呈固态。事实上，化合物的性质与化学反应的特征——组成的性质有着本质上的差异。

因此，我们可以得出结论，物质的性质不是仅仅取决于组成或原子的性质，还取决于某些其他决定性条件。我们已经看到，在纯净物状态的变化中，必须释放或吸收大量的热量。在狭义的化学反应中，通常有很明显的热量或能量的变化，因此可以预料，参与反应的物质的性质也会发生很大的变化。

16.化合量表

由于对所有化合物的质量关系的学习均依赖于化合量，因此在进行化学研究时，会不断地使用化合量，以便估算一个反应需要多少给定物质，预计得到多少产品，或者化合物中存在多少种元素。下面的表格给出了一些基本元素的化合量（原子量），可供化学实验研究人员参考。

基本元素的化合量

非金属元素（单位：g）			金属元素（单位：g）		
氧	O	16.00	钠	Na	23.00
氢	H	1.01	钾	K	39.10
氟	F	19.0	镁	Mg	24.32

续表

非金属元素（单位：g）			金属元素（单位：g）		
氯	Cl	35.46	钙	Ca	40.09
溴	Br	79.92	锶	Sr	87.63
碘	I	126.92	钡	Ba	137.37
硫	S	32.07	铝	Al	27.1
氮	N	14.01	锌	Zn	65.37
碳	C	12.00	铁	Fe	55.85
磷	P	31.04	锰	Mn	54.93
硅	Si	28.3	铅	Pb	207.10
			铜	Cu	63.57
			汞	Hg	200.0
			银	Ag	107.88
			锡	Sn	119.0
			金	Au	197.2
			铂	Pt	195.2

氢气

1.水

氢和氧一样，是一种气体元素，但氢在自然界中不是游离态，只是以化合物的形式存在。自然界中最重要的物质是水，由氢和氧组成。根据定比定律，可以算出水中氢和氧的质量比，准确的质量比为1.008：8或非常接近1：8。因此，就质量而言，水主要由氧组成。

水实际上是一种化合物，但无法像汞的氧化物实验中那样简单地将物质加热到一个适度的高温来证明，因为温度达到1600℃时蒸汽才开始分解成氢元素和氧元素，在稍低的温度下，元素又重新结合形成水。由于这个原因，人们在很久以前就知道水的化学成分，当时的方法不是水的分解，而是水的合成。氢元素是人们首先发现的元素，人们发现氢燃烧时会产生水，由此推断水中含有氢。但后续又发现了一种将水分解成元素的方法。

水与汞的硫化物一样，不能仅通过加热来分解，但可以通过氧与其他元素结合来分解。实验采用金属锌，锌即使在常温下也能分解水，但是反应速率太慢，因此在常温下实验不可行，但如果将锌加热，水蒸气与之接触，水就很容易分解。将大约1mL的水放入试管中，加入少量工业锌粉并摇晃，加热试管的上部，使锌在水蒸发之前变热，很快试管中就会有气体生成，让开始生成的气体（含有空气）逸出，然后按照常规的方式，用一个小量筒通过排水法收集气体。

收集的气体不像氧气一样可以支持燃烧，但是它与火焰接触时，会在空气中燃烧。因为燃烧是与氧气的结合，所以很容易理解氢燃烧时会生成水。

发生了以下反应：

锌 + 水→氧化锌 + 氢气

即之前与氢结合的氧已经与锌结合，并逸出氢气。氢气的主要特征之一是它在空气中燃烧时会发出淡蓝色的火焰。

2.其他制备方法

在实验室中，制备氢气的一个更简便的方法是分解氢的化合物（除水以外），使氢释放出来。最常用的氢的化合物是盐酸。

我们已经学习过这种物质，盐酸像水一样是无色液体，但它不是纯净物，而是氯化氢化合物的水溶液。氯化氢，顾名思义，是由氢和氯组成的，是一种易溶于水的气体。氯是像氧一样容易与金属结合的元素，因此，如果将合适的金属与盐酸接触，氯会与金属结合并释放出氢气。铁、铝、锌等金属均可以与之发生反应，但是习惯上使用锌，尽管不一定像上述实验中使用锌粉。反应生成的化合物为氯化锌，极易溶于水，因此反应后仍得到无色液体。

化学家们已经设计了大量不同的气体发生器，通过这些气体发生器可以简单地制备所需数量的气体。其中最简单的一个如图39所示，这种发生器是一个大小合适的玻璃瓶，瓶子里放入锌条、锌片或锌粒（将熔化的锌倒入水中得到），用一个两孔塞子塞住玻璃瓶，一个孔中插入一根短直角管，气体通过这根管排出，另一个孔连接一个玻璃塞漏斗，盐酸通过这个漏斗进入玻璃瓶中。小心地打开旋塞阀，盐酸会一滴滴地流入玻璃瓶中，相应地，氢气流稳定地释放出来；关闭旋塞阀，氢气流就会停止。

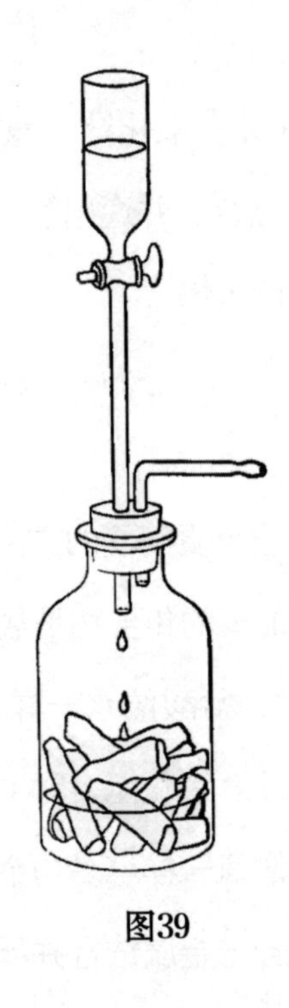

图39

开始时加入较大量的盐酸，迅速排出玻璃瓶中的空气，然后将逸出的气体收集在装满水的倒置小试管中（见图31）。当试管中充满气体时，用拇指堵住试管口，使试管口朝上，移近火焰。第一根试管中大部分是空气，所以没有明显的现象。但很快，收集到的气体与火焰接触时会发出很大的爆鸣声。最后，点燃充满纯氢气的试管时，氢气会安静地燃烧，这时就可确定收集到的氢气为纯氢气，可以用于进一步的实验。

3.爆鸣气

在上述实验中，玻璃瓶中最开始是充满空气的，所以最初逸出的气体是氢气和空气的混合物。这种气体混合物处理起来很危险，就像密闭空间中的火药一样，只需要一个火花就能爆炸。爆炸是由于可燃物质、氢气和燃烧所需的氧气混合在一起，当它们开始相互结合时，所有的物质结合会突然发生而没有时间间隔。如果将纯净的可燃气体放入空气中并点燃，例如，在室内点燃照明气，空气与可燃气体仅在外部火焰处混合，也就是在燃烧产生的部位混合。内部火焰温度较低，用一根铂丝斜着穿过火焰，只有当它接触到外部火焰时，铂丝才会被加热到带火星，接触内部火焰时就像没有接触火焰一样颜色较暗。如果事先将可燃气体与空气充分混合，那么物质间的结合就不会受到任何限制，而是在整个混合物中瞬间发生，并很可能将玻璃容器炸裂成小碎片，就像点燃火药时，会把里面的炸药炸开一样。空气和照明气混合会发生危险，没有用燃烧器点燃气体时将气体通入室内也会产生这种危险，如果在这样的室内点燃一根火柴，很可能会引起爆炸。更危险的是爆鸣气，其是一种氧气和氢气的混合物。可以肯定的是，小试管中存在微量的爆鸣气是安全的，这是由于试管口和其余部分的宽度一样，爆炸的力量是对外施加的，因此只会发出响声，在这种情况下，管壁的强度足以承受施加在上面的压力。

4.氢的性质

从氢气发生器中收集的气体经过验纯后，在空气中会安静燃烧，用几个量筒收集一些氢气，以便研究它的特性。很明显，氢气不溶于水，因为气泡在水中上升时其大小并未减小，而且氢气是无色的。

将装有氢气的量筒开口向上敞开静置片刻，就会发现量筒中的气体无法再被点燃，即使将火焰放到量筒底部也没有发现氢气，量筒中已经充满空气。如果将敞口的量筒开口朝下支撑起来，即使放置一段时间，其中的气体也能被点燃。这证明氢气与液态水的特性完全相反，氢气向上流动，不会向下流动。这是因为氢气比空气轻，因此会向上流动，就像瓶子在水下敞口且瓶口朝上时，空气在水中向上流动一样，但如果将瓶子倒置，可以在水下打开瓶子，没有任何空气逸出。

实际上，空气的质量是同等体积的氢气的十四倍以上。在通常的温度和压力条件下，1m^3的空气重约1200g，而在同样条件下，1m^3的氢气仅重约86g。在0℃和76cm汞柱压力下，1m^3氢气重89.8g。

这就是使用氢气来给气球和飞艇充气的原因，可以通过上面的数值来估算气球和飞艇的浮力，如果使用纯氢气，1m^3的氢气可以托举约1kg的物体。因此，很明显，必须使用大量的氢气充气，因为飞艇不仅需要托举一名或多名人员，还包括机械以及整个气体气囊。出于各种使用目的，氢气同氧气一样，按工业规模制造，然后在100个标准大气压下压缩到钢瓶中。容量为100L的钢瓶在普通大气压下可以容纳100×100L的氢气或10m^3的氢气。

小的玩具气球中充入的也是氢气，这种玩具几天后就失去浮力，体积会变小。这不一定是因为气球的充气口处有泄漏，气体的泄漏是由于氢气的扩散非常迅速，即氢气快速通过气球的小孔，这些小孔非常小，因而可以完全或部分地阻止大多数其他气体的逸出。

5.扩散

氢气的极低密度（氢气是所有已知气体中最轻的一种）对氢气的扩散特性有很大影响。可用下面的实验说明这一点。取一个带有塞子的多孔黏土电池，例如原电池，通过这个塞子插入一个两端开口的长直管，如图40所示，长管的下端浸入水槽中，并在水中加入少量石蕊试剂，以便观察。在电池上放一个大的倒置烧杯，将大量的氢气快速通入烧杯和多孔电池之间的空间，很快就可以观察到一些气泡从玻璃管底部逸出。这是因为氢气通过电池壁的速度比空气从电池壁中逸出的速度要快，因此会挤压空气通过试管逸出。片刻之后，达到了平衡状态，水面上不再有气泡。现在把烧杯从电池的顶部拿走，注意水会在玻璃管中上升，直到达到一个相当高的高度，然后开始下降。移走烧杯后，电池周围不再有氢气包围，因此，氢气向外流动并通过多孔壁扩散；其速度大于空气进入多孔壁的速度，因此导致管内出现部分真空，玻璃管内的水柱上升。由于电池不是气密的，这种真空无法保持，很快足够的空气进入电池内部以平衡压力，然后水柱下降。这种实验现象完全取决于氢气和空气的不同扩散速率。

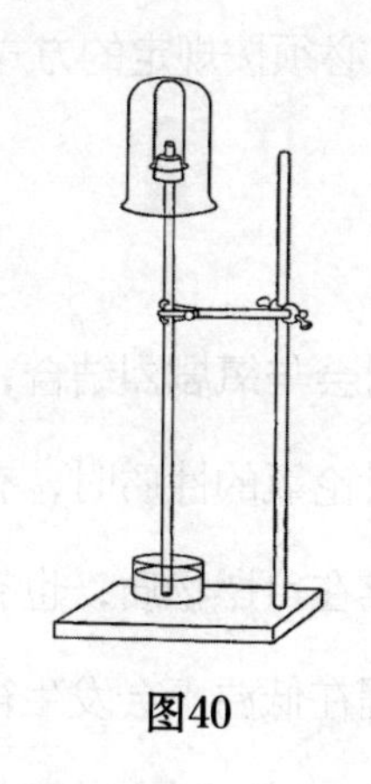

图40

尽管总压力不同，但氢总会扩散到那些没有氢的地方，这也是所有气体的一般性质。每一种气体都会向其他气体中扩散，就像没有其他气体存在一样。换句话说，气体在所有可到达的方向上均匀分布，才能达到平衡状态。还有一种类似的情况，即挥发性液体在另一种惰性气体存在时仍然蒸发，就像惰性气体不存在一样。大气中的水会产生一种分压，由于这种分压，水才可以分布在空气中。在上面的实验中，氢也是如此。开始时，电池内没有氢，所以氢的分压为零，大气压将外面的氢压入电池内部，直到多孔电池内的氢气压力等于电池外部的氢气压力。

当取出装有氢气的烧杯时，电池外部的氢气分压变为零，然后氢气通过多孔壁向外扩散，直到内部气体的分压与外部气体分压相同，氢气以极快的速度扩散到大气中，空气在电池中占据了氢气的位置。

氢气的扩散速度非常快，几乎无法在实验室中长时间地保存氢气，因为氢气总会逸出或和其他气体混合，至少在某种程度上，会与外部空气混合。因此，在这种情况下形成的爆鸣气会持续存在危险，一般氢在制备后要立即使用。图40所示的发生器静置几天后，其中也充满了空气，尽管导管端部插在水下，因此再次使用之前，必须按规定的方式验证气体的纯度。

6.铂绵点火

应注意，尽管氢在受热时会与氧剧烈结合，但在常温下仍能与氧混合，且不发生任何化学反应。在讨论氧的性质时，有人指出，由于低温下化学亲和力的惯性，大气中也可能存在可燃物质；也有人指出，存在可以加速化学过程的催化剂，否则这些过程在低温下会发生得很慢，难以察觉。铂是氢的催化剂，铂是一种贵金属，与大多数化学物质均不发生反应，因此可以用铂来制造容器，在容器中进行重要的化学研究。铂的熔点很高，加热某些铂的化合物可以得到一种细孔海绵铂。这种铂绵对氢气和氧气之间的反应有很强的催化作用，如果将氢气流直接通入空气中的一块铂绵上，铂绵中的氧气会很快与氢气结合，反应生成的热量足以将铂加热至带火星，进而点燃氢气。人们已将铂绵的这种性质用于气体照明设备，这种设备中有一小块铂绵，照明气与铂绵接触时，可将铂绵加热至带火星，然后用带火星的铂点燃气体。

7.气体干燥

我们还需通过实验证明，由锌和盐酸制备的氢气在燃烧时会形成水。在这样的实验中，首先必须干燥气体，即从气体中除去来自稀盐酸的所有水蒸气。为了实现这一点，我们发现了这样一个现象，即某些物质与水的结合非常强烈，因此可以去除气体中的水。干燥气体常用的是一种叫作氯化钙的白色物质，因为它便于处理并且相对便宜。图41给出了干燥管的一种形式。试管底部较上部窄，在底部放置一团棉花，以防止干燥剂漏出，在管子中放入无水氯化钙后在顶部也塞入一团棉花，然后用塞子塞住管子，通过塞子插入一根开口玻璃管。该干燥管与氢气发生器的输送管相连，通过这种方式去除气体中的水蒸气。

图41

8.氢中的水

让氢气从发生器通过干燥管，然后接入一根玻璃管，将玻璃管的另一端稍微抽出。将集满氢气的试管管口朝下，然后移近酒精灯火焰，点燃试管里的氢气并调节气流，使燃烧的火焰不要太大，以此验证氢气的纯度。最好在玻璃管的末端放置一点熔融的薄铂箔，这样就能燃烧纯氢气。否则，燃烧产生的热量会使玻璃稍微熔化，并且玻璃的某些成分将挥发并使火焰呈黄色。将一个干燥的大烧杯放在火焰上方，可以观察到玻璃表面很快就会有水滴凝结，这表明水是由氢燃烧形成的。通过合适的装置，可以收集任何所需量的水。工业上为了实现其他用途，用这种方法制备大量的水，并且经过验证，这种方法制备的水的性质与天然水的性质完全一样。

9.水的形成过程释放热量

如果将不同金属条放在氢气火焰中，可以注意到，尽管其外观无明显变化，但火焰温度比蜡烛甚至照明气的火焰温度要高得多。也就是说，氢和氧两种元素结合时，会释放出大量的热量。与同等质量的其他物质相比，氢气燃烧时产生的热量最多。

如果氢气在纯氧中燃烧，会产生特别高的温度，预先混合氢气和氧气会形成高爆炸性的爆鸣气，因此设计了一种特殊的燃烧器，在燃烧时可将氧气和氢气以适当的比例混合。这种燃烧器通常被称为氢氧吹管，是由英国物理学家丹尼尔发明的，其中包含两个管子，一个套在另一个的外部，两根管子适当连接，管端处于同一位置（图42）。氢气通入外管，氧气通入内管，调节两种气体的流量，确保得到尖火焰。这种火焰是无色的，通常伴有嘶嘶声，且温度非常高。

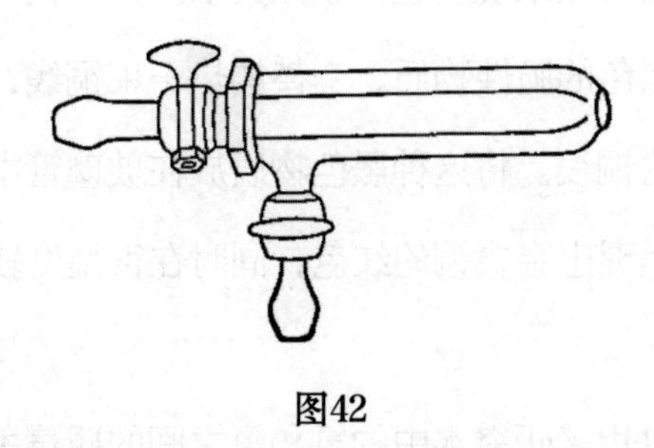

图42

如果将一根手表的发条放入火焰中，发条很快迸出火花并燃烧。铂丝在其他火焰中不熔，在氢氧焰电弧中熔融成一个圆形小球，加热到发出白光，液滴足够大时就会脱落。用氢氧焰灼烧石灰棒，石灰加热到白炽状态时会发出强烈的光线。各种石材和其他耐火物质可以熔化成玻璃状物质，甚至石英也可以软化成黏性物质，甚至拉成细丝。

氢燃烧产生的超高温具有非常广泛的用途。带火星的石灰发出的强光可用于立体幻灯的投影，被称为德拉蒙德光。熔融的铂和石英可用于制造化学容器，因为这种容器耐热性能很好，并且不受大多数化学物质的侵蚀。

出于方便考虑，有时使用其他照明气和可燃液体蒸气来代替氢气，尽管获得的燃烧温度比纯氢气的燃烧温度低。

10.氢作为还原剂

鉴于氢与氧结合形成水的强烈趋势，氢不仅可与纯氧发生反应，也会与氧的化合物发生反应。在许多情况下，氧的化合物与氢气一起加热时会失去氧。物质与氧的结合称为氧化，氧化物失去氧称为还原。因此，氢是这种氧的化合物的还原剂。

可以用氧化铜的实验来说明这种还原关系。在空气中加热金属铜时，金属铜上会覆盖一层黑色的脆性物质，交替加热一束铜线，然后去除形成的氧化物，以制备大量的铜线。将这种黑色物质放在玻璃管中，在氢气流中加热（图43），很快又呈现出金属铜的红色，同时在管温度较低的部分会有水分沉积。

这个实验也可以用来研究水中的氢和氧之间的质量关系。具体方法是，在实验开始前称量氧化铜，仔细收集并称量生成的水，以及实验结束时得到的还原铜的量，即得到了所有的必要数据。氧化铜的质量损失 A，等于生成的水（质量为 B）中氧的质量，B 和 A 之间的质量差为氢的质量，因此氧和氢的质量比为 A ：（$B-A$），通过实验得到的精确比为 1.008 ： 8。

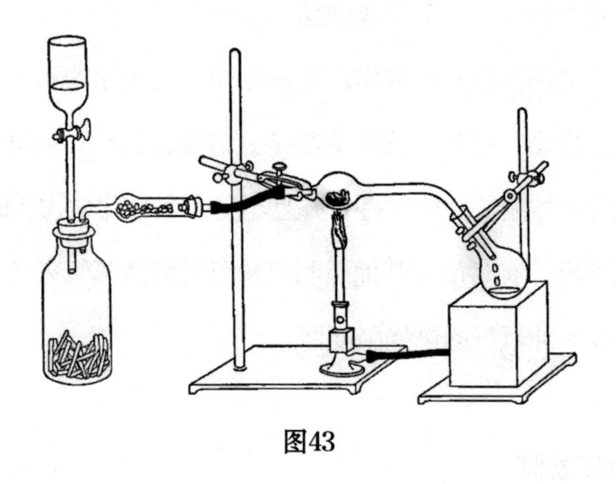

图43

以类似的方式，氢也可以还原其他氧化物，比如，将黄色的氧化铅还原成金属铅。

水

1.水受热膨胀

之前我们已经学习过水的性质，因为在许多情况下，我们将水的性质作为标准或单位来测量其他物质的相同性质。其原因，部分在于水的普遍和大量存在，部分在于纯净的水的制备过程较简单，因为天然水中的大多数杂质是不挥发的，而在水的蒸馏过程中，这些杂质会残留下来。

因此，我们将水的密度作为密度单位，可以肯定的是，这个密度并不是恒定的，而是取决于水所处的压力和温度。压力的影响很小，所以只有在特殊情况下才考虑，大气压力会导致水的体积减小0.000043%，因此，1L水的体积会减少0.043mL。

温度的影响要大得多，从0℃到100℃，一定量的水所占的体积增加了大约1/25，即4%，并且大部分体积增加发生在较高的温度下，到45℃时，体积只膨胀了1%。此外，当温度从0℃变到4℃时，水的体积没有膨胀，反而出现了收缩，并且在4℃时，水的体积最小。超过4℃后，随着温度的上升，水的性质和所有其他液体一样，体积随着温度的升高而增加。这就是为什么选择4℃的水的密度作为测量密度的标准。此外，在4℃时，非常轻微的温度变化对密度的影响可以忽略不计。上述关系见图44，其中上曲线为水的体积（1g

水占据的体积），下曲线为水的密度（1mL水的质量）。应注意，两条曲线在温度为4℃处相交，该点对应的水的密度和体积的值均为1。下曲线与上曲线正好相反。

如果在像温度计一样的玻璃管中充满水，并且在不同的温度下读取水的高度，正如预期，可以观察到水位首先从0℃开始向下降，但与上曲线不同的是，直到温度达到大约6℃时液面才开始上升。这是因为玻璃本身随着温度的升高而膨胀，所以如果水的体积保持不变，水位就会慢慢下降。在4℃时，玻璃的膨胀率大于水的膨胀率；而在6℃时，二者的膨胀率相同；温度大于6℃时，水的膨胀速度比玻璃快，并且随着温度的升高，这种差异会更加明显。

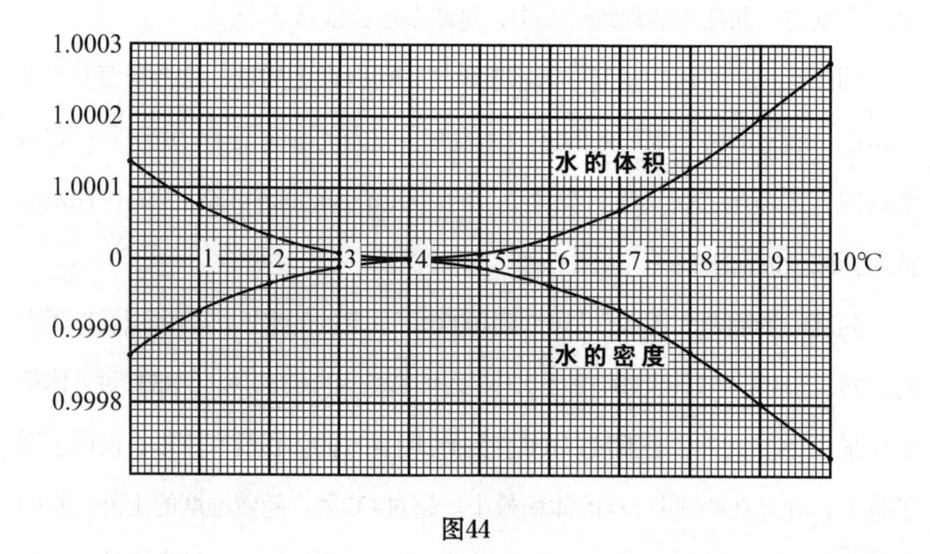

图44

这些关系可以用图说明。图44是在不受温度变化影响的容器中测量的体积变化。在图45中，0g线显示了体积的明显减小，前提是假设液体的实际体积没有变化。如果现在以此为基线绘制图44中的上曲线，用得到的曲线表示玻璃容器中水的体积的表观变化，在这种情况下，最低读数，即1g水所占的最小表观体积，对应的温度是5.5℃。

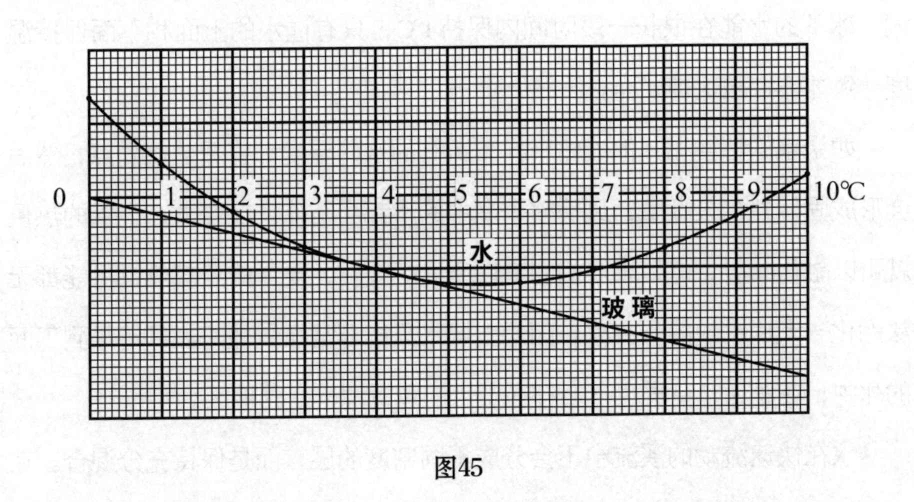

图45

在不同的温度下，水的膨胀系数或单位体积随温度上升的变化是不同的。一开始膨胀系数为负值，即水的体积随着温度的升高而减小，在4℃时膨胀系数为0，4℃之后为正值，并且随着温度的升高而增加，因为从曲线图中可以看出，随着温度的升高，曲线上升得越来越快。

2.最大密度的意义

水在4℃时密度达到最大，这一现象在自然界中具有非常重要的意义，否则地球上的生存条件将会发生很大改变。冬天，湖泊和池塘中的水变冷，水表面的热量散失，产生辐射并与外部空气接触。较冷的水向下沉，较暖的水从下面向上升，但这种情况只会持续到温度达到4℃时。当水温在该温度以下时，水的体积会增加，变得更轻，因此会留在湖面上。最后，湖面上形成冰并浮在水面上，因为冰的密度远远低于冰下水的密度。如果水很深的话，那么水的表面就会有一层冰来保护它不会整体结冰，水在4℃时密度最大，冰下的水能在很长一段时间内保持4℃，只有让水的上面和下面保持温度一致才能打破这种局面。

如果水的特性和其他液体一样，所有的水的温度都将降至凝固点，然后会形成固体并沉入湖底，最后整个湖中的水都会结冰。在春天，少量的热量就可以融化冰层，但如果水的密度性质发生变化，夏季的全部热量可能都无法融化一大片水中的所有冰，因为上层水只能非常缓慢地将热量传导到下面的冰中；在冬天，鱼类也不会存在于目前鱼资源丰富的地区。

水在快速流动的溪流中不会分成不同密度的层，而是保持充分混合。在这种情况下，水温降至0℃时，冰不会在表面上形成，而是在最底部形成；在底部，和冷冻液体一样，水流的不均匀性导致结晶。以这种方式形成的冰量逐渐增加时，冰无法继续附着在底部，就会上升到表面，其中混有部分杂质、树根等，这种冰被称为“底冰”或“锚冰”。

3.冰

我们已经知道水在0℃时会变成固态，并将这一温度作为测量温度的起始点。与其他所有物质不同，水比冰的密度更大，换句话说，水在凝固时会膨胀。0℃时冰的密度为0.916g/cm^3，会浮在水面上，而在其他所有情况下，与对应液体接触的固体物质会沉到底部。水凝固时膨胀的特性与水冷却到4℃以下时体积增大的特性密切相关。

在76cm汞柱的大气压力下，水的沸点为100℃，每增加1cm汞柱压力，水的沸点就会增加约0.37℃。事实上，如果压力的变化不超过2cm汞柱，可以在此基础上计算水的沸点。即使在0℃时，水的蒸汽压也相当大，达到0.46cm汞柱时，与0℃下冰的蒸汽压相等。

4.水在地球表面上的作用

水在地球表面大量存在，有三种不同的聚集状态，即气体、液体和固体。地球的两极和海拔很高的地方常年存在冰。受重力影响，大大小小的石块倾向于下落，但冰是唯一会因降雪而有规律地堆积的固体物质（除了由于火山活动而产生的质量外）。可以肯定的是，山顶上的冰受到重力作用的影响会向下运动，但它的向下运动得益于其他矿物所不具备的性质。山上的冰像黏性物质流动一样缓慢地向下移动，并在河床上形成冰川，冰山的移动就像小溪里的水流动一样，只是速度要慢得多。这种流动能力与冰的密度小于水，并在结冰时膨胀这一性质密切相关。

一般的物质凝固时体积收缩，融化时膨胀，当受到压力时，熔点上升，而冰的情况正好相反，将压力施加在冰上时，其熔点成比例下降。事实上，压力的影响非常小，施加一个标准大气压时，熔点的变化只有0.0073℃。冰在高压下会融化，形成水后释放压力，水会再次形成冰，冰可以通过压力成型，从这方面来说，冰具有可塑性。

可以用一个实验理解这一特性，将一个几立方分米大小的冰块放在两把椅子之间，并在冰块上系一根细线，就可以吊起一个很重的重物（图46）。细线嵌入冰里，几个小时后，它完全穿透冰，重物落在地板上；当冰融化时，细线进入冷水中，压力释放后，冷水再次结冰，所以在实验结束时，整块冰看起来没有变化，只有一团气泡显示了细线穿过冰块的路径。这个实验在不同的温度下都能成功，但是在室外温度比冰点低几度的冬天进行最具有说服力。

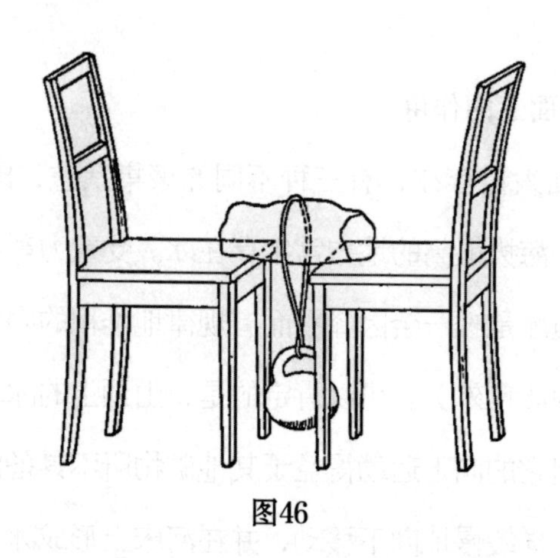

图46

虽然目前冰川的形成，伴随着对下层的磨损和对邻近岩石的搬运，但仅限于相对较小的范围。曾经有一个时代，地球表面大面积、大范围均为冰川。在斯堪的纳维亚半岛形成了巨大的冰川，并向北德平原移动，取岩石的薄片在显微镜下观察，可以看到漂流石块，也能证明这种北部起源。当温暖的空气导致冰块融化，使水流施加在冰上的压力达到平衡时，冰川就会慢慢融化。受到各种影响，山谷里的冰川在一年的时间里缓慢地前后移动，从这时候开始，水以液体的形式流入海洋。

另一方面，更多的水以雨的形式落在地面上，由于重力的作用，这些水同样流向海洋。在流入海洋的途中，水会受到许多影响，包括机械作用和化学作用。

机械作用主要体现为石头的搬移，这一点主要得益于水在结冰时的体积膨胀。岩石裂缝中的水结冰时，冰会紧紧地挤压岩石表面，最终将岩石击碎。通过这种方式，每年都会有大量的碎石从山上脱落下来，一部分碎石落入山谷中，另一部分随水一起移动。在一年中的温暖季节，山顶上的冰块大量融化，那么溪流的水位会上涨，淹没河岸，冲走冬天因冰块作用而松动的所有碎石。在这个过程中，石块变得越来越小，并且水存在淘洗作用，将粒度最细的物质冲得最远，而最粗的物质停留在离原位置最近的地方。这样，瀑布冲走了河床上的石头，小溪冲走了砾石，湍急的水流冲走了沙子，而较慢的水流中多是泥浆。这些泥浆与海水接触时，海水中的盐将沉积物沉淀成细泥，以这种方式形成了众所周知的三角洲，且面积不断增加，因此必须定期检查，否则航行将会受阻。

为了说明这一重要的地质现象，取一些纯黏土（高岭土）与蒸馏水混合制成泥浆，将一部分与更多的蒸馏水混合，另一部分与含有食盐和少量氯化镁的溶液混合，以模拟海水。与蒸馏水混合的泥浆长时间保持悬浮，而用盐水稀释的泥浆很快沉淀到底部。

机械作用主要是指水将岩石破碎，然后把碎石冲走的作用，除此之外，水和与之接触的石头之间还会发生深层的化学反应。为了理解这些效果，我们必须了解更多石头本身的性质，这些内容在此不做详述。

5.水循环

水吸收太阳的热量后以蒸汽的形式上升到大气中，然后从天空中再次落下，是上述所有影响的根本原因。水与太阳光线接触的任何地方都会形成水蒸气，无论是在海洋表面、河流、湖泊等处还是在地面的植被上。按质量计算，水是各种生命体的主要成分，在地球表面起着溶剂和运输剂的作用。由于水蒸气的密度只有空气密度的62%，因此水蒸气会上升，蒸发的速度比水蒸气在大气层底部沉积为致密层的速度要快，因为更干燥、更重的空气会取代上升的潮湿空气。上层大气逐渐变冷，最终达到某一个点，在该点空气中的水蒸气达到饱和或过饱和状态，然后水根据温度的变化以雨或雪的形式再次落到地面上。与此同时，风会加速蒸汽的输送，这样地球表面水的分布就可以达到均衡，尽管可以肯定，南北两极附近的寒冷地区水分布得更多。在水分布的同时，还有重要的能量平衡，因为蒸汽携带着大量的热量，然后将这些热量释放到液化发生的地区。通过这种方式，将热量带到那些最需要热量的寒冷、干燥地区，这样地球上可居住的部分就会向两极方向延伸得更远。

因此，很明显，水作为一个整体进入一个非常广泛的循环中，海洋和山谷中的水蒸发成蒸汽，以雨或雪的形式沉积在高处，并一直向下运动，直到最后再次流入海洋。在这个循环中，当水与地面接触时，不仅会导致岩石的分解，还会作为天然溶剂溶解所有与之接触的可溶物质。但是由于这些可溶物质大部分是非挥发性的，因此无法进一步参与循环，而是流入海洋中，处于其可抵达的最深区域。海洋中的盐就这样沉积下来，且在对应的条件下不断增加，尽管速度很慢。因此可以推断，盐的含量与水的蒸发量成正比。地中海的蒸发量很大，含盐量为3.7%，而波罗的海及其大量支流的蒸发量较小，因为位于北部，含盐量仅为0.3%~0.8%。

6.电能

到目前为止，我们只学习了热是将化合物分解成元素的媒介，另一种非常活跃的媒介是电流。热和电都是能量的形式，也就是说，它们都可以通过应用机械功来获得，或者相反，都可以转化成机械功。

此外，我们还可以得出结论：在能够参与化学结合并释放热量的物质中，一定存在某种能量。这可归结于一个一般定律，即能量既不能创造，也不能消灭。因此，当能量以任何形式出现时，必定是已经存在的某种能量转化的结果。当物质相互结合时，存在于物质中的化学能通常会在一定程度上被释放出来。所有可燃物质与氧气结合，放出大量的热量。因此，在这些物质中存在化学能。

而电流的能量来自机械或化学能量的转化。因此，在发电厂中，将机械能转化为电能，而机械能又依赖于燃料中所含的化学能；在这种情况下，化学能间接转化为电能，热能和机械能代表转化的中间阶段。也可以将化学能直接转化为电能，例如伏打电池，这种电池的原理是在不同金属与电解质溶液间两两接触之后，溶液中的离子形成定向移动从而产生电流。为了达到这个目的，必须用导线连接电路的某些部分和电池的两极。

7.电导体

目前有两类导体。第一类包括金属和某些类似的物质，如碳。电流通过这类导体时，部分电能转化为热能，导体会变热。著名的白炽灯就是利用了这种特性。

另一类导体由溶解的或熔融的化合物组成。电流通过时，将这些物质加热，同时出现化学分解，分解得到的组分分别出现在电流流入的地方和电流流出的地方。分解释放出的组分可能是元素，也可能是化合物，具体情况取决于原始物质的性质。并不是所有的化合物都以这种方式导电；实际上，有些物质根本不导电，因此被称为非导体或绝缘体。随后我们将学习一种物质在溶解或熔融状态下导电的特性，这些物质都属于“盐”的范畴，广义上的盐类包括酸和碱。电流通过这类导体时电能转化为化学能，释放出的组分则拥有这些化学能。

这类导体被称为第二类导体或电解质；通入电流引起的分解称为电解，电流流入和流出电解质的地方称为电极。进行电解时应注意，电解质的化学组分在释放时很容易与电极发生化合反应，除非电极材料采用的是可以防止这类化合的物质。

8.水的电解

水本身是不良导体，它不是电解质。但如果在水中加入某些物质，例如氢氧化钠，它的导电性会大大增加，水的组成成分会在电极上释放出来。后续我们将学习这一现象的原理，目前我们只需要了解水的组成元素实际上是电解的最终产物。

插入插头，从直流照明系统中获得电流，然后通过氢氧化钠溶液传导电流（图47），在这种情况下，可以用铁电极或镍电极。该仪器还包括一个烧杯，用于盛放浸没电极的溶液。为了确保电流只能从电极流入和流出溶液，将电路的其余部分作绝缘处理，电路闭合后，每个电极处会产生一种气体，可以用一般的方法收集。如图47所示，分别收集气体，经过验证，其中一种气体可以被点燃，另一种可使带火星的木条复燃，这两种气体分别是氢气和氧气。

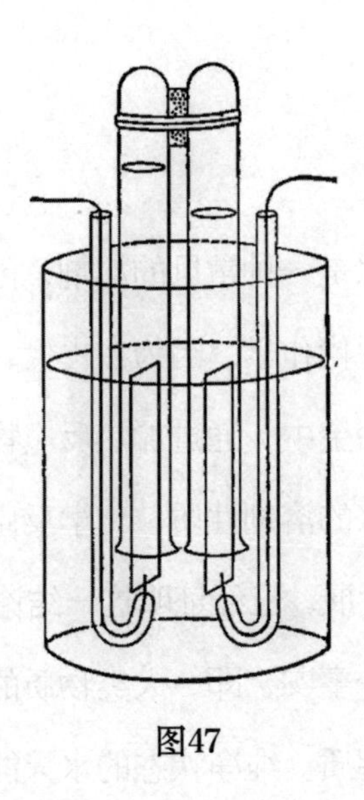

图47

也可以通过水的电解实验来验证两种气体的体积比例，也就是水中氢和氧的比例。很明显，放出的氢气比氧气多得多，经过精确的测量，同时释放两体积的氢气和一体积的氧气。

由此，同样可以计算出氢气的密度，我们已经知道，氧和氢以质量比8：1的形式结合形成水，电解后发现，1份质量的氢所占的体积，是8份质量的氧所占体积的2倍，由此可知，氢的密度是氧的十六分之一。

氧的化合量为16，氢的化合量为1，因此气体密度与化合量之间的关系是相同的。

那么又出现了一个问题：是否所有的物质均适用这一结论？答案是在某些情况下适用，而在其他情况下不适用。对于不适用的情况，气体密度与化合量成简单的倍数关系。因此，无论如何，这两个参数之间有着密切的关系。为了充分理解这一点，首先必须了解更多元素和化合物的性质，再回到这个问题上来继续讨论。

9.水作为溶剂

正如大量实验所示，水是一种常见的溶剂，因为许多实验是在水溶液中进行的。这种做法新兴于现代化学，因为在古代，大多数化学实验都是在干燥状态下进行的，比如在冶金中，通过加热反应物质的混合物来实现化学过程。目前我们知道，由于水的溶剂性质，化学反应在水中比在任何其他溶剂中更容易发生，经过历史发展，已经证明这一结论在理论上是合理的。

这种作用基于这样一个事实，即一大类物质的溶液，在非常普遍的意义上被称为“盐”，均为电解质。纯净状态的水只能轻微地传导电流，如果将可溶性盐类物质加入水中，它的电导率就会大大增加。为了说明这一点，在电路中连接一个伏打电池（也可以是几个“干电池”）、一个电铃以及两个相互绝缘的平行电极（图48）。将两个电极插入装有蒸馏水的烧杯中，没有足够的电流流过电路，使电铃发出响声。之后用食盐、盐酸或硝酸钾等的稀溶液代替水重复进行实验。

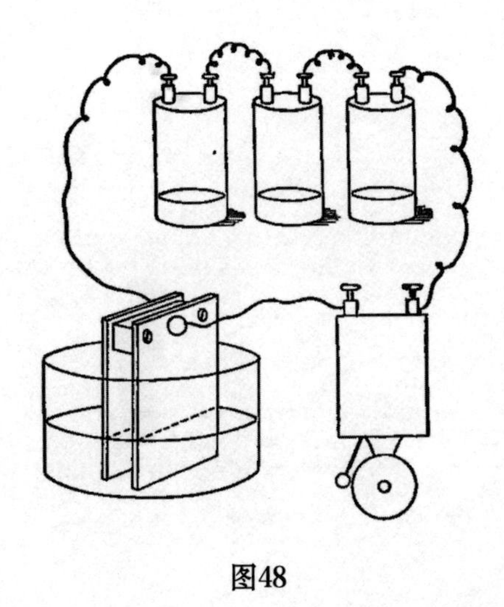

图48

用同样的方法，可以看出汽油、酒精和其他溶剂的各种溶液均为非导体，因此很容易证明水的导电特性。这些关系具有重要的理论意义，后续我们将会继续学习。

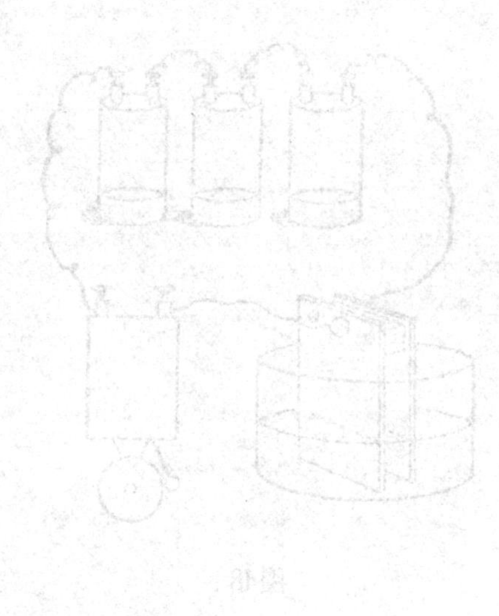

INTRODUCTION TO CHEMISTRY

第六章

卤素和盐类

氯

1.氯的性质

元素氯和氧一样，可以储存在钢瓶中，但钢瓶中的氯并不是以气态形式存在的，而是以液态形式存在的。氯在1atm下的沸点为-33.6℃，但在20℃时，它的蒸气压只有6.6atm，所以比较容易液化。液氯是一种黄绿色的液体，外观和油类似，在空气中会立刻开始沸腾，因此储存时要将其温度降到-33.6℃以下。液氯的蒸气，即氯气，也为黄绿色，由于密度比液体时低得多，因此氯气颜色要淡得多，是一种剧毒的化学活性物质。与氧一样，氯几乎可以与所有其他元素结合；但不同的是，即使在常温下，氯的化学活性也非常强。这就是氯有毒的原因，它可以与身体组织发生化学反应，并破坏组织。

在自然界中，氯并不以游离态存在，其化合物分布很广。普通食盐是氯和轻金属钠的化合物，化学名称是氯化钠。众所周知，海水主要是食盐的稀溶液。氯与其他金属结合，会形成或多或少与食盐相像的化合物，因此这些化合物也被称为盐。此外，由于其他物质也能与不同的金属形成类似的化合物，因此“盐”的范围进一步扩大，“盐”包括所有此类化合物。后续章节中将更全面地解释这一概念。

2.氯的制备

另一种含氯物质是前述章节已经提到过的盐酸[①]。盐酸的主要成分是氯和氢形成的化合物——氯化氢。它可以作为实验室制备氯的原料，也就是说，可以将氯化氢中的氢提取出来。要通过加热分解氯化氢，其难度不亚于通过加热分解水，必须使氢与其他元素结合，或者通过“选择性亲和”分解氯化氢。氧将作为另一种元素，最好选取氧的化合物，这种化合物必须能够与氢结合，同时不与所有的氯结合。实验室中用化合物软锰矿来制氧。

软锰矿的化学名称是二氧化锰，顾名思义，它由一个化合量的锰和两个化合量的氧组成。第二个化合量的氧能够与氯化氢中的氢结合，同时让氯以自由状态逸出。

将少量二氧化锰放入试管中，加入盐酸并加热。试管中的溶液很快变成深棕绿色，并开始散发出一种非常刺鼻的气味，也就是氯气的气味。只要闻过这种气味，就可以很容易地识别出氯气的产生，因为气味本身就是检测氯气的一种方法。但为了从视觉上进行验证，可以利用氯气漂白染料的特性。例如石蕊，通常用于检测酸的存在，通入氯气后石蕊会被漂白。为了说明这一点，可在有氯气逸出的试管中放一张石蕊试纸，试纸不与试管中的液体接触，只与气体接触，很快就会变成白色。

如果需要制备大量的氯气，应该安装一个通风柜，这样逸出的气体就不会污染实验室的空气。氯气制备的实验装置如图49所示。用一个带两孔的塞子塞住烧瓶，塞子中分别插有一个滴液漏斗和一个输气管，二氧化锰的量约占烧瓶的三分之二，并在水浴中加热，即将烧瓶放在盛有水的容器中，并

① 实验室中的盐酸是一种水溶液，氯化氢指的是盐酸溶液的溶质本身。

支撑住烧瓶，确保其不接触容器的底部或侧面，否则可能会在烧瓶下形成气泡，或者使烧瓶破裂。如果用活火加热烧瓶，烧瓶某些部位的温度会非常高，冷酸接触到这些部位后，就会引起烧瓶破裂，氯气会进入室内。在水浴中，玻璃的温度不会达到水的沸点以上，且在烧瓶周围均匀加热，因此，需要均匀加热且温度不需要太高时，一般选择使用水浴。如需以同样均匀的方式加热到100℃以上，则将水换成油，称为油浴。

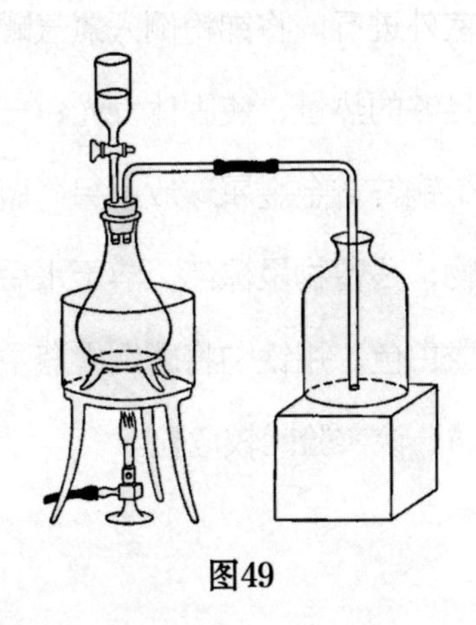

图49

如果将盐酸滴在热的二氧化锰上，会发现烧瓶中很快充满了黄绿色的氯气。从气体在烧瓶中的上升方式来看，氯气显然比空气重得多，它的密度是空气的2.5倍。前述章节中收集气体采用的排水法不可用于收集氯气，因为氯气在水中很容易溶解，因此一般用一根长输送管将氯气通至干燥瓶中，并在瓶子的背面放一张白纸，这样可以观察到整个过程，可以看到黄绿色蒸气逐渐充满集气瓶。一个集气瓶收集满时，马上换另一个集气瓶收集，并且用一个小玻璃板盖住瓶口，防止气体从瓶子中扩散出来，在玻璃板的底面上涂上凡士林。

也可将氯气收集在装有半瓶水的集气瓶中，并摇动瓶子促进其溶解。在室温下，1体积的水中可溶解3~4体积的氯气。制得的溶液称为氯水，颜色为氯气的绿色，同时具有氯气的气味和漂白能力。

3.氯的化合物

下述实验说明了氯很容易与其他元素化合，可以用氯气进行实验，但实验必须在通风柜内或在室外进行。将锑粉倒入氯气罐中，注意火花的形成；锑和氯的化合会释放出足够的热量，使固体发光；一种叫作氯化锑的白色物质沉积在烧瓶中。将一个铜锌合金金属球放进另一瓶氯气中，瓶中也会发光并形成相应的氯的化合物，残留物呈棕色，溶于水后呈绿色（铜）。彩色的花放进氯气瓶中就会变成白色。用铁勺将磷倒入瓶中，磷会自燃，火焰为浅绿色，燃烧产物为氯化磷，该实验比较危险。

4.氯水

使用氯水可以证明即使是金（一般情况下很难与其他物质发生化学反应），也会与氯结合。将一片纯金箔放入氯水中，注意金箔在一段时间后会完全消失，形成可溶于水的氯化金，并形成黄色溶液。此外，氯可与刺鼻的液体发生反应，例如腐烂的胶水或明胶溶液，以此去除臭味。这种反应称为消毒，可经常用氯去除腐烂的气味。同样，氯可杀死对生命有害的细菌，如杆菌等，但在实际中不得随意使用，因为它对许多其他生物有害，并且对人体有毒。

下面是一个非常有趣的实验：将一个瓶子装满氯水，用一个带有一小段玻璃管的塞子塞住它，将瓶子倒置放在一盘水的上方，并将它置于阳光直射条件下，如图50所示。很快，瓶子里开始出现气泡，一部分水被挤出瓶子。反应停止时，瓶子里的氯水会全部消失，而被收集在瓶子顶部的气体就是氧气。在阳光的作用下，氯与水中的氢结合，形成盐酸和氧气。我们可以用带火星的木条来检验氧气，用蓝色石蕊试纸来检验盐酸。这也是一个由光的作用引起的化学反应。同样，绿色植物中也发生了类似的反应并生成氧气。

如果确保氧气不逸出，而是与另一种物质接触，且这种物质可与氧发生反应或与氧化合，氯更容易使水产生氧气。因此，氯在有水的存在下起氧化剂的作用，因此在化学反应中有广泛的应用。在这种情况下，无需使用光照。

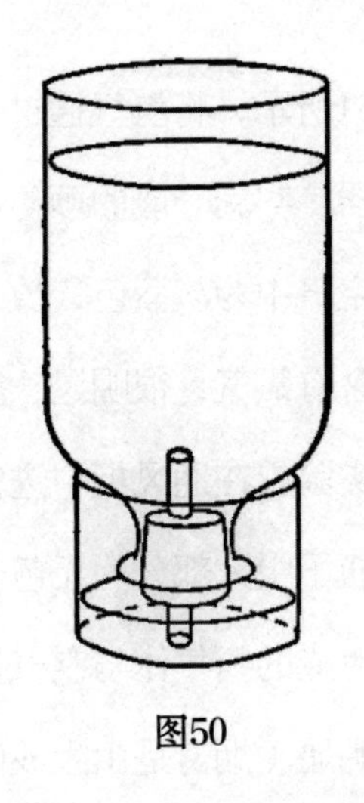

图50

5.氯的一般性质

所有这些实验表明，氯不仅可与单体元素发生反应，也可与化合物发生反应。染料的脱色主要是由于染料中的元素（特别是氢）与氯结合，从而破坏了自然色。由于氯的这种强活性，氯一般不以游离态存在于自然界中，因为很容易与其他物质化合。事实上，游离氯一般仅出现在火山活动中，在火山活动中逸出的气体有时含有氯，但很快就会转变成化合状态。

氯和其他元素组成的化合物在性质上的差异很大，因为氯和氧一样，以多种比例与其他元素化合。为了在化合物的名称中区分这一点，在英语中，习惯上，在金属的后面加上“ous”或“ic”（在中文中称为“氯化亚+金属”以及“氯化+金属”）。例如，氯化亚铁中的氯比氯化铁中的少，氯化亚铜中的氯比氯化铜中的少。含氯较多的化合物称为高氯化物，如果已知有四种氯化物，含氯最少的是次氯化物。

6.氯化氢

准备氢气发生器，如图51所示，将氢气通过干燥管通入导管中，导管末端衬有铂箔，形成气体燃烧器。实施一般的预防措施后，点燃氢气，并将火焰通入一瓶氯气中。火焰在空气中为淡蓝色，放入氯气瓶后变成浅绿色，但还会继续燃烧。由于瓶中只含有氯气，很明显，氢和氯这两种元素以与氢和氧完全相同的方式化合。该实验应在通风柜中进行，因为一部分浪费掉的氯气会逸出。最终火焰熄灭，瓶子中大部分为无色气体，通常会有少量未与氢化合的残留氯。在瓶口处，生成的新气体与空气接触，产生明显的烟雾，如果向瓶口吹气，烟雾会更加明显（烟雾是由生成的气体与空气中的湿气接触而形成的）。

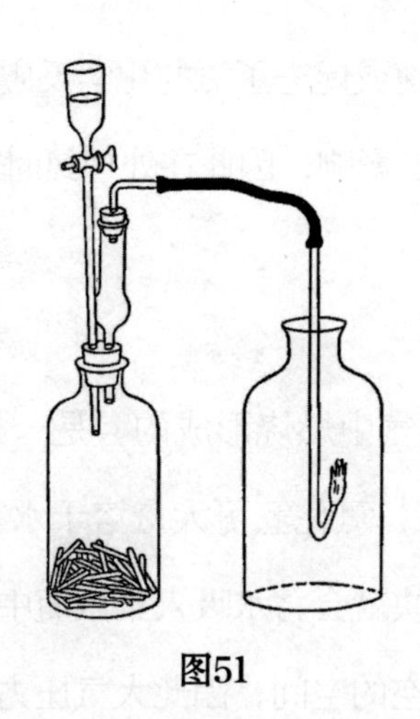

图51

氢气在氯气中燃烧时，会形成一种无色的气体，称为氯化氢。两体积的氢气和一体积的氧气化合形成两体积的水，而一体积的氢气和一体积的氯气化合形成两体积的氯化氢。

氯气和氢气混合在一起时，就形成了氯爆鸣气。和普通的爆鸣气一样，这两种元素的化合不是在室温下自然发生的，而是由某些外部原因引起的。如果采用火焰或电火花点燃混合物，就会像普通爆鸣气一样发生爆炸。尽管氯在常温下也很容易形成化合物，但与氢的直接化合却很缓慢。

前提是氯气和氢气的混合物要保持在黑暗或非常昏暗的光线下。如果将混合物暴露在强光下，这两种元素会立即开始化合，并很快产生足够的热量，然后整个物质迅速化合，并导致爆炸。如果光线暗，热量消散快，化合过程发生得很慢，混合物无法产生足够的热量，因此可以避免爆炸。化学光度计（测量光量的仪器）依据的就是化学反应速率对光照量的这种依赖性。但这种光度计的使用并不方便，因此仅用于科学研究。

反过来，光的影响加速或促进了氯的化学反应。氯与各种物质的许多其他反应也以同样的方式受到影响，因此在处理氯时，必须考虑光的影响。

7.氯酸

氯化氢是由氢气在氯气中燃烧形成的，是一种无色气体。与前述章节中的所有其他气体均不同，氯化氢可大量溶于水。如果将氯化氢集气瓶倒置，把瓶口放于水中，很快就会将水吸入集气瓶中。这是由于气体溶解在水中后，瓶子中形成了一个空的空间，因此大气压力将水压入瓶中。集气瓶中不会完全装满水，因为在氯化氢形成的实验过程中会有少量空气进入集气瓶中。

用这种方法制备的非常稀的氯化氢溶液可以立刻使蓝色石蕊试纸变红，检测出酸的存在。事实上，氯化氢是一种酸，具有酸的显著特征。另一个实验也可以识别酸，把一小块镁扔进氯化氢溶液中，有气体释放出来，经检验，该气体为氢气。事实上，所有酸与镁接触时均会产生氢气。镁并不是唯一一种与酸反应可生成氢气的金属，盐酸与锌发生反应也会产生氢气，但是镁的反应速率更快、更明显，即使是非常稀的酸溶液或酸性非常弱的溶液，所以镁更适用于检测酸溶液。但是镁和锌的反应机理是一样的，即盐酸中的氯与金属结合，释放出氢气。

事实上，镁与所有其他酸均可反应生成氢气，由此可以得出结论，即所有酸均含有可用镁置换出的氢，经事实验证确实如此，所有的酸均为氢化合物。但是许多氢的化合物不是酸，比如常见的水是氢的化合物，但水不是酸，因为它不会使蓝色石蕊变红，也不会与镁反应释放出氢气。因此，酸的准确定义是：酸是可与镁反应释放出氢气的氢的化合物。酸会使蓝色石蕊试纸变红。以上两种测试均在水溶液中进行。

8.盐酸

适当降低温度和增加压力时，氯化氢气体可以转化为液体，该液体在标准大气压下的沸点为-83℃，在18℃时的压强为41个大气压。液态氯化氢的处理不太方便。因此，对于所有普通用途，将氯化氢气体溶于水中制成盐酸（也称为氢氯酸），中世纪的炼金术士已使用盐酸。在纯净状态下，盐酸溶液是一种无色液体，它的密度比水的密度大。如果溶液中氯化氢的质量百分比超过20%，就会在空气中冒烟。工业用的酸性最强的盐酸中氯化氢含量约为39%。粗酸通常为黄色，一般是因为其中含有氯化铁，但有时也由其中的有机物引起。

浓盐酸在空气中冒烟的原因是，含有20%的氯化氢的溶液的蒸汽压最低，因此在所有盐酸水溶液中沸点最高。从纯水的沸点（100℃）开始，稀盐酸的沸点与浓度成比例上升，当酸的浓度为20%时，沸点达到110℃，之后沸点无法继续升高，浓度更高的酸的沸点开始下降。在氯化氢含量低于20%的溶液中，首先蒸馏出来的是水或更稀的酸，但在氯化氢含量高于20%的溶液中，先蒸馏出的蒸汽中含有的水更少，氯化氢更多，由此可以解释浓盐酸和纯氯化氢的酸雾特性。

尽管氯化氢在常温下是一种气体，并且是不可见的，但它与水蒸气（同样是不可见的）接触后会生成20%浓度的低蒸气压溶液，并且这种溶液会以云或雾的形式从大气中以微小液滴的形式沉淀下来，因为在常温下这种溶液的蒸气压非常小，导致只有很少一部分能够以气体的形式留在大气中。类似地，对于更浓的盐酸溶液，产生的蒸气主要由氯化氢组成，并且当这种无色气体与大气中的水蒸气接触时，会经历上述转化。相反，越稀的溶液，蒸发损失的主要是水，只有当空气中已经存在的水量允许时，氯化氢蒸气才会被释放出来。因此，稀溶液不产生酸雾。

与其他气体或易挥发的酸非常相似，浓盐酸具有极强的挥发性，盛有浓盐酸的容器打开后，氯化氢气体挥发，与空气中的水蒸气结合，产生盐酸小液滴，在瓶口上方出现酸雾。酸雾在空气中的颗粒很小，比水雾的颗粒要小，比烟的湿度要大，是一种介于烟气与水雾之间的物质，具有较强的腐蚀性。酸雾的出现与空气湿度有关，在完全干燥的空气中，完全看不到酸雾。

盐酸水溶液在很大程度上表现出酸的所有性质。将几滴实验室标准盐酸加入烧杯的水中，搅拌均匀，品尝非常稀的盐酸溶液，会发现它明显是酸的。我们对其可用蓝色石蕊试纸检验，再用镁粉检验。其实，稀盐酸是无毒的，人体的胃本身会分泌非常稀的盐酸溶液——胃酸，胃酸对于食物的正常消化必不可少。如果胃由于任何原因失去了分泌胃酸的能力，那么消化就会受到影响，在这种情况下，必须服用稀盐酸溶液。但是，浓盐酸的活性非常强，会腐蚀人体组织，因此对人体有毒。许多其他医学物质在盐酸使用浓度不太大时可以用于辅助治疗，但如果大量服用就会严重损伤身体。

由于盐酸具有酸性作用，且价格低廉，故在化学工业中被广泛应用。但盐酸的使用在很大程度上依赖于化学反应，在后续章节中会做相应研究。我们先了解参与化学反应的所有物质的性质，后续再解释从食盐中提取酸的工艺方法。

9.溶液的密度和含量

可以通过密度来确定盐酸水溶液中的氯化氢含量，因为溶解在水中的氯化氢气体越多，溶液密度就越大。可以肯定的是，密度并不严格地与酸的浓度成比例增加，并且将浓酸与水混合时，总体积不是保持不变，而是变小。换句话说，当稀释盐酸时，体积会收缩。

由于这种收缩性依赖于浓度和温度，因此必须通过直接实验来测量不同溶液中密度和酸含量之间的关系。因为无法对每一个设想浓度进行研究，所以只能在大量溶液中进行测量，浓度的差异尽可能保持一致，基于连续性定律确定中间值。最简便的方法是绘制一张图，把密度作为横轴，把百分含量作为纵轴，然后用一条连续的线把这些点连接起来（图52）。因为所有的密度都大于1g/cm^3，所以以这一点为原点。从图中可以明显看出，密度几乎与酸的百分含量成正比。

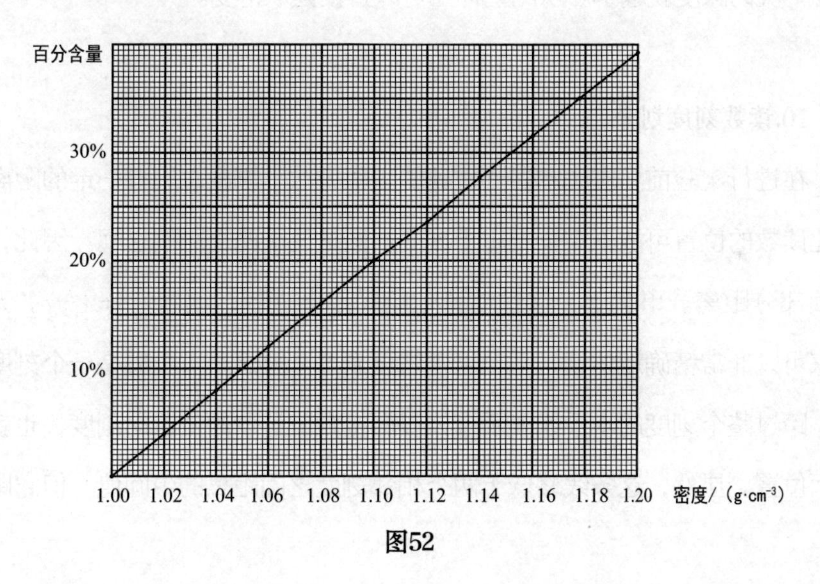

图52

下表为绘图时所用的值。温度保持在15℃，100份溶液中所含氯化氢的质量分数，即代表酸的百分含量。

百分含量 / %	密度 / （g/cm³）	百分含量 / %	密度 / （g/cm³）
2.14	1.010	21.92	1.110
4.13	1.020	23.82	1.120
6.15	1.030	25.75	1.130
8.16	1.040	27.66	1.140
10.17	1.050	29.57	1.150
12.19	1.060	31.52	1.160
14.17	1.070	33.46	1.170
16.15	1.080	35.39	1.180
18.11	1.090	37.23	1.190
20.01	1.100	39.11	1.200

密度的测量采用比重计。比重计是一个玻璃浮子，顶部为狭窄的细管，管内有刻度，放在液体中时，比重计会垂直于液面。根据阿基米德原理，物体沉入水中时，排出的液体质量等于物体的质量。因此，液体密度越大，比重计下沉的深度就越小。从比重计上可以直接读取密度。

10.读数刻度划分

在进行实验前，应先掌握比重计的读数方法。刻度之间有一定的距离，因此读数的位置可能不完全对应于刻度，而是位于两个刻度之间。因此，应估读部分距离。事实上，这种估读一般采用十进制，读到十分之一。天文学家可以非常精确地估读，甚至可以估读到二十分之一。图53是一个刻度读数，跨过整个刻度的水平线表示液体表面接触比重计的位置的刻度，也就是液面位置。显然，这条线略低于两个相邻刻度之间距离的中间值，但它距较近的刻度线的距离超过了总距离的四分之一。也就是说，这条线与最近的刻度线之间的距离小于两条刻度线之间距离的二分之一，但大于四分之一。在这种情况下，可以估读为两条刻度线之间距离的40%。

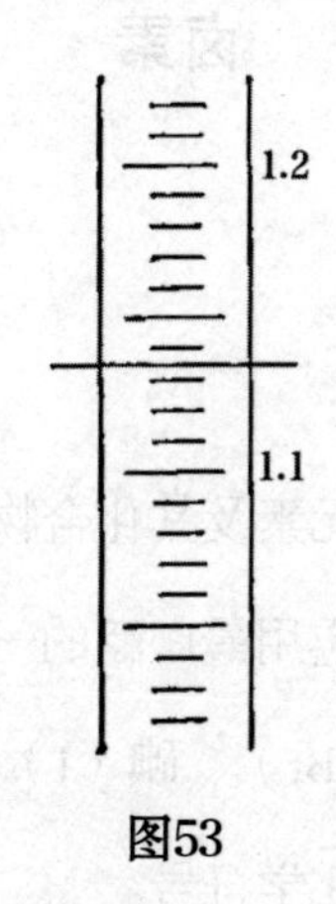

图53

综合的实际读数如下，下方数字1.1，上方数字1.2，每一个刻度与下一个刻度间相差0.01，每五个刻度就会出现一条更长的线。对于图中所示的情况，读数为1.134。

练习几次后，就可以正确读数，实际实验中应多加练习。

卤素

1.原子量的关系

在元素中，元素族的游离元素及其化合物的性质和组成均非常相似。最明显的是卤族元素，其中氯是应用最广泛的一个。整个卤族主要包含以下元素：氟（F）、氯（Cl）、溴（Br）、碘（I）。

每个元素的名称旁边为其化学符号。

这些元素的化学性质非常相似，几乎所有氯的性质均在其他元素中有所体现。游离元素很容易化合，但氟的这种性质最强，碘的最弱。氟在常温下是一种气体，冷却后变成液体，沸点为−187℃。氯在常温下也为气态，它的沸点是−33.6℃。溴在常温下为液体，沸点为63℃。碘在常温下为固体，熔点为114℃，沸点为184℃。因此，卤族中的第一个元素挥发性最强，并且随着化合量的增加挥发性逐渐减弱。氟呈浅黄绿色；氯呈稍暗的颜色；溴是带有深橙色蒸汽的深红色液体；碘蒸气为深紫色，固体或液体碘几乎为黑色。

所有这些元素与氢的化合关系都类似于氯化氢，即一个化合量的卤素与一个化合量的氢结合。氢化物均为无色气体，可冷却液化，并溶于水。它们都是酸，金属可以置换其中的氢。在这些氢化物中，氟最稳定，碘的稳定性最差。相应的卤素盐也是如此。卤族元素和金属直接化合形成盐。由于这个原因，这些元素被称为“盐的前身”，这些盐的溶解度在很大程度上是相似的，即如果氯与某种金属形成可溶或不可溶的盐，溴和碘也会与这种金属形成相似的化合物。氟形成的化合物的性质有所变化，氟的大多数性质与其他卤素的区别较大。

在卤族元素中，氟和氯在自然界中的含量非常丰富，而碘和溴的含量很低，其中碘的含量最低。

除了不同于氯的性质，没有必要详细描述其他卤素。

2.氟

单质氟是一种非常难以制备的物质，因为它几乎与所有接触到的物质均发生化学反应。在铂容器中，电解氟的氢化物可得到黄色氟气体。但氟气会立即与水发生反应，放出氧气，即使在黑暗中，也会发生剧烈反应，而氯只有在光的影响下才发生这一反应。氟以同样的方式与各种氢化物和大多数金属反应，但它不形成氧化物。氟难以处理，因此在实际中尚无应用。

氟的氢化物——氟化氢或氢氟酸（HF），在纯净状态下是一种无色液体，沸点为19℃，因此在液体和气体的分界线上。氟可以与水以各种比例混合，浓度较高的溶液会像纯酸一样在空气中生成烟雾，在浓度为48%时会形成低气压溶液，沸点为125℃。氟化氢及其溶液比较危险，因为它们会导致溃疡，且愈合得非常缓慢。

自然界中最丰富的氟化物是氟化钙，它结晶成立方体，称为萤石。氢氟酸最重要的应用基于它与硅的化学关系，将在后续章节描述。

3.溴

在自然界中，只要有氯存在，就会发现溴。如在海水中，溴的化合物与游离氯发生反应，因此很容易制备出溴。这是因为氯化物更稳定，所以会形成氯化物并释放出溴。

如果向溴化物溶液中加入氯水，例如，向溴化钾中加入氯水，就可以生成溴。游离溴立刻将溶液染成棕黄色，溴的气味和氯的气味一样具有刺激性，甚至非常刺鼻。加热溶液，可以蒸馏并收集溴。

游离溴是一种工业用品，可由氯化钾生产中的母液制备，详情见后续章节。这是一种重液（密度为$3.2g/cm^3$），沸点为60℃，呈黑色，或非常稀薄的棕红色。溴在常温下会生成烟雾，比较刺鼻，处理起来比较危险。溴蒸气与氯气具有相同的毒性和消毒特性。

溴溶解在水中，形成一种橙色的液体，即溴水，它具有游离元素溴的性质，但不如游离溴活泼。如果溴与镁粉一起摇动，由于溴与镁化合，溴就会脱色，形成的溴化镁会溶解在水中。游离溴与金属化合会放出热量，通常会产生火焰，这一性质与氯非常相似。

应用比较广泛的个别溴化物将在对应章节中描述。

4.碘

碘在自然界中的含量低于溴。一般碘与溴、氯共同出现，尤其是在海水中。各种植物和动物（藻类、海绵等）从水中收集和吸收碘，因此海中的动植物含碘量比海水本身更高。碘主要从钠硝石的母液中制备，制备过程类似于溴。游离溴和游离氯可将碘从碘化物中置换出来。如果向碘化物（如碘化钾）的溶液中逐滴加入氯水，溶液首先会被染成深棕色，这是因为置换出来的碘溶解在过量的碘化物中，随着碘化物的完全分解，碘被完全置换出来，以灰黑色沉淀浮在液体上，极微溶于水[①]。

碘也是一种工业用品，一般为紫黑色和轻微金属光泽的晶体。碘很容易溶解在酒精中，形成一种棕色溶液，在医学上称为碘酒。如上所述，碘酒也可溶于碘化物水溶液中。碘的熔点是114℃，沸点是184℃。碘蒸气的密度很大，呈绚丽的紫色。在大酒精灯上来回移动大的空烧瓶，然后滴入少量碘片加热，碘片会立即蒸发，随着烧瓶的移动，重蒸气像液体一样飘浮和摇动；冷却后，固体碘为微小的标准斜方晶型，表面光亮。

游离碘的一个非常显著的特性是它与淀粉反应会变成蓝色。淀粉是由碳、氢和氧组成的有机化合物，它是第一种通过光合作用在植物叶子中形成的产物。淀粉储存在水果和块茎中，因此谷物籽粒、苹果、土豆等主要由淀粉组成。淀粉分为小麦淀粉、马铃薯淀粉、大米淀粉等，但是所有淀粉对碘的反应都是一样的。

用水将淀粉煮沸，淀粉会变成黏稠的液体淀粉糊。如果制成非常薄的糊状物并加入少量碘溶液，由于碘和淀粉的结合，会变成深蓝色。加热时，溶液会脱色，因为化合物会分解。如果将装有淀粉碘化物的试管的下半部分放在冷水中，随着化合物的重新形成，溶液的底部再次变成蓝色，而上半部分保持无色，直到上半部分冷却。

将非常稀的碘溶液滴在马铃薯片、苹果片上，可以验证淀粉的存在。将1g碘与2g碘化钾加几滴水研磨，直到产生深棕色液体，然后稀释到400mL，

① 过量的氯水会将碘氧化成无色的碘酸。

即可制备所需的稀碘溶液。

碘可以用来检测淀粉，反过来，淀粉也可以用来检测碘。如果向非常稀的碘化钾溶液中加入少量淀粉糊，不会产生颜色变化，因为该检测仅限于游离碘。但如果用搅拌棒小心地加入微量的氯或溴，则会立即出现蓝色。

钠

1.金属钠

前面已经提到，食盐是钠与氯的化合物。这种化合物广泛存在于自然界中，部分以水溶液形式存在，部分以固体形式存在，如岩盐。岩盐的外观像海水自然蒸发后的残留物。

目前，市场上很容易买到金属钠，且价格合理，因为可以用电解方法采用钠的化合物制备钠，这和采用电解法从水中分解出氢气和氧气的方式一样。但氯化钠无法通过电解制备金属钠，因为它在过高的温度下会熔化。氢氧化钠熔点较低，因此可通过电解生成金属钠。

钠是一种轻金属，也就是说，尽管它在光泽、导电性和导热性以及某些其他性质上与一般金属相似，但在密度上却有很大的差异。钠的密度只有0.97g/cm^3，比水的密度小，而普通金属的密度为6g/cm^{3}或更高。钠与其他金属的不同之处在于其形成化合物的趋势更强烈。因此，大量的钠需保存在密封的锡盒中。少量的钠可以保存在石油瓶子里，石油是碳和氢的化合物，钠不会直接与这两种元素结合。

但是，石油中会溶解少量大气中的氧气，钠的表面会因此生成一层灰色的氧化膜，这种氧化膜可以在很长一段时间内保护金属钠不会发生进一步氧化。钠从石油中取出时，它的外观不像是金属，但切掉外层后，就能看到下面柔软有光泽的银白色金属。这种光泽仅持续很短的时间，因为钠会立刻与空气中的氧气结合，表面会再次覆盖一层灰色的薄膜。如果将一小块钠放入浅槽中，它会在短时间内变成液体，这是由于钠的氧化物吸收了空气中的水分并发生了溶解，钠的氧化物对水有很强的亲和力。

2.苛性钠

将一小块金属钠放进水中，反应放出的热量会使其熔化，闪亮的金属球在水面上迅速游动，发出嘶嘶声，并放出气体。最后，只剩下一个玻璃状的灼热液滴，几秒钟后，水将液滴浸湿，并随着噼啪声发生溶解。做实验时必须小心，以避免飞溅的颗粒造成伤害。

为了确定生成的气体，把一些水倒入一个水槽里，放入一个装满水的倒置圆筒。用滤纸包一块约半颗豌豆大小的钠，用钳子夹住，小心地将它放在圆筒口的下面。滤纸的作用是在一定时间内把水挡在外面，以便将钠放入所需的位置。金属钠熔化，在圆筒中迅速上升，并释放出气体，取代部分水。反应停止后，用一片玻璃盖住圆筒，从盛水的水槽中取出圆筒，用带火星的木条验证气体，结果证明是氢气[①]。

钠与氧结合，从水中置换出氢，即使在常温下，钠对水也有很强的亲和力，足以将水分解。生成物溶于水，因此无法直接判断，但可以使用合适

① 生成的气体燃烧时一般为黄色火焰，这是由于气体中存在微量的钠的化合物，所有钠的化合物都会使火焰呈黄色。如果让生成的气体在点燃前静置一段时间，直到所有的烟雾都沉淀下来，然后燃烧火焰，那么火焰颜色为淡蓝色，这是氢的特征。

的试剂来检测，我们知道蓝色石蕊遇酸会变成红色。小心地将盐酸加入石蕊指示剂中，使其变成红色，然后将红色的石蕊指示剂倒入溶解了生成物——钠的化合物的液体中，红色的液体会立即变成蓝色。如果使用涂有红色石蕊指示剂的试纸，检测会更方便，一旦溶液与红色石蕊试纸接触，就会变成蓝色。

实现这种颜色变化的钠的化合物叫作苛性钠。苛性钠可中和酸在石蕊试纸上发生的反应，也能中和酸的其他反应。

这种化合物因其强苛性反应而被称为苛性钠，在市场上以白色易熔物质的形式存在，为了便于搬运，通常被铸成圆柱棒的形式。苛性钠在水中自由溶解，放出热量，导致溶液温度升高，这与大多数固体物质的溶解性质相反，一般固体物质在溶解时消耗热量，因此导致溶液温度降低。苛性钠水溶液在手指上会有湿滑的感觉，因为它会溶解皮肤。因此，必须小心处理。如果将苛性钠和羊毛或牛角放在一起加热，它们会立刻分解并溶解。

3.食盐的形成

将几克苛性钠放在浅槽中，加入少量石蕊指示剂和水，然后小心地加入少量盐酸，可以观察到放出了大量热量，说明发生了化学反应。酸过量时，石蕊变成红色，但搅拌后重新出现蓝色。在不断搅拌的情况下，继续倒入盐酸，直到蓝色突然完全消失而出现红色，也就是说完全取代了蓝色。非常小心地加入苛性钠溶液，直到红色消失。并且，如果实验准确，反应会在紫色过渡阶段停止。所得溶液不与酸反应，用石蕊试剂检测也不含苛性钠（碱性），也就是说，这种溶液不会使蓝色石蕊变成红色，也不会使红色石蕊变成蓝色，即溶液为中性。

为了验证生成物，加热液体，蒸发除去水分，最终得到类似盐的残留物，根据其味道和其他特性，判断这种物质为食盐。调味盐，也叫食盐，成分是氯化钠。也就是说，盐酸中的氯和苛性钠中的钠结合，形成了氯化钠。另一方面，酸中的氢和碱中的氢氧根结合形成水，生成的水与溶液制备时加入的水一起蒸发。

4.苛性钠的成分

苛性钠比简单的钠的氧化物的结构稍复杂，由钠、氧和氢组成，符号为NaOH，其中Na是钠的符号。顾名思义，氢氧化钠表示氢的存在。化学反应方程式为：

$$2Na+2H_2O=2NaOH+H_2\uparrow$$

OH^-经常出现在化合物中，它与氢氧化钠中的钠结合，就像氯与食盐中的钠结合一样。正如我们将氯化合物称为氯的化物一样，带有OH^-的化合物称为氢氧化物。

知道了氢氧化钠的分子式，通过实验研究，可以用符号来表示氢氧化钠和盐酸的化学反应：

$$NaOH+HCI=NaCl+H_2O$$

5.碱

与酸反应会使酸的性质消失的氢氧化钠等物质称为碱。大部分碱不易挥发，但许多酸却易挥发。因此，早期化学家认为碱是化合物的真正基础，而酸是可变的成分。如今，酸和碱在化学反应中同样重要，仍然保留其旧名称，尽管已不再深入研究其原始意义。

正如我们认为酸是氢化物一样，一般认为碱是带有OH^-的化合物。虽然所有的碱都是带有OH^-的化合物，但不是所有的带有OH^-的化合物都是碱。例如，通过水的分子式H_2O可以看出，水是一种带有OH^-的化合物，但是水既不是酸，也不是碱，因为它是H^+与OH^-的化合物，是这两种不同的成分相互中和形成的。

泥瓦匠使用的普通熟石灰是一种碱，即钙的氢氧化物。如果将生石灰搅拌到少量的水中，将一滴所得溶液滴到一张红色石蕊试纸上，马上就会产生一个蓝色斑点，再滴入盐酸，则会变回红色。如果将盐酸缓慢加入石灰膏中，会放出大量的热将石灰溶解，生成中性盐（与氢氧化钠和盐酸的反应完全一样）。唯一的区别在于，熟石灰（氢氧化钙）仅微溶于水，因此，与稀水溶液接触时大部分仍保持固态。相反，生成的氯化钙极易溶于水，因此要得到固态的氯化钙，必须将水煮沸蒸发。水分完全蒸发后，会出现一个白色的盐块，即氯化钙，因为它对水有很强的亲和力，所以在实验中可用于干燥氢。

6.碱转化成盐

一般来说，所有金属都能与OH^-结合形成碱，但并不是所有金属的氢氧化物都溶于水，只有可溶碱能使红色石蕊试纸变色，不可溶的碱不能用这种方法检测。但所有金属的氢氧化物均可与酸发生反应，OH^-与H^+结合形成水，而金属与酸中最初和H^+结合的元素相结合，在盐酸中，这种元素是氯。

后续我们将学习大量可组成氢化物（酸）的元素以及元素组合。

如果用符号A表示一种元素或元素族，那么酸的一般符号为HA。如果用M表示金属，那么碱的一般符号为MOH。酸和碱发生化学反应的方程式为：

$$HA+MOH=MA+H_2O$$

等式右边与水一起形成的化合物MA称为“盐”。可以看出，“盐”这一名称是将氯化钠广义化后形成的，也可以用同样的方法生成氯化钠。如果用Cl代替A，用Na代替M，就会得到NaOH与HCl发生反应的方程，该方程只是一般方程的一个特例。

在所有这类反应中，酸和碱的性质会随着中性盐和水的形成而消失，所以这种反应通常称为中和反应。

但就这一点来说，中和反应并不是形成盐的唯一途径，比如氯气可以直接与金属结合，生成氯盐。将一小块钠放入一瓶氯气中，这两种元素迅速发生反应，尽管反应不会特别剧烈，也不会产生火焰。最终钠变成白色物质，经验证为食盐。相应的化学反应方程式为：

$$2Na+Cl_2=2NaCl$$

7.测量酸和碱的浓度

向酸中添加碱进行中和时，无需过量添加，就会立刻发生反应。将一些食盐溶于水中，将溶液分成两部分，并分别加入少量石蕊指示剂。将玻璃棒的尖端蘸上少许盐酸，并用玻璃棒搅拌其中一份溶液，液体突然变成红色。用另一份溶液重复实验，这次蘸上少许苛性钠溶液，搅拌时，液体变成蓝色。这两个实验均体现了定比定律，从中可以看出，酸和碱结合形成中性盐的关系是单一且完全确定的。

可以用这种反应测量酸或碱的浓度。石蕊试纸提供了定性证据，即确定了某一类物质是否存在，通过上述反应还可以定量测定或对存在物质的数量进行测量。

制备一种盐酸溶液，其中每升溶液中含有一个化合量的氯化氢，即36.47g（Cl=35.46g，H=1.01g）。可以通过几种方法制备这种溶液。最简单的方法之一是根据溶液密度配置，15℃下的溶液密度为1.0172g/cm^3，也就是说，如果纯盐酸水溶液达到这一密度，每升溶液中将含有所需量的氯化氢。

同样，氢氧化钠的化合量（Na=23.00g，O=16.00g，H=1.01g）为40.01g。称出40.01g纯氢氧化钠并溶解在升量瓶，即在瓶颈上用线表示1L的烧瓶中，稀释至刻度线时，得到的溶液即可精确中和等量的盐酸溶液。工业氢氧化钠不纯，一般含有部分水分。因此，最好称量稍微过量的氢氧化钠（约42g），将其溶解，然后测定溶液的浓度。

为了测量体积，可以使用两种简单的仪器——滴定管和移液管。这两个词源自法语，因为这些分析方法是由法国化学家盖·吕萨克研发的。滴定管是一根玻璃管，管身内径均匀并具有精准刻度，下端带旋塞，可关闭。这种旋塞可为玻璃旋塞，或者，更简单地说，是一小段橡胶管，管子外面带一个节流夹或管子里面带一个用于封闭的小玻璃球。为了使流量更加均匀，底端再连接一个尖嘴玻璃管（见图54）。轻轻按压节流夹的末端，液体可以按规定的量从滴定管中流出。将每升含36.47g氯化氢的盐酸溶液（标准溶液）加入滴定管中，从下部放出一些酸，这样滴定管尖中也充满了酸，同时让液体的最高液位位于滴定管的最高标记处（图55），然后就可以使用滴定管量取液体了。

移液管（图56）是一个中部放大的玻璃管，液体加至上部标记时，代表量取了一定体积的液体，如20mL，该体积可在移液管上标记。将移液管的下端浸入氢氧化钠溶液中，吸取液体，直到液体上升到略高于刻度的位置。然后从容器口中取出移液管，同时用食指封住上部开口。将移液管的尖端放在盛有溶液的容器的一侧，小心地让液体流出，直到液面刚好接触到标记，即可移液，将移液管移至槽中，让所有苛性钠溶液流出，最后让移液管尖接触容器侧面，这样正好取出20mL液体。

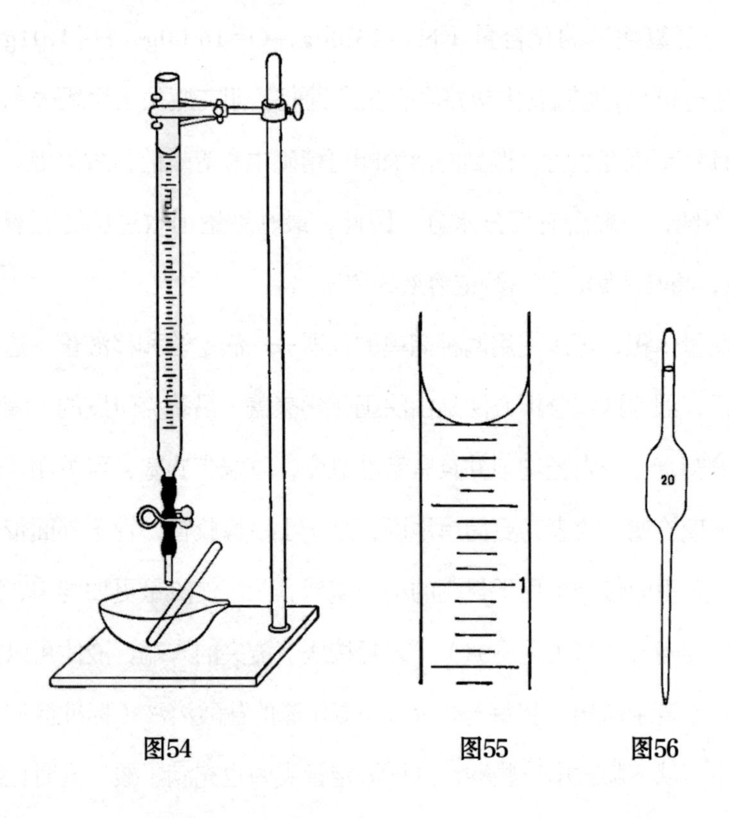

图54　图55　图56

加入几滴石蕊指示剂，在滴定管中加入盐酸。溶液刚开始时保持蓝色，后来形成红点，搅拌后红点迅速消失。从这一点开始，慢慢加入酸，直到红色斑点慢慢消退，然后一滴一滴地加入酸，直到最后一滴为中和碱所需的酸量。

该实验需要精确测量体积，以便确定实验用量。假设使用了20.65mL的标准盐酸溶液中和20mL的苛性钠溶液，则可得出结论：1L溶液中含有的苛性钠大于一个化合量，或者更确切地说，化合量的数量为20.65/20.00。因此，1L溶液中所含的氢氧化钠不是40.01g，而是40.01×20.65/20.00=41.31（g）。

如需制备完全标准的氢氧化钠溶液，则必须以20.00∶20.65的比例进行稀释。由于还剩下980mL，故体积必须达到980×20.65/20.00=1011.85（mL），即还要加入31.85mL的水。可以采用滴定管准确地加水，溶液完全混合后，即可得到完全标准溶液。

可以使用这两种标准溶液确定任何可溶性酸或碱的浓度，前提是酸或碱的化合量已知；使用的每毫升标准溶液对应于待分析物质的化合量的1/1000（单位：g）。如果C代表化合量，n代表使用的体积（mL），那么物质的质量（g）为$nC/1000$g。这种快速的方法称为滴定（源于法语），在化学工作中经常使用，而且非常简单，学生也可使用这种分析法。

钾

1.钾

钾是另一种轻金属，与钠非常相似，但在自然界中的含量比钠低。钾和钠一样，可通过电解制备，且性质与钠几乎相同。钾的密度是0.86g/cm^3，比钠还轻，且更易与氧气发生反应。将一小块钾放入水中，将发生剧烈的反应并放出大量的热，将生成的氢气点燃，出现紫色火焰。钾的化合物燃烧的火焰为红紫色，钠的化合物燃烧的火焰为黄色，这一性质可以用来区分钾和钠。

钾与水的反应与钠与水的反应相同。水释放出一个化合量的氢，生成氢氧化钾（KOH）。氢氧化钾也是一种易溶碱，它的水溶液可使石蕊试剂变蓝，有肥皂味，可中和酸。纯净的氢氧化钾俗名苛性钾，外观与苛性钠相似。氢氧化钾通常为棒状，易溶于水，溶解过程中放出大量的热。氢氧化钾溶液与苛性钠溶液的性质很难区分，二者能参与的所有反应几乎完全相同。这是因为二者均具有OH^-，这是其基本特性产生的根本原因。

钾的化合量为39.10g，氢氧化钾的化合量为56.11g。取60g左右的氢氧化钾（因商品试剂不纯，一般需取约60g），溶入1L水中，可得到氢氧化钾近似标准溶液，该溶液可中和等体积的标准盐酸溶液。也可按照前面所述方法制备成氢氧化钾标准溶液。可用这种氢氧化钾溶液代替氢氧化钠溶液滴定酸，且可得出结论，即中和给定量的任何酸溶液所需的标准碱溶液的体积相同。这也是对化合量定律的基本验证。

2.钾盐

用盐酸溶液中和少量氢氧化钾溶液，蒸发该溶液，可得到中和反应生成的盐。这种盐是一种白色晶体，外观类似氯化钠，为等轴晶系结晶，但与氯化钠不同的是，这种盐在热水中的溶解度明显高于在冷水中的溶解度。将足量的这种盐溶解在沸水中，塞住烧瓶口，以防止蒸发，然后冷却澄清液体，将有大量固体盐析出。这种盐在沸点时的溶解度约是在0º C时的溶解度的两倍。

钾的化合物存在于许多矿物中，长石（正长石）是一种常见的钾的化合物。所有的耕地中均含有可溶性钾的化合物，植物吸收这些化合物，可保证适当的营养。某些植物，例如烟草、葡萄和甜菜，需要较多的钾盐，因此生产中将钾盐肥料人工加入土壤中，可以提高农作物产量。德国土地中的氯化钾及其相关化合物储量相当丰富，由于世界其他地方类似钾肥储量较低，故德国大量开采钾肥并销售至世界各地。在自然状态下，氯化钾为规则的透明立方体晶体，在纯态下无色，但也可能掺入外来元素，导致呈蓝色或其他颜色。氯化钾矿又称钾盐石。

3.等轴晶系的晶体

物质变成固态时，会形成独立的规则形状，称为晶体。可以看出，相同物质的晶体在形状和大小上可能存在明显的不同，但晶体边界表面的倾斜角度相同。此外，晶体的排列规律取决于晶体内部的对称关系，即取决于相应的重复排列方式。

立方体是氯化钾（以及氯化钠）最常见的结晶形式。用木板或纸板可以制作天然的晶体模型。将立方体放置在两个相对平面的中点之间，并围绕该轴旋转；旋转90° 后，立方体的几何位置将与旋转前的位置完全相同。一个物体旋转一定角度后能与其自身重合，这种现象可称为运动重合。因此，在正方体中，旋转90° 会产生重合现象。旋转一周（360°）的过程中，正方体四次到达这种几何位置。立方体旋转时围绕的轴为对称轴，在这种情况下的对称轴为四元对称轴，因为在旋转一周的过程中会出现四次重合位置。

图57为正方体的俯视图，应用俯视图可以确保对称轴垂直于纸面并用点表示对称轴。每旋转90° 必然到达重合位置。

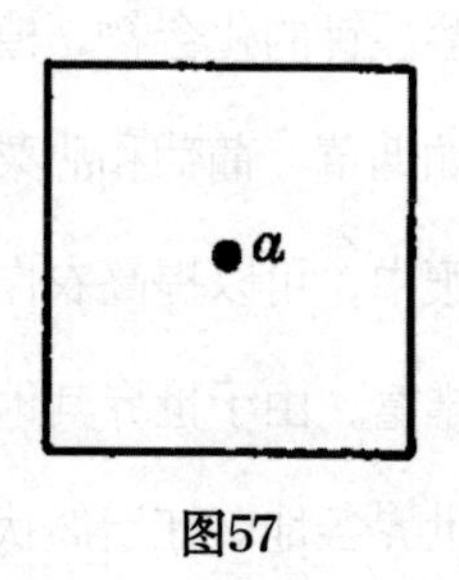

图57

如果选择另外两个相对面的中点作为旋转轴的末端，则旋转过程完全相同，且正方体的第二个位置无法与上述第一个位置区分。第三对相对面及其对应的对称轴的情况也完全相同。因此，这三条轴为等价轴。

因此得出结论，正方体具有三条等价四元对称轴。具有这种对称类型的并非只有正方体，正八面体的对称性质与正方体完全相同。在后一种情况下，三条四元对称轴连接着相对的角，我们只要拿着这样一个八面体就可以观察到，它实际上有三条等价轴。图58为正八面体的俯视图。除了正方体和正八面体之外，还有许多空间形式具有相同的对称关系。

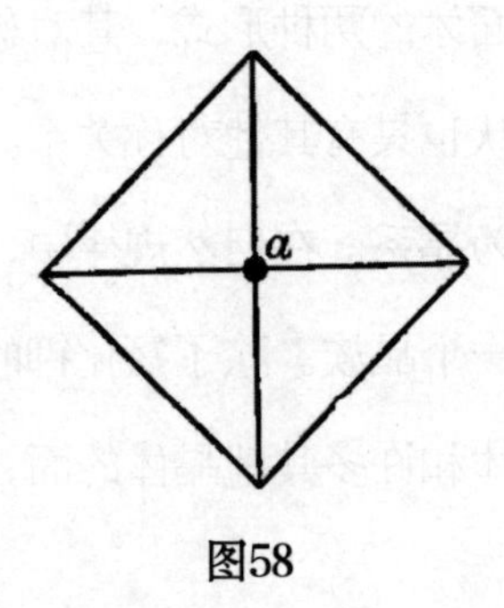

图58

除了三条四元对称轴的形式，其他的形状均为四条三元对称轴。在正方体中，对称轴连接相对角，其中三个表面以相同的角度相互切割。在这种情况下，旋转120°，正方体再次重合。也就是说，只有三个重合的位置，对称轴为三元轴。因为正方体有八个角，所以有四个这样的轴连接相对角，因此形成四个三元轴。这四个轴也互相等效。

此外，可以直观地看出，正八面体的对称性完全相同，在正八面体中，对称轴连接的是相对面的中心。图59为两种俯视图，三元轴垂直于纸面。

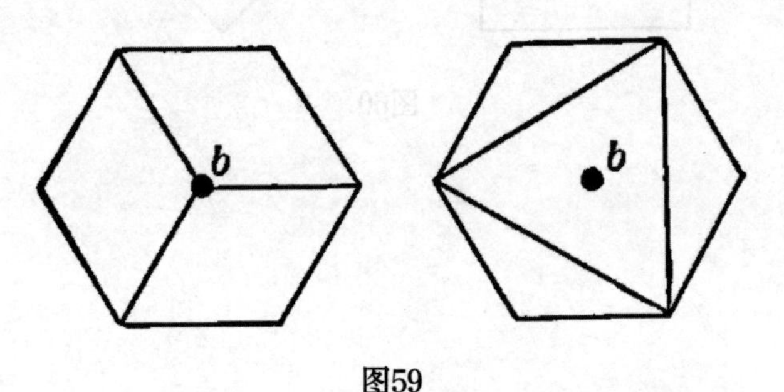

图59

此外，还有六个二元轴的情况，在正方体中，这六个轴连接相对边的中心。在正八面体中，这六个轴连接相对边的中点。必须围绕二元轴旋转180° 才能重合。

图60为正方体和正八面体的两种形式，其对称轴垂直于纸面。上述具有三个四元对称轴的其他形状也具有其他对称关系。因此，这些形状形成了一个相关形式的族，或者称为晶系。在自然规律中，规定某一个给定物质排列形成的所有晶体均属于同一个晶族。除了氯化钾的立方体晶体之外，在氯化钾的晶体中还存在正八面体和许多其他晶体的面，但仅限于对应上述对称关系的面，而没有其他面。

这种晶族称为等轴晶系。因此，可以认为氯化钠和氯化钾在等轴晶系中结晶。后续将介绍在其他五个晶系中结晶的物质，即四方晶系、斜方晶系、六方晶系、单斜晶系和三斜晶系。每个晶系中均存在特殊的对称关系。

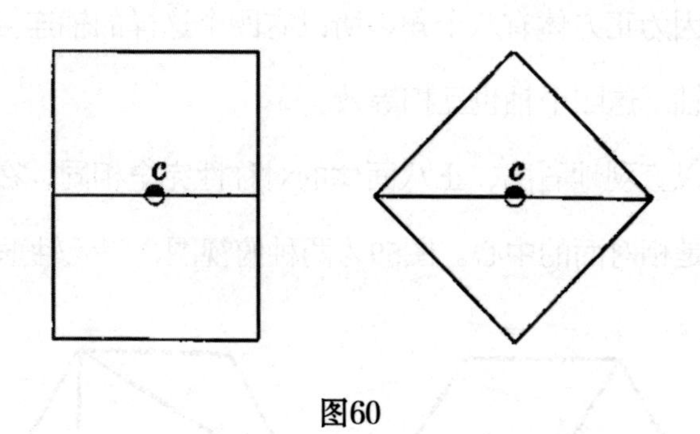

图60

镁

1.镁

镁和钠、钾一样，也是一种轻金属，但在空气中不会发生明显氧化。因此，镁的保存无需特别的预防措施。镁是一种白色金属，其硬度和其他物理性质类似于锌，其熔点相当高，可以切割、锉平或钻孔加工。

镁和钠一样，可以采用电解法制备，即用电流分解化合物的方式制备，一般采用氯化镁制备镁，因为氯化镁很容易熔化，当电流通过时，在一个电极上产生氯，在另一个电极上产生金属镁。

自然界中不存在金属镁，但镁的化合物却分布广泛。白云石是一种镁的化合物，是很多大型山脉的组成矿物。同样，海水中含有氯化镁，尽管其含量远低于氯化钠。

镁最显著的性质是燃烧时发出耀眼的白光。点燃镁条后，会剧烈燃烧并发出耀眼的白光。将镁粉吹入火焰中，燃烧发出的光可用于照相机的闪光灯。镁粉的处理过程比较危险。

镁燃烧的化学过程是简单地氧化，燃烧形成氧化镁。氧化镁是一种白色粉末，其出现早于金属镁。市场上出售的氧化镁为煅烧氧化镁，在医药领域也有部分应用。与钠相反，常温下镁与水的反应非常缓慢。镁与沸水能较快发生反应，放出氢气。镁与高温水蒸气反应能生成氧化镁和氢气，氢氧化镁是高温下的分解产物。

2.氯化镁

如果用盐酸处理镁，会发生剧烈反应，释放出大量的氢，这是由于金属置换了盐酸中的氢。反应后得到无色溶液，由于镁中存在杂质，故溶液中通常含有一些黑点，可以采用过滤方法去除这些杂质。通过蒸发溶液获得氯化镁晶体比较困难，因为氯化镁极易溶于水，所以溶液必须蒸发至非常少量时，才开始结晶。

蒸发获得的盐，即氯化镁，不仅包含镁和氯两种元素，还含有水。略微加热，这种物质中的水会以蒸汽的形式逸出。大部分情况下，氯化镁从水溶液中结晶出来时，无论采用的是冷却法还是蒸发法，都会与一部分水结合。这种水称为结晶水，因为它不是盐的基本成分，但决定了盐的结晶形式。在大多数情况下，可以通过加热除去结晶水，得到无水盐。对于镁来说，得到的化合物是$MgCl_2$，不同于碱金属氯化物，$MgCl_2$含有两个化合量的氯和一个化合量的金属。因此，确定镁为二价金属。

3.化合价

氯和氢的结合比例唯一，即两种元素的化合量的比例唯一。如果选择氢作为衡量化合能力的标准（即化合价），且氢与其他元素的化合力为1，那么氯的化合力也必须等于1，因为一个化合量的氯与一个化合量的氢相结合，因此，称氯为一价氯。同样，钠和钾均为一价，因其均与一个化合量的氯相结合。另一方面，氧为二价，因为它与两个化合量的一价氢相结合。但二价镁与二价氧结合时，每种元素一个化合量即可形成饱和化合物，因此，用符号MgO表示氧化镁。

由此确定的规则是，元素以彼此对应的相等数量的化合价相互结合。如果元素具有不同的化合价，则每种元素化合量的数量必须与各自的化合价成反比。因此，如果已知化合价，就很容易得出不同化合物的组成和符号。

但并非所有化合物均遵循这个简单规则，掌握例外情况可以更全面地掌握化合价规则。

为了使化合价规则的应用更简便，每个元素的符号通常用和化合价数量一样的键来书写。所有符合化合价规则的化合物都可以这样书写，即化合元素的键结合在一起，没有单独的自由键。氢写为H－，氯写为Cl－。在H－Cl中，两个键连接，并遵循化合价规则。氧必须有两个键，因为其化合价为二价，因此可以将水写为$\mathrm{O}<^{\mathrm{H}}_{\mathrm{H}}$，其中氧有两个键，每个氢有一个键。氧化镁写为Mg＝O，因为镁和氧各有两个键。

为了对这个问题有一个粗略的概念，我们可以想象每个原子有多少价就有多少个“挂钩”。在正常或饱和化合物中，在原子的连接中，所有的“挂钩”均连接在一起，无一例外。

4.光卤石

结晶氯化镁的组成为$MgCl_2+6H_2O$，即含有六个化合量的结晶水。斯塔斯福特钾盐矿床（钾的化合物的来源）富含结晶氯化镁。氯化镁还与氯化钾结合形成$KCl \cdot MgCl_2+6H_2O$的复盐，称为光卤石，也是斯塔斯福特钾盐矿床中的主要钾矿物。这种复盐是由单一盐的混合溶液结晶形成的，因此可以通过蒸发氯化钾和氯化镁的混合溶液来制备光卤石。在混合两种溶液时，没有形成化合物，氯化钾会单独从热溶液中分离出来，氯化镁则留在母液中。两者均从冷溶液中析出，结晶成光卤石。

5.镁的氧化物和氢氧化物

可通过将氧化镁而非金属镁溶解在盐酸中来制备氯化镁。反应方程式为：

$$MgO+2HCl=MgCl_2+H_2O$$

该反应类似于盐酸和氢氧化钠的反应，区别是该反应中不存在碱，而仅仅存在不含氢的氧化物，因此不含OH^-。镁的碱化合物必须含有OH^-，因为镁是二价的，需要两个OH^-。

不仅可以给元素确定化合价，也可以给元素基团确定化合价，OH^-就是一个例子。从水中除去一个氢后，就剩下OH^-。产生一个自由价，因此OH^-为一价。可以用化学键表示基团，在两个氧键中，只有一个与氢结合，另一个为游离状态：—O—H。因此，如果氢氧化镁存在，必须具有$Mg(OH)_2$的组成形式，其中下标2指的是括号中的全部内容。

可用氢氧化钠或氢氧化钾分解氯化镁，制备氢氧化镁。氯化镁水溶液与可溶性碱混合时，产生白色的凝胶状不透明沉淀，反应方程式如下：

$$MgCl_2+2NaOH=Mg(OH)_2+2NaCl$$

该反应为复分解反应，即物质的化学组分相互交换。复分解反应常常发生在盐溶液和具有“成对”成分的盐类化合物之间。此外，复分解的规则是必须生成一般条件下难溶于水的物质。在上述方程式中的四种物质中，三种物质（氯化镁、氯化钠和氢氧化钠）均易溶，而氢氧化镁微溶于水。由于这个原因，氢氧化镁以白色沉淀的形式沉积，可以通过过滤和洗涤将溶液提纯。

氧化镁和氢氧化镁之间存在一种简单的关系，因为它们的区别只在于水的组成元素。反应方程式为：

$$Mg(OH)_2=MgO+H_2O$$

这个方程式代表的化学反应为可逆反应。加热氢氧化镁，可以将其分解为氧化镁和水蒸气；如果氧化镁与水接触，则会与水结合，形成氢氧化镁。氢氧化镁和氧化镁的外观非常相似（均为白色粉末，没有任何可见的晶体特性），因此必须使用其他方法来区分。采用天平区分是最好的区分方法。可从市场上购买煅镁或煅烧氧化镁，主要成分均为氧化镁。将称量好的瓷坩埚略微加热，冷却，称量并通过计算差值确定氧化镁的质量。然后向坩埚中倒入少量水，在略高于100℃的温度下加热，除去多余的水分。为了防止过热，将装有潮湿粉末的坩埚支在第二个坩埚内，确保两个坩埚之间留有间隙，然后用小火加热外坩埚。这种坩埚加热的方法称为空气浴。过量的水完全蒸发后，冷却内坩埚并再次称量，此时内坩埚的质量增大。用氢氧化物的重量除以氧化物的重量，就能得到重量增加的百分比。如果实验过程没有误差，则也可以通过化合量计算出质量增加的百分比。

$$Mg=24.32g，O=16.00g，H=1.01g$$

因此，$MgO=40.32g$，$Mg(OH)_2=58.34g$。用后一个的质量除以前一个，再乘以100，结果是144.7。因此，100份氧化镁必须产生144.7份氢氧化镁。测量值与理论值的偏差代表实验误差的总和，部分原因是试剂纯度不够准确，以及实验工作中的误差。重复几次实验，可以发现这些误差的来源和数量。由另一种物质脱水形成的物质叫作酸酐。氧化镁是氢氧化镁的酸酐。酸与氧化物或氢氧化物反应生成盐，区别是与氧化物反应生成的水量是与氢氧化物反应生成水量的一半，例如以下两个反应：

$$Mg(OH)_2+2HCl=MgCl_2+2H_2O$$

$$MgO+2HCl=MgCl_2+H_2O$$

酸酐形成的难易程度在不同的情况下差异很大。一般情况下很难制备氧化钠或氢氧化钠的酸酐，因为一旦剧烈加热，氢氧化钠就会蒸发，而不是分解，并且不会失去水分。

INTRODUCTION TO CHEMISTRY

第七章

硫和碱土金属

硫

1.天然硫

硫的性质较为特殊，且在自然界中含量较高，硫的使用已有悠久的历史，也是中世纪的炼金术士所用元素之一。近代化学提出了元素的现代概念，即元素是无法分解成更简单成分的物质。根据这一概念，确定硫也是一种元素。

硫在自然界中最常出现的地方是火山活动过的地方，但植物中的物质与硫化物发生反应也会形成硫。天然硫通常不纯，经验证，可通过熔化和蒸馏来提纯。硫的纯净物主要为斜方晶系。最常见的硫晶型为长型八面体，在这种八面体中，同一平面中任何四条边组成的截面均为菱形；这些截面间相互垂直，且互不相同。

2.斜方晶系

如果用一个轴连接斜方晶系八面体的两个对角，八面体围绕该轴旋转，则旋转180° 时出现重合。因为与三个轴成直角的面均为菱形截面，因此可以将该截面绕着截面中心在截面本身的平面上旋转，直至菱形截面重合，可以发现旋转角度为180° 。此外，这些轴的长度各不相同，因此并不等效。

硫在斜方晶系中结晶，类似于等轴晶系，也有三个互相垂直的对称轴。不同的是，这三个轴的长度不同，不是四元对称轴，而是二元对称轴。此外，除了上述对称轴之外没有其他对称轴，显然斜方晶系的对称度远不如等轴晶系。图61为垂直于这三个对称轴的截面。

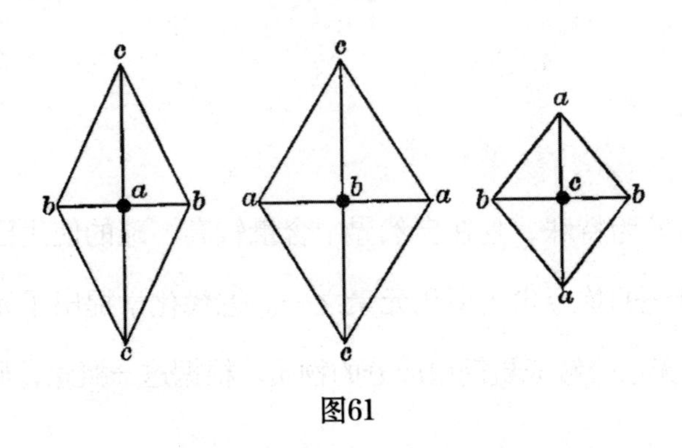

图61

对于所有晶体而言，除了最简单的边界面之外，晶体上还可以形成其他的面，但所有这些表面都必须表现出与叠加运动有关的相同的几何关系。在天然硫中，八面体的边和角上也经常有其他面，但总存在一些面（两个或四个），当晶体沿三个对称轴中的一个旋转180° 后，这些面的位置将会发生改变。因此，不管硫的形状有多复杂，绕着晶体三个对称轴中的任何一个旋转180°，就会再次处于重合位置。

3.硫的特性

硫的密度不大，约为水的两倍，它的硬度也很小。硫不导电，是一种非常好的绝缘体，在早期，采用硫黄端子制造电工机械。硫有脂肪光泽，纯净的硫晶体是半透明和黄色的。但是大多数晶体看起来不透明，类似块状糖，这是因为硫是由无限个不规则排列的小晶体组成的，光无法以不间断的形式通过这些晶体。

硫在120℃时熔化成蜜黄色的流动液体，冷却后很快变硬。硫黄可以很容易地被制成小物件，因此被广泛用于制作切割石材的铸件等，但不能用于制造金属铸件，因为硫会与金属发生化学反应，使金属表面变色。

4.加热时的特性

液体硫加热后，会很快失去流动性，并且随着温度的升高，最终变得相当黏稠，此时倒置容器，硫不会溢出。出现这一现象的原因是易液化的硫随着热量的吸收而变成另一种黏性形式，如同冰加热后变成水。黏稠的硫颜色更暗，类似于木材和其他植物性物质的颜色加深和炭化。实际上，硫不会发生这种变化，因为它是一种元素，不能以任何方式分解。如果将颜色较深的柔韧的硫稍微冷却，将变回可流动的浅色硫，这一过程中未发生任何永久变化。

如果将黏稠的硫倒入冷水中，即使在冷水中冷却后，硫仍能保持其弹性。换句话说，在迅速冷却的过程中，硫无法熔化成可流动液体，并且在低温下以非常缓慢的速度发生转化。将弹性硫放置几天后，硫会变成淡黄色的脆性物质，与普通的固体硫完全相同，加热时会熔化成浅色的液体硫。

如果将黏稠的硫加热，最终会变成深棕色的蒸气[①]，根据温度的不同，蒸气会凝结成固体或液体硫。硫在标准大气压下沸点为445.5℃，因此这种汽化需要相当高的温度。硫的特性很像水，可以随不同的温度以固体、液体

① 纯蒸气在沸点时几乎无色，但随着温度的升高颜色会加深。

或蒸气的形式存在。所有的物质随温度的变化均会显示上述特性，尽管有时可能难以达到所需温度。

5.多晶型

液体硫在冷却时结晶。如果使用大量的硫进行实验，可以得到发育良好的晶体，但这些晶体的形状不是天然硫晶体的斜方形状，而是端面较尖的矩形截面棱柱。如果绕任何一个轴旋转，直至重合，会发现只有绕平行于斜端面的轴旋转，才会在旋转小于360° 的情况下重合。在所有其他情况下，只有旋转360° 后才能重合。因此，这些晶体属于另一个晶系，其特征是具有单一的二元旋转轴。这种晶系称为单斜晶系。图62为最简单的单斜晶系，直接从垂直于对称轴的方向观察。

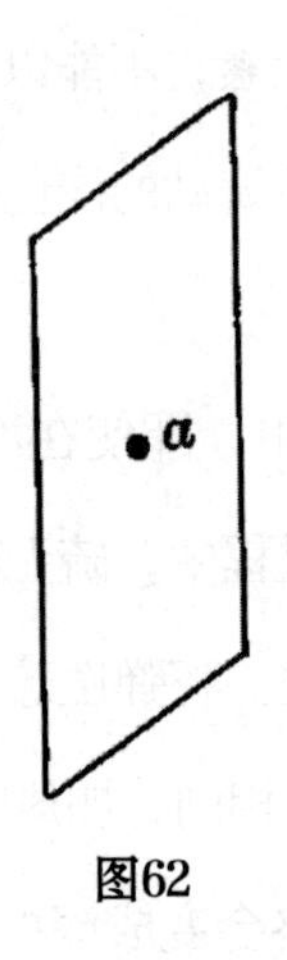

图62

由此可见，根据条件不同，硫可以以两种晶体形式存在。将深黄色、透明且略有弹性的硫晶体放置几天后，将变为不透明且较脆的形式，经过测定，其密度增加。单斜晶体的密度为1.56g/cm^3，而斜方晶体的密度为2.07g/cm³。因此，硫至少有两种固体形式。这两种形式的实质相同，就像水和冰一样，斜方晶体在低温下更稳定，而单斜晶体在高温下更稳定，转变点为95℃。在95℃以上，斜方硫晶体变成单斜硫晶体，就像冰在0℃时变成水一样；在95℃以下，单斜硫晶体变成斜方硫晶体，就像水在0℃时变成冰一样。唯一不同的是，硫的变化比水和冰的相互变化速度要慢。单斜硫与过冷水类似。斜方硫和单斜硫是硫的同素异形体，是单质硫在不同温度下的变体。单斜硫是针状晶体，只稳定存在于95.6℃以上的环境中，在室温下它会缓慢地转变成斜方硫。

同一物质在不同的温度下以不同的晶体形式存在，这种性质称为多晶型。元素的多晶型又称同素异形，但本书暂不讨论同素异形，而使用多晶型这一词。如果存在两种晶体形式，则称为双晶现象。硫不是唯一具有多晶型的物质或元素。事实上，多晶型现象非常普遍，大部分物质均具有多晶型性质。后续将讨论几种多晶型元素。

由于多晶型涉及晶型的差异，因此多晶型只出现在固体物质中。除了不同的晶型之外，同一种物质还经常存在非晶型形式，如弹性硫，在室温下自然变成斜方硫。由于这个原因，硫在自然界中仅以斜方晶体的形式存在，因为其他形式均会转变成这一最稳定的形式。

我们尚未完全探索出硫的全部存在形式。但其他形式均为不稳定形式，在特殊条件下形成这类形式，很快就会变成斜方硫，因此本书中未做详述。

6.二氧化硫

在实验中，硫易燃，燃烧火焰为蓝色。燃烧后硫完全消失，无固体或液体残留物。硫燃烧时散发出一种特别的硫黄味，这表明有新物质生成。硫燃烧的产物具有特殊气味，明显与氢或植物物质的燃烧产物不同。此外，当硫在氧气中燃烧时，没有观察到可见的燃烧产物，但将生成的气体通入水中，显示为酸性。

如果重复燃烧实验，小心地塞住瓶塞，让烧瓶冷却，确保烧瓶内部完全干燥，那么最终冷却后烧瓶中的压力没有变化。瓶塞的移除并不会导致气体从烧瓶内部大量逸出或从外部吸入大量空气。

因此可以得出结论，即硫的气态燃烧产物的体积与参加反应的氧气的体积大致相同。精确的测量也证实了这一结论。生成的新气体不叫氧化硫，根据它的符号“SO_2”，将其命名为二氧化硫。

如果在装有二氧化硫的烧瓶中加入少量水并摇动烧瓶，则瓶内压力将会降低，说明二氧化硫易溶于水。二氧化硫水溶液和二氧化硫气体一样具有刺激性臭味，石蕊试纸显示溶液为酸性。由于所有的酸都含有氢，但二氧化硫中没有氢，所以氢来自水中。根据化学方程式$SO_2+H_2O=H_2SO_3$，二氧化硫与水结合，产生的酸为亚硫酸，可确定这一事实。

二氧化硫是一种无色气体，很容易液化，液态二氧化硫在标准大气压下沸点为−10℃，在20℃时，它的蒸气压只有3.24个标准大气压。二氧化硫气体可以在水中自由溶解，1体积的水中约可溶解50体积的气体。市场上出售的二氧化硫水溶液为亚硫酸，有强烈的二氧化硫气体的气味，沸腾时二氧化硫完全逸出。

二氧化硫水溶液会很快从空气中吸收氧，并转化为硫酸，也可以从许多其他化合物中获取氧，因此可用作还原剂，即除氧剂。硫酸对植物有强烈的刺激性作用，几乎可以立刻腐蚀绿叶。在大型工业城镇，空气中含有大量烟煤燃烧产生的二氧化硫（通常还含有硫化物）。附近的树木会受到影响，形成的硫酸对石砌建筑物具有强烈的腐蚀性。即使是少量二氧化硫，也足以杀死房间内的植物。由于二氧化硫有很强的还原性，对植物性食品内的氧化酶有强烈的抑制作用，因此常用于生产葡萄酒和果酒。二氧化硫对植物色素也有漂白作用。在一个钟形容器（如大的普通烧杯）下面放一些彩色的鲜花，在容器内点燃一块硫黄，很快花就会变白。这种特性可用于漂白丝绸、羊毛、稻草和其他可以与氯反应的材料。

亚硫酸可形成盐，亚硫酸与其他酸不同，因为它含有两个化合量的氢，且氢都可以用钠和其他金属代替。亚硫酸的钠盐可用于摄影，这种大晶体含有七个化合量的水——$Na_2SO_3 \cdot 7H_2O$。

7.三氧化硫

二氧化硫是由硫在空气或氧气中燃烧形成的，但它不是硫的唯一氧化物。此外，还有一种三氧化物，含有三个化合量的氧和一个化合量的硫。当硫燃烧时，形成非常少量的三氧化硫，这也是燃烧过程中产生白色烟雾的原因。尽管将二氧化硫燃烧成三氧化硫会释放出更多的热量，但由于燃烧生成的三氧化硫非常少，因此无法用燃烧法大量制备三氧化硫。

这是化学惰性的一个例子，两种可能结合的物质根本不结合，或者结合得很慢。这种现象也表现在常温下引爆气体上，二氧化硫和氧气在较高温度下会显示出这种惰性。氢和氧的混合物可在铂绵中结合，同样，二氧化硫也可以在高温下通过铂绵燃烧生成三氧化硫。

在石棉上滴几滴铂溶液，然后点燃。将铂石棉放入约1.5cm的试管中，试管略微倾斜，用试管夹夹住，确保试管下的燃烧器可以加热石棉。试管的下端应带一个漏斗形的放大物，或者将一个石棉漏斗固定在试管的端部（图63）。

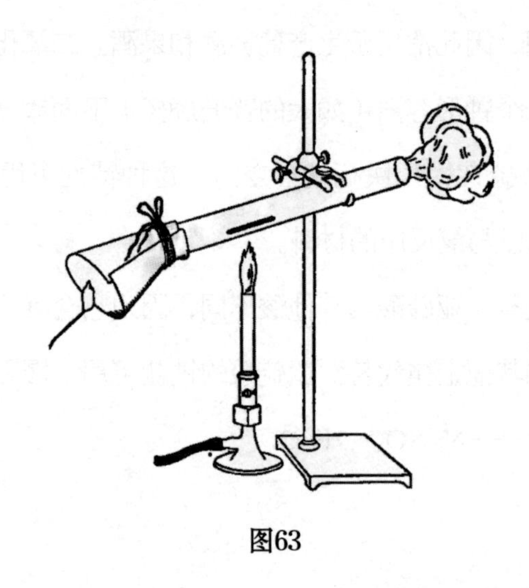

图63

点燃一小块硫，放在漏斗下面，二氧化硫和空气的混合物就可以吸入热石棉中，一部分二氧化硫转化为三氧化硫，三氧化硫在管道顶部以白色烟雾的形式逸出。将湿棒与烟雾接触，冷凝少量蒸气，然后将棒接触石蕊试纸，并将其浸入可溶性钡盐溶液中，可以观察到棒上的液体发生酸性反应并生成钡盐沉淀。

形成三氧化硫的化学方程式为：

$$2SO_2+O_2=2SO_3$$

工业上采用这种方式大规模制备三氧化硫。也可以使用其他物质代替铂，特别是氧化铁，因为其具有加速二氧化硫氧化的类似效果，反应生成一种无色液体，很快硬化成一团结晶状的白色长纤维，外观很像棉絮。

三氧化硫最显著的特性是易与水化合。将三氧化硫放入水中，会发出嘶嘶声。三氧化硫会从空气中吸收水分，过程较为剧烈，因此一般将其密封在容器中，完全不与空气接触。当暴露在空气中时，会有烟雾出现，三氧化硫蒸气与水蒸气结合，形成一种挥发性很弱的化合物。这就是固体三氧化硫产生浓密白色烟雾的原因。反应方程式为：

$$SO_3+H_2O=H_2SO_4$$

生成的新化合物H_2SO_4为硫酸，是整个化学工业中最重要的物质之一。作为一种通用的化学试剂，硫酸在化学中的角色相当于铁在机械中的角色。

8.硫酸

一般采用硫或某些硫化物制备硫酸，这些硫化物在空气中加热时会燃烧生成二氧化硫。除了铂和其他物质以同样的方式起作用外，还有另一种加速二氧化硫缓慢氧化的方法，这种方法也被用于制备硫酸。由于通过这种方法制备硫酸采用了尚未学习的物质，故将在后续章节说明该过程的详情。

用这些方法制备的硫酸是一种重而无色的液体，像油一样缓慢流动，密度为1.853g/cm^3。密度是由分子间的内摩擦引起的，因此，硫酸是一种分子间摩擦力很大的液体。硫酸可以按各种比例溶于水，在溶解过程中会产生大量的热，因此必须小心稀释浓硫酸。切勿将水倒入浓硫酸中，因为瞬间产生的蒸汽可能会导致爆炸，并伴随腐蚀性液体的飞溅。正确的方法是边将硫酸倒入水中边搅拌，这样较重的硫酸液体就不会沉到容器底部。

9.水溶液的密度

硫酸溶解在水中时，体积会显著减小。取一个约1m长（直径为1cm）的封闭玻璃管，装入三分之一的硫酸，小心地将水倒在上面，水将浮在密度较大的硫酸液体表面。然后将玻璃管中装满水，用布包起来（因为混合过程会放出热量），用一块橡胶塞住管子的开口端，慢慢翻转玻璃管几次，让酸和水混合。虽然混合过程会放出大量的热，且会产生相应的膨胀，但最终溶液的实际体积会小于单独的两种液体体积之和，并且在冷却之后，溶液的上层比管顶低几厘米。

图64为硫酸的密度和百分比含量之间的关系。这条曲线与一般的酸的密度曲线不同，值得特别注意的是，最大密度对应的百分含量不是100%，而是约97%。

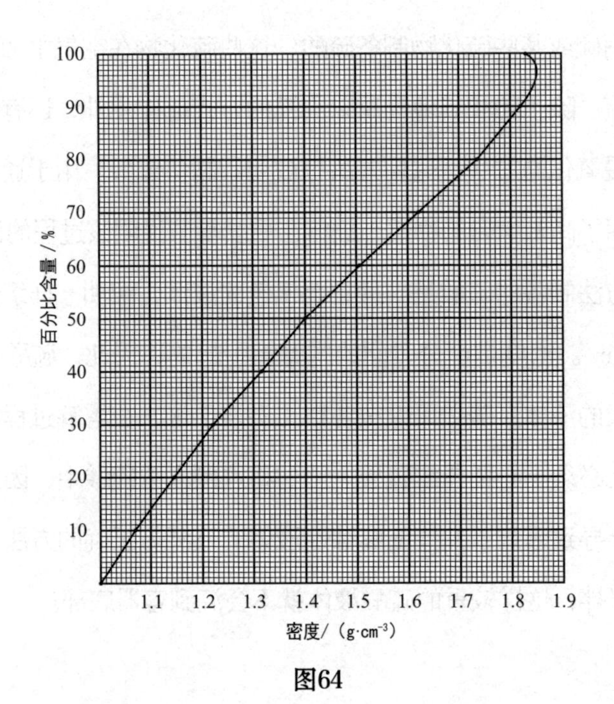

图64

15℃时硫酸水溶液的密度

百分比（H_2SO_4）/%	密度/（g/cm^3）	百分比（H_2SO_4）/%	密度/（g/cm^3）
5	1.033	55	1.449
10	1.068	60	1.502
15	1.105	65	1.558
20	1.142	70	1.615
25	1.182	75	1.674
30	1.222	80	1.732
35	1.264	85	1.784
40	1.307	90	1.820
45	1.351	95	1.839
50	1.399	100	1.836

10.性质

硫酸是一种非常强的酸，具有腐蚀性，因此必须小心处理。硫酸也可以吸水，虽然吸水性比三氧化硫稍弱。

如果在一个不加盖的槽中放置少量酸，静置一会，就会观察到它的吸水性。吸收了空气中的水分后，其质量明显增加。因此，硫酸可用于干燥容器和其他物质。

可将气体通入硫酸中来干燥。这种干燥一般要用到洗气瓶或简单的洗瓶，几种常见的洗瓶如图65所示。与氯化钙相比，硫酸具有更快和更强的干燥作用，但另一方面，它具有强腐蚀性，而氯化钙无害。图66中用装入硫酸浸润的浮石屑的U形管和塔形瓶代替了洗瓶，通常用于干燥气体。它们的优点是不会对气流产生任何流体静力反压。

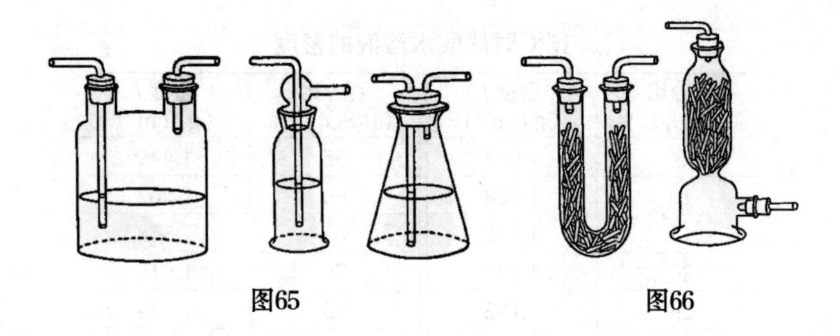

图65　　图66

11.盐的形成

硫酸的用途主要取决于它为强酸且不易挥发的性质。它的沸点为360℃。如果用硫酸加热其他酸的盐，在大多数情况下，盐的阴离子[①]会形成游离酸，而金属会形成硫酸盐。硫酸可参加反应，释放出盐中的酸性组分。为了充分理解这一反应，还需研究硫酸本身的结构。

从盐酸或氯化氢的化学式HCl中可以看出，盐酸只含有一个化合量的氢，而硫酸有两个化合量的氢。对硫酸盐的研究表明，这两个化合量的氢均可由金属替代，例如硫酸钠Na_2SO_4。带两个化合量的氢的酸称为二元酸。亚硫酸也是一种二元酸。

首先必须证明二元酸可以像一元酸一样形成中性盐。将少量石蕊试剂滴入稀硫酸中，使其呈红色，然后加入氯化钠溶液，直至红色突然变成蓝色。为了进行定量观察，称出少量用水稀释的纯硫酸（约1g），最好用大量的水稀释硫酸，以降低危险性，加入石蕊，用滴定管滴入标准氢氧化钠溶液中和

① 盐的阴离子表示盐的酸性组分，与盐的阳离子或金属盐相反。阳离子带负电荷，阴离子带正电荷。

溶液。结果发现，每克酸约消耗20mL氢氧化钠，也就是说，要中和1000mL的标准氢氧化钠溶液，需要约50g硫酸。

硫酸H_2SO_4的化合量为98.09g（S=32.07g，2H=2.02g，4O=64g）。因此可得出结论，即二分之一个化合量的硫酸即可中和1L标准溶液中所含的钠。由于工业用酸中含有少量的水，且这部分水很难完全除去，导致理论与实际之间存在轻微偏差，因此，一个化合量的硫酸（98.09g）可与两个化合量的氢氧化钠发生反应，化学反应方程式如下：

$$H_2SO_4+2NaOH=Na_2SO_4+2H_2O$$

由于两个化合量的氢氧化钠参加反应，因此生成两个化合量的水。

12.对其他酸盐的作用

硫酸与盐发生反应时，盐的量应确保硫酸中两个化合量的氢可以被金属替代。因此，一个化合量的硫酸可分解两个化合量的氯化钠。反应方程式为：

$$H_2SO_4+2NaCl=Na_2SO_4+2HCl$$

很明显，这是一个复分解反应。如上述方程式所述，钠取代硫酸中的氢时，氢也取代了钠，与酸碱中和生成水不同的是，该反应生成化合物HCl，即盐酸。为了验证该反应，在试管中放入少量氯化钠，用硫酸润湿，会产生液态泡沫和无色气体，这时对着试管口吹一口气，可以看到盐酸水溶液的烟雾。在试管上的搅拌棒上滴一滴水，生成的气体马上会溶解在水中，将该水滴滴在蓝色石蕊试纸上，蓝色石蕊试纸的颜色会发生变化。

上述反应可用于工业生产盐酸，但使用这种方法时，必须采用砖砌炉子，确保可以通过加热排出所有盐酸。将产生的气体用宽管通入装满水的大石罐中。气体溶解在水中，形成普通的盐酸水溶液。为了完全收集盐酸，考虑到盐酸的腐蚀作用，不能将盐酸释放到空气中，气体通过耐火泥釜（内部贴有耐酸瓷砖），水从釜上流入。气体周围的大量水可确保气体的完全溶解。用泵将这种方法制成的稀酸打回石罐中，直至新制备的酸达到饱和。此处为回流的一个应用，在艺术品中也普遍使用。

13.氯化氢的制备

从上述反应中，可以得到氯化氢的部分性质。

由于氯化氢气体在水中的溶解度比较大，故不能采用排水法收集。通过排空气法也很难收集，因为氯化氢气体比空气稍重。在这种情况下，可以使用汞，因为纯氯化氢无法侵蚀汞。19世纪早期，英国化学家普里斯特利通过汞的这种用途发现了许多新气体。其中一种气体就是氯化氢，他采用上述制备方法制备。

将大块食盐放入烧瓶中，并塞上带有滴液漏斗和出气管的塞子。将浓硫酸通过漏斗滴到食盐上，直到生成的氯化氢排出烧瓶和试管中的空气。将气体收集在装有汞的倒置试管中，并放入也含有汞的集气槽中，槽的底部设有一个圆柱形凹陷，确保集气管完全干燥。

氯化氢为无色气体，使用末端稍微弯曲的移液管，向其中一个试管中加入少量水。水银上升，说明尽管压力降低，气体仍能自由溶解在水中。纯净气体将完全溶解，否则会产生气泡。

仍然保持试管口浸在水银中，让少量镁通过水银漂浮到水溶液中。由于镁和氯的结合，氢发生了剧烈反应。几分钟后，不再产生气体，发现试管的一半充满了氢气。如果实验精确，氢气的体积应正好是试管总体积的一半。该实验证实了盐酸是由等量的氢和氯形成的，总体积没有任何变化。如果以同样的方式，酸中的氢可以保留，氯释放出来（这一点的验证方法比较困难），则会出现相同的结果，即容器的一半会充满氯。

14.酸中的氢含量

要想知道酸中的氢含量，就必须测出1mL的标准酸溶液能产生的氢气的量。为此，可以使用图37所示的装置。将一定体积的标准盐酸（如20mL）放入反应容器中。在仪器中加入几片镁，确保试管倒置时镁才与酸接触，然后发生反应，最后测量氢气的释放量，结果发现1mL的氯化氢产生大约12mL的氢气。氢气的生成量随着温度和大气压的变化而变化，因为这两者都对气体体积有明显的影响。

向1L水中加入略多于50g的浓硫酸，用标准氢氧化钠溶液滴定20mL，虽然硫酸中不可避免地会含有一定水，但浓硫酸中水的比例不会大于30%，因为在制备标准溶液时，稀释比除去多余的水更容易。

如果使用标准硫酸溶液代替标准盐酸溶液重复相同的实验（测量放出的氢气量），会发现等量的两种酸放出等量的氢气。这是因为两种溶液的制备方式均为每升含有一个化合量（即1.01g）的氢。因此，氢是与氯结合还是与SO_4^{2-}结合并不重要，当镁（或任何其他金属）取代氢时，会释放出等量的氢。同样，在每种情况下，溶解的镁量自然是相同的。用一定量的盐酸溶解一大块镁，然后用等体积的标准硫酸溶解镁，反应必放出氢气，在每次实验前后（小心干燥之后）称量金属，发现每100mL标准酸会溶解1.2g的金属。

15.硫酸盐

硫酸对应的盐称为硫酸盐，硫酸盐是艺术和医学领域中的重要物质，部分硫酸盐也以矿物质的形式存在于自然界中。阴离子SO_4^{2-}存在于所有硫酸盐中，如同元素Cl存在于所有氯化物中，将其称为硫酸根离子。一些硫酸盐溶于水，也有些不溶，如硫酸钡（钡是类似镁的金属元素）。硫酸或硫酸盐与可溶性钡盐接触时，就会形成不溶性盐——硫酸钡，分子式为$BaSO_4$，因为钡和镁一样显二价。

因为硫酸钡不溶于水，或者更准确地说，极微溶于水，所以溶液中形成硫酸钡时，呈现为白色粉末状沉淀。因此，可以采用钡盐（通常为氯化钡，$BaCl_2$）检测未知溶液中是否含有硫酸或硫酸盐。即使稀释到很稀，也会形成沉淀，因此氯化钡是检测硫酸和硫酸盐或广义上的硫酸根离子的一种非常敏感的试剂。当这种沉淀物形成时，即使加入盐酸，沉淀仍不溶解。这一点很重要，因为还有许多其他难溶的钡盐，在中性溶液中为沉淀，但可溶于酸，特别是盐酸。如果先用盐酸酸化饮用水，然后用氯化钡处理，就会形成白色浑浊，随后沉淀到底部，形成白色沉淀，由此可以看出，大多数饮用水中含有硫酸盐，也可以用同样的方法证明芒硝为硫酸盐。

16.芒硝

硫酸钠俗名芒硝，源于德国医生和化学家格劳伯，他详细描述了芒硝，并首次展示了芒硝的药用特性。格劳伯将这种盐命名为芒硝或“神奇盐”，后来逐步演变为格劳伯芒硝，最终简称为格劳伯盐。市面上的芒硝大多数是含有结晶水的大晶体。从化学式$Na_2SO_4 \cdot 10H_2O$中可以计算出，芒硝固体一半以上的质量是水。因为晶体很容易失水，所以芒硝晶体暴露在空气中的部分会逐渐风化并覆盖上一层白色粉末。这种情况是否发生取决于空气中水蒸气的分压。如果空气中水蒸气的分压小于晶体中水的蒸汽压，晶体将会风化，即失水，否则晶体保持不变。芒硝的蒸汽压是水的63%，因此当空气湿度低于63%时，空气足够干燥，可以将芒硝风化。但满足压力条件时风化也不一定会发生，因为未风化的晶体会保存在更干燥的空气中。但是，只要一部分晶体出现风化，其余部分就会进一步风化。白色粉末不含结晶水，而是含水的硫酸钠。如果把芒硝放在烧瓶中加热，它会在32℃时熔化。但即使在长时间持续加热后，液体也不呈透明状，始终有固体残留在烧瓶底部。在该温度下，芒硝分解成无水盐和饱和溶液，由于没有足够的结晶水来保持溶液中的所有盐，多余的盐会以固体形式析出。如果加入少量的水，溶液就会变清。

如果此时用棉花团塞住烧瓶，或者小心地用纸盖住烧瓶，液体可以冷却至室温而不产生任何晶体，注意不要在烧瓶颈部留下任何未熔化的晶体。然后打开烧瓶，立即产生晶体，而且为自然结晶。如果非常小心地打开烧瓶，有时可以避免结晶。这种突然结晶的事实依据是，空气中的灰尘中含有微量的芒硝，当烧瓶打开时，芒硝就会落入溶液中。

17.酸式盐

如果将一个化合量的无水硫酸钠与一个化合量的硫酸（无水硫酸钠约

142份，硫酸约98份）混合加热，混合物很容易熔化成液体，冷却后完全硬化成固态晶体。生成物是一种新的硫酸钠盐，化学反应方程式如下：

$$Na_2SO_4+H_2SO_4=2NaHSO_4$$

$NaHSO_4$与芒硝的不同之处在于，钠只取代了硫酸中两个氢离子中的一个，而另一个仍然存在。因此，这种盐的水溶液会呈酸性，与石蕊反应，并与镁反应产生氢气。$NaHSO_4$是一种半中性盐和半酸性的化合物，称为硫酸氢钠，而芒硝为中性或标准硫酸钠。所有二元酸都能形成这种类型的盐。但一元酸并非如此，通过一元酸的分子式可以看出，一元酸只含有一个可取代的氢离子。

二价金属的酸式盐由两个化合量的酸和一个化合量的金属形成，否则就不会有未替换的氢。例如，酸性硫酸镁的分子式为$MgH_2(SO_4)_2$。二价金属的酸式盐形成的难度比单价金属的酸式盐形成的难度大。

二元亚硫酸可以以完全相同的方式形成酸式盐和标准盐。

18.硫代硫酸盐

除了硫酸之外，硫还与氧形成许多其他酸。这些酸均为二元酸，它们中的硫和氧的相对含量不同，且大部分的用途并不广泛，但其中一种钠盐的生产和使用较广泛，这种盐由沸腾的亚硫酸钠（Na_2SO_3）和硫反应制成。硫溶解在溶液中，当溶液蒸发时，以新盐$Na_2S_2O_3 \cdot 5H_2O$的形式结晶析出，亚硫酸钠会吸收一个化合量的硫。如果在亚硫酸盐中加入一个化合量的氧，就会形成硫酸钠。因此，我们将这种盐命名为硫代硫酸钠，因为它是一种硫酸盐，其中一个氧被硫取代。

作为一种定影剂，硫代硫酸钠在摄影中被广泛使用，因为它可以溶解银盐。摄影依靠各种银盐在光下发生变化，当底片显影后，必须除去多余的银盐，以免再发生变化。因此，可采用硫代硫酸钠溶液确保底片对光不敏感或“固定”光线。

加热时，硫代硫酸钠在结晶水中熔化，无过量的无水盐，就像芒硝一样。在完全没有灰尘的情况下，硫代硫酸钠液体很容易过冷，会出现前面所述的实验现象。

如果在硫代硫酸盐溶液中加入盐酸或硫酸，硫很快就会分离，液体中有强烈的二氧化硫气味。这个化学反应过程与硫代硫酸盐的形成过程正好相反。游离的硫代硫酸不稳定，会立即分解成硫和二氧化硫。加入氢氧化钠使溶液呈碱性，并煮沸一小段时间，硫将再次溶解，形成硫代硫酸盐，硫代硫酸盐在中性或碱性溶液中比较稳定。

19.硫化氢

根据之前的实验，汞和铁等不同金属可与硫结合，且硫与金属发生反应的方式与氯几乎相同。结果表明，金属与氯的化合物是这些金属的盐，因为当盐酸与金属的氢氧化物发生反应时，会形成性质完全相同的化合物。盐酸与氢氧化物反应时，会同时形成水。

因此，预计硫也会与氢生成酸，与碱生成盐和水，且这些盐应与由金属和硫直接结合而成的盐完全相同。

事实上，研究人员已经对硫化氢进行了研究[①]。用盐酸处理硫化铁时产

① 这种物质为氢硫酸，但这个名称很少使用。

生的气体有臭鸡蛋气味。硫酸把Cl^-从氯化钠中排出，形成硫酸的钠盐——硫酸钠。同样，盐酸把S^{2-}从硫化铁中排出，生成氯化亚铁。亚铁表明铁可以与更多的氯结合，将在后续进行更详细的研究。

要写出相应的化学反应方程式，必须知道硫是二价的，可与两个化合量的氢结合，形成硫化氢，铁也是二价的，硫化亚铁由各一个化合量的二价硫和二价铁组成，分子式为FeS。类似地，氯化亚铁含有两个化合量的单价氯和一个化合量的铁，分子式为$FeCl_2$。盐酸与硫化铁的化学反应方程式如下：

$$FeS+2HCl=FeCl_2+H_2S$$

该反应在实验室中用于制备硫化氢，硫化氢经常用于测试某些金属。将铁和硫一起加热，可制备硫化亚铁。即使在温度很低的情况下，硫化亚铁也可以很快分解，因此可以用制备氢气的装置来制备硫化氢。

20.性质

硫化氢是一种无色气体，密度略大于空气，燃烧时发出蓝色火焰。在燃烧时，氢形成水，硫形成二氧化硫，反应方程式为：

$$2H_2S+3O_2=2H_2O+2SO_2$$

如果空气中的氧气不足，或者如果火焰稍微冷却，那么只有氢气会燃烧，未燃烧的硫会沉淀成黄色固体；如果燃烧的硫化氢火焰包围瓷盘，就可以看到固体。盘子上有水滴生成，同时还覆盖着一层黄色的硫。

如果硫化氢在常温下与空气或氧气保持接触，也会发生同样的情况。化学反应方程式为：

$$2H_2S+O_2=2H_2O+2S$$

这表明氧只是将硫从硫化氢中带走。这是氧气在低温下发生化学反应的情况之一，可以肯定的是，在这种情况下，反应速度非常缓慢。

但当硫化氢溶解于水且所得溶液与空气保持接触时，反应非常明显。硫化氢气体不像氯化氢那样易溶于水，事实上，在室温下，1体积的水中只能溶解大约3体积的气体。刚开始时的溶液为澄清溶液，但很快就会变得浑浊，因为分离出来的硫很细，且外观接近白色。如果溶液中可以通入足量的空气，很快所有的硫化氢都会被氧化。

通过石蕊试剂检测，发现硫化氢的水溶液为酸性，但其酸性比盐酸的酸性弱得多，因此将硫化氢归为弱酸。硫化氢形成的盐是金属硫化物，重金属的含硫化合物不溶于水，通常为黑色、红色、黄色等，并且经常用于检测可溶金属盐溶液中是否存在相应金属，硫化氢在化学实验室中的用途也是基于该性质，后续将结合不同的金属研究此类化学反应。

动物腐烂的过程中会形成硫化氢。鸡蛋中的蛋白富含硫，因此，在腐烂过程中，相对容易且快速地形成硫化氢。确切地说，不是硫化氢气体有臭鸡蛋气味，而是臭鸡蛋有硫化氢气味。硫化氢对人类和其他高等动物均有毒，即使含量相对较少，也可能造成中毒。清理污水池和含有腐烂有机物的类似场所时，经常发生硫化氢造成窒息的情况。此时最好的办法是人工呼吸，就像溺水一样。因此，处理硫化氢气体时必须保证良好的通风，且应持续通风，因为气味难闻。在中毒的情况下，嗅觉会变得迟钝，导致人无法在最危险的时候注意到气味。

如前所述，硫化氢形成的盐仅为金属的硫化物。这种盐统称为硫化物，或者，为了区分硫含量不同的两种化合物，称为高硫化物和低硫化物，也有称过硫化物和多硫化物的。一般来说，金属硫化物在组成上类似于氧化物，因为硫和氧一样，相对于金属呈二价。

但是也有一些例外，自然界中大量存在重金属的含硫化合物，并形成重要的矿石；在矿物学中，称其为黄铁矿、辉矿和闪锌矿。黄铁矿的外观很像金属；辉矿的金属光泽很差，在混合物中，几乎完全没有金属光泽。研究重金属时，会命名各种化合物。从化合物中回收金属的第一步通常是焙烧，硫燃烧生成二氧化硫，而金属通常会吸收氧气后变成氧化物，然后用木炭或其他形式的炭加热，可将氧化物还原成金属。早期允许将二氧化硫释放到空气中，但二氧化硫在空气中通常转化成硫酸。现在通常不允许将二氧化硫直接排放到空气中，部分原因是硫酸有使用价值，但主要是为了避免空气中的二氧化硫对植物造成伤害。

在实验室，从水溶液中制备的硫化物的外观与天然硫化物的外观差异很大，因为大多数硫化物都含有水，且不为结晶状态。重金属的硫化物不可溶，并且具有特有的颜色，因此可以用于检测相应金属是否存在。向各种盐溶液中加入硫化氢溶液，形成以下有色硫化物：硫化锌——白色，硫化镉——黄色，硫化锑——橙色，硫化铋、硫化铅和硫化铜——棕色到黑色。

碱土金属

1.钙

同钾和钠性质相似一样，钙和镁的性质也很相似，通过化合量即可得出这一结论。

Na：23.00g　Mg：24.32g

K：39.10g　Ca：40.09g

钙是一种灰白色金属，柔韧性非常好，在相当长的一段时间内人们对它知之甚少，直到后续研究发现可通过电解氯化钙大量制备纯钙。在空气中，尤其是潮湿的空气中，钙的表面很快会覆盖一层氧化物，最终钙会完全氧化。钙比镁更容易氧化，正如钾比钠更容易氧化一样。用水处理钙时，会自发生成氢气；用酸处理钙时，会发生剧烈反应并产生氢气；如果点燃钙，会燃烧并发出明亮的火焰。纯钙目前尚无工业用途。

2.石灰

煅烧天然石灰石可大量制备氧化钙（CaO），这一过程会将矿物暴露在高温下，后续将讨论详细的化学反应。氧化钙的商业名称为石灰或生石灰，纯氧化钙为白色，但由于原料中存在杂质，生石灰通常为灰色或黄色。

如果把水倒在生石灰上，刚开始反应很缓慢，但随着混合物逐渐变热，特别是加热实验槽时，很快，水开始与石灰反应并发出嘶嘶声，该反应通常需要更多的水。反应物会膨胀并产生大量气泡，如果加入的水量不足，会出现白色粉末，白色粉末的体积比氧化钙大得多，质量增加了约三分之一。

在该反应中，水是唯一的新物质，则反应必然是氧化钙和水的结合，并且质量关系的研究表明一个化合量的氧化钙（56.09g）与一个化合量的水（18.02g）结合。这种反应关系类似于氧化镁及氢氧化镁的关系，但氧化镁反应产生的热量要大得多。反应方程式为：

$$CaO+H_2O=Ca(OH)_2$$

几个世纪前，这一反应过程已经被用于生产中，即石灰熟化，将生石灰转变成熟石灰。制造砂浆时，需加入足量的水形成氢氧化物，还要制成糊状。

氢氧化钙是一种白色粉末，轻质，微溶于水，1L水可以溶解2g氢氧化钙。用石蕊试液检验，氢氧化钙溶液呈碱性，可以中和酸。大量的水与石灰混合并搅拌沉淀，可制成氢氧化钙。上层清液是氢氧化钙的饱和水溶液，称为石灰水，石灰水在医学和实验室中均有广泛的用途。

氢氧化钙遇强加热时会失去水分，转化为氧化钙。因此，氧化钙是氢氧化钙的酸酐。另一方面，可以认为氢氧化钙是氧化钙的水合物，只要化合物可吸收水，且加热后水可分离，则可称该化合物为水合物。所有含结晶水的化合物均可称为水合物，与水结合的反应称为水合作用。

氧化钙有很强的亲水性，因此可用作干燥剂。如果要保存容易被水蒸气损坏的物品，可以把这些物品放在一个封闭的空间里，再放入几块生石灰，生石灰吸收水分，确保保存物品的干燥。这种保存方法非常实用，因为生石灰价格低廉且干燥效果非常好，尽管反应速度很慢。但应注意，生石灰吸收水分后会膨胀，因此必须为其留出足够的空间。

氧化钙和氢氧化钙很容易溶解在盐酸中，且反应可释放热量，生成盐——氯化钙。氯化钙可与结晶水结合，但结晶水的数量会随温度发生变化（$1H_2O$~$6H_2O$），温度越高，结晶水的数量越少。在白热化阶段，氯化钙失去所有的水分，冷却后变硬成为晶体。为了达到干燥效果，最好不要使用熔融盐，仅使用脱水盐，可将晶体加热到略低于熔点的温度，得到海绵状脱水盐。这是由于海绵状的脱水盐暴露的表面积更大，吸收水蒸气的速度比熔融盐也要快得多。

3.石膏

硫酸钙（$CaSO_4$）是一种微溶于水的盐，在自然界中大量存在于含有两个水分子的晶体中，俗名石膏。石膏晶体与熔点更高的硫晶体属于同一个晶族，即它们均为单斜晶体，只有一个二元轴。这类晶体的特点是不易碎，非常柔软。石膏晶体通常呈一长串的平行线状，因此被称为纤维石膏或缎晶石。颗粒状更为明显的半透明石膏称为雪花石膏，雪花石膏足够柔软且易于加工，因此可用于制作小装饰品。如果将硫酸盐加入适当浓度的可溶性钙盐溶液中，会形成白色沉淀。在显微镜下，可以清楚地观察到石膏棱柱的单斜晶体结构，通常以双晶体或孪晶的形式生长，其中倾斜的端面连接形成一个凹角。

适度加热时，石膏会失去结晶水，变成一团白垩质的无水硫酸钙，称为熟石膏。如果用水搅拌，水很快就会与无水硫酸钙结合，产生的晶体以连贯的方式互相连接，这一特性已被用于制作石膏模型。举例来说，把硬币放在一张纸上，在硬币上稍微涂上油脂，以便随后去除石膏，然后在硬币上倒一层新鲜的熟石膏。根据石膏受热的程度，几分钟到半小时后，石膏开始变硬。石膏变得坚硬且干燥时，可以很容易地去除石膏，并且会出现非常精确的硬币压印。给这样制作出来的模型上油，再加入一些熟石膏，就可以得到精确的硬币仿制品。

凹模型称为基材或“母材”。对于复杂的零件，基材由许多部件组成，可以轻易地将它们取出，而不会损坏部件或铸件。这就是在大型铸件中会出现细微线条或凸出的原因，利用这些线条或凸出即可建立完整图形。

除了用于制作铸件外，熟石膏还用于包扎断骨、制作仿大理石以及其他类似用途。由于石膏会随着时间的推移而溶解，石膏不能用于潮湿环境中的物体，否则图案会开裂破碎。

河流和温泉附近经常有石膏沉淀，并且水中通常含有少量石膏。水中含有的钙和镁盐越多，水就越硬。硬水不适合锅炉使用，因为水蒸发后留下的盐会形成有害的锅炉水垢。在许多化学过程中，硫酸钙的存在会产生负面作用，例如在洗涤或烹饪中，因为它可能会引起不良的化学反应。

无水硫酸钙在自然界中也以硬石膏的形式存在（因为它是石膏的酸酐），并且一般在石膏失水的条件下才出现。硬石膏不像无水石膏那样直接与水结合，而是以斜方晶系的形式结晶，即它的晶体有三个相互垂直的二元对称轴。

4.钡和锶

钡和锶是性质上与钙类似的另外两种元素，化合量Sr=87.62g，Ba=137.37g。尽管这些金属在自然界中并不少见，但一般不将其与含量丰富的物质归为一类。

金属钡很像钙，尽管它的氧化过程更容易且更快。目前，钡尚无任何工业用途，在自然界中主要以硫酸盐（$BaSO_4$）和碳酸盐（$BaCO_3$）的形式存在。因$BaSO_4$的密度异常高（4.5g/cm^3），因而被称为重晶石[①]，并在斜方晶型中结晶，与硬石膏或无水硫酸钙同晶。硫酸钡几乎不溶于水和酸，硫酸或硫酸盐与可溶性钡盐接触时，会产成白色沉淀，前述章节中已利用这个反应来检测是否存在硫酸。硫酸钡也可用作白色颜料。

由于具有不溶性，故硫酸钡一般与大多数化学试剂均不发生反应。为了“分解”硫酸钡或将其转化为试剂更容易接触的形式，可以用碳加热，将其还原为硫化钡，氧以一氧化碳的形式脱离。硫化钡经酸处理后，很容易转化成相应的钡盐，并放出硫化氢。

$$BaS+2HCl=BaCl_2+H_2S$$

如形成氯化钡，则结晶成含有$2H_2O$的明亮易溶晶体。氯化钡溶液可用于检测是否存在硫酸盐，或者广义上说，可用于检测是否存在硫酸根离子。

在氯化钡溶液中加入浓硝酸，会产生沉淀，这可能会使人认为硝酸被硫酸污染了。事实上，沉淀的主要成分是生成的$Ba(NO_3)_2$，硝酸钡溶于水，难溶于硝酸。沉淀物与硫酸钡的不同之处在于其结晶更粗，中等放大倍数显示为等轴晶系。如果将溶液从晶体中倒出，用纯水代替，硝酸钡就溶于

① 矿物$BaSO_4$的另一个名称是重晶石。

溶液中，当然，硫酸盐不是这样。

在蒸汽中加热硫化钡，硫化氢逸出，形成氢氧化钡。

$$BaS+2H_2O=Ba(OH)_2+H_2S$$

氢氧化钡易溶于热水，冷却后以 $8H_2O$ 的形式结晶为大针状。它在冷水中的溶解度比氢氧化钙大得多，它的溶液为氢氧化钡水溶液，可用作强碱性试剂，如同苛性钠或苛性钾，但它的优点是不像苛性碱那样容易腐蚀玻璃。

锶的性质介于钡和钙之间。硫酸锶比硫酸钡易溶解，比硫酸钙难溶解，但氢氧化锶比氢氧化钡稍难溶解，比氢氧化钙易溶解。锶在自然界中以硫酸锶的形式存在，并且同硫酸钡一样，以斜方晶系结晶。锶矿称为天青石。

锶的化合物在燃烧时火焰呈红色，因此可用于制作烟花。部分糖厂用氢氧化锶从残渣中分离糖，相关的化学反应见后续章节。

5.原子量规律

元素镁、钙、钡和锶称为碱土金属，一方面是因为其强碱性类似于碱；另一方面，它们在地壳的形成中起着重要作用，尤其是镁和钙。

碱土金属的性质随着原子量的增加而逐渐变化。碱土金属氢氧化物的溶解度随着原子量的增加而增大，但硫酸盐的溶解度随着原子量的增加反而降低。游离元素对氧的亲和力也随着原子量的增加而增加，镁可以保存在普通空气中，但钙必须保存在干燥的空气中，锶和钡在空气中很容易氧化，只能在真空中保存。

碱土金属的化合量与卤素和碱金属的化合量很相近，如下所示：

F=19.0g　　Cl=35.46g　　Br=79.92g　　I=126.92g

Na=23.0g　　K=39.10g　　Rb=85.45g　　Cs=132.81g

Mg=24.32g　　Ca=40.09g　　Sr=87.63g　　Ba=137.37g

另外两种金属［Rb（铷）、Cs（铯）］属于碱金属系列，但由于其为稀有金属，前面的章节未做介绍。可以肯定的是，不同族的化学元素的原子量差异并不完全相同，也不存在简单的关系，而且元素周期表的一般排列规律是明确的，每一组元素（F、Na、Mg，Cl、K、Ca等）的原子量很接近。

这些规律是处理所有元素化合量的一般规律。这一规律在本章节中暂不解释，只有考虑所有元素及其化合物的性质时才可以体现这一规律。

INTRODUCTION TO CHEMISTRY

第八章

氮及其相关物质

氮及其氧化物

1.氮气

通过之前的学习，我们已经知道，氮气是大气的成分之一，它约占空气体积的79%，并在很大程度上决定了空气的物理性质。但氮气对空气的化学性质几乎没有影响，因为只有在非常特殊的条件下，氮才会形成化合物。

为了从空气中制备氮气，必须除去空气中的氧气、水蒸气和二氧化碳等。水蒸气和二氧化碳可以由氢氧化钠吸收，而氧气可以通过让某些元素与之结合消除，尤其是氧化物不易挥发的物质，最适合用在这里。人们已经发现，铜屑非常适合，因为加热到400~500℃时，它会迅速且完全吸收氧气。在进行实验时，布置好仪器，使空气经过氢氧化钠，然后经过加热的铜，最后收集氮气。收集的氮气中含有大约百分之一的氩气，这种气体不能发生化学反应，它比氮气密度大，因此由空气制成的氮气密度其实比纯氮气密度大，但氩气是一种惰性气体，因此不会影响氮气的化学性质，分离氮气和氩气的方法在此不做讨论。

由于目前已实现工业规模的空气液化，所以大量的氮气要么通过液态的空气分馏，要么通过空气的分馏液化，然后进行相应的组分分离来获得。具体操作与蒸馏分离酒精和水的操作完全一样，只是空气分馏的温度要低

200℃左右。对于人工合成氮化物来说，大气中的氮气非常重要。

氮气比氧气更难液化，在标准大气压下，氮气会在-196℃时沸腾，在液态时颜色变浅。氮气在水中的溶解度比氧气小，因此在与空气接触的水中，氧气含量比氮气高。

2.氮化物

虽然游离氮很难与其他元素结合，但一旦发生化学结合，就会形成大量化合物，而且这些不同的氮化物很容易相互转化。因此，尽管游离氮没有商业价值，因为可以从空气中获得大量的氮，但结合氮相对昂贵，因为把游离氮转变成结合氮需要大量的人力、物力。因此与游离氮相比，这种价格差异完全是由于结合氮所需的人力、物力导致的。

结合氮存在于所有的植物和动物体中，是极其重要的蛋白质类的组成部分，所有生命都与蛋白质的存在和转化有关。由于大部分植物不能从空气中吸收必需的氮，所以必须以结合氮的形式向植物提供足够的氮作为养分。农田和花园的肥沃程度很大程度上取决于以肥料添加的结合氮的总量。植物生长也需要其他元素，尤其是磷和钾。按照所需的比例，氮是三者中最贵的，因此科学农业的发展，在很大程度上依赖于生产的廉价氮化物。

含氮的有机化合物燃烧时会发出臭味，因此很容易就可以识别出来，从燃烧的头发、羊毛、肉和牛奶的味道中就可以判断出氮的存在。

3.硝酸

硝酸是最重要的氮化物之一，硝酸的钠盐大量存在于智利的无雨高原，因此又被称为智利硝石。当今工业中使用的所有硝酸几乎都来自智利硝石，智利硝石也是农业中最重要的氮肥，它的学名是硝酸钠。

制备硝酸的方法与制备盐酸的方法相同，硝酸盐和硫酸一起蒸馏，形成硫酸钠和硝酸。因为硝酸比硫酸更易挥发，所以可以通过蒸馏来分离。

制备方法是将一些硝酸钠放入管状蒸馏瓶中，将蒸馏瓶与一个冷烧瓶连接。由于硝酸对所有有机物质都具有非常强烈的腐蚀性，所以不能使用橡胶和软木塞，只让硝酸接触玻璃。适度加热后溶液开始蒸馏，硝酸在86℃时沸腾。硝酸本身是无色的，但是蒸馏瓶和烧瓶中很快就充满了红棕色的烟雾。这是因为纯硝酸是一种非常不稳定的物质，它很容易释放出氧气，变成红棕色的化合物。出于同样的原因，馏出物或多或少呈现黄色，特别是强光会分解硝酸，导致其黄红色加深。

硝酸在空气中冒烟时，加入少量水后会放出大量的热，原因与盐酸相同。在所有硝酸水溶液中，68%的硝酸水溶液具有最高的沸点和最低的蒸气压。这种硝酸是由强酸的蒸气和空气中的水分结合而成的，并以雾状沉淀下来。这种硝酸溶液在120℃时沸腾，最后蒸馏出更强或更弱的酸。

如果往一大杯水中滴入一滴硝酸，会得到一种溶液，这种溶液有酸味，并且会立刻使石蕊试纸变红。因此，这是一种强酸，或者说是最强的酸之一。除了具有与盐酸、硫酸和其他强酸共有的酸性之外，硝酸还具有其他特性，这取决于硝酸释放出氧气的容易程度，即硝酸可以作为强氧化剂。例如，将灼热的煤块浸泡在浓硝酸中，结果就像将煤块置于纯氧中一样剧烈发光。同时，硝酸的还原产物是一种具有刺激性气味的红色蒸气。

由于这种氧化作用，某些与其他酸不反应的金属可以溶解在硝酸中。

汞、铅和银一般不能与酸反应生成氢气。如果用盐酸或硫酸处理这类金属，金属没有任何变化，但如果用稀硝酸处理上述金属，金属会溶解，并立即释放出气体，但释放出的气体不是氢气，而是一种低价氮氧化物。这种棕色气体不能燃烧，而且具有强烈的刺激性气味，很显然，这是一种新物质。

当然，这个反应中的金属也置换了硝酸中的氢，但氢气并没有释放出来，而是被硝酸氧化成水[①]。

因此，硝酸可用作金属的溶剂和蚀刻剂。例如，可用下述方法制作蚀刻板：将一种不受硝酸侵蚀的物质覆盖在板面上，用针画出所需的图形，然后用硝酸蚀刻表面，只要使金属暴露出来，金属就会被酸侵蚀，从而形成线条；然后对整个画板的表面进行清洁和抛光，印刷色会磨入凹陷中，将印版压在柔软的“铜版纸”上即可制作一幅铜版画，这种工艺在技术上被称为“蚀刻”。

硝酸在一定程度上作为氧化剂可与有机物发生反应，但也可形成特有的有机化合物。硝酸接触皮肤时，手指上形成的黄色斑点是由于这些化合物大多数是黄色的。

4.硝酸盐

硝酸的成分是HNO_3，因此是一元酸。NO_3^-称为硝酸根离子，硝酸盐的分子式为MNO_3，其中M代表一价金属。二价金属的硝酸盐中含有两个硝酸根，因此分子式为$M(NO_3)_2$，硝酸钠的分子式为$NaNO_3$，硝酸钙的分子式为$Ca(NO_3)_2$。

① 许多化学家解释这一反应时会假设硝酸首先将金属氧化成氧化物，然后溶解氧化物形成硝酸盐。

最重要的硝酸盐是硝酸钠，或之前提到的智利硝石，硝酸盐晶体是具有三元对称轴的大菱形。如果这种菱面体保持短轴垂直，图形每旋转120° 后就会重合。晶体中出现的所有二次结晶面也显示出三重对称性，以三元对称轴为特征的晶系称为斜方晶系。图67是从对称轴方向观察的。图中形态与立方体的形态一样（图59），因为在这两种情况下都有三元对称轴。但在菱面体中只有一个三元对称轴，而在立方体中有四个相等的三元对称轴。沿着立方体的一个轴将立方体拉伸或压缩即可制成菱面体。

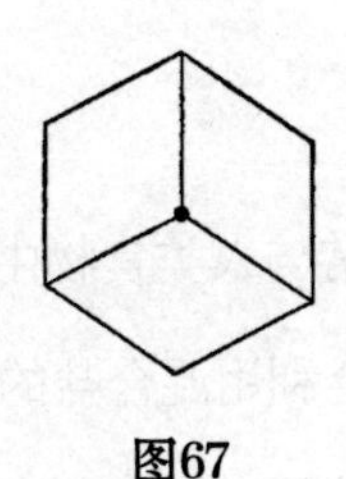

图67

硝酸钾也是一种重要的硝酸盐，在古代被称为硝石，含氮的动物排泄物在空气的氧化作用下以及随后与木材和其他植物灰烬中的钾盐结合而形成硝石。因此，人类文化开始时就已经满足硝石的形成条件，那时植物灰烬和动物粪便靠近住所堆积。由于硝石容易结晶，因此即使最早形成的硝石也是相当纯净的。硝石的主要作用是制造火药，将可燃物质（硫和碳）与富氧物质（硝石）混合，以在有限的空间内发生强烈的化学反应。点燃这种混合物，会形成大量的气体，在高温下会产生高压，弹药作为阻力最小的物体经高压从火药筒中射出。这个过程是将化学能转化为机械能（动能）。火药爆炸的原理是其内部的化学成分进行剧烈的燃烧反应，极短的时间内释放出大量气体，从而导致爆炸，并不需要接触外部的氧气。这也是火药和蒸汽机的根本区别。火药制作的机械部分很容易实现，只需要一个具有足够大阻力的圆柱筒。然而，火药是昂贵的，因为硝石（KNO_3）中包含的氧并不像空气中的氧那么便宜。

在爆燃式发动机中，可燃气体或蒸气的混合物与汽缸中的空气一起燃烧，在蒸汽机和汽缸之间形成一个密闭空间，在大气中氧气的作用下，爆炸混合物在这个密闭空间里燃烧。这种发动机运转可靠，价格低廉，主要用于汽车、飞艇和汽艇。

5.结晶分离

用上述方法得到的硝石通常与人类食物中的食盐混合，并随人体的排泄原样排出。最早的时候，人们会利用混合盐的不同溶解度来分离混合盐。

硝酸钾和硝酸盐的溶解度曲线（图28）表明，在低温条件下，食盐比硝石更易溶解，而在高温条件下，情况正好相反。这是因为食盐的溶解度随温度变化不大，而硝石的溶解度随温度的升高迅速上升。

滤出富含硝石的土壤后（利用逆流原理），将足量的水蒸发，这样就可以从热溶液中获得溶解度较小的固体食盐。该过程可以持续进行，实验中除去结晶盐，直到溶液最终达到硝石饱和。然后将含少量食盐的溶液冷却，即可分离出硝石，因为冷却时食盐的溶解度几乎不会降低。将冷却时形成的硝石（纯度相当高）从母液中分离出来，然后对母液进行加热，进一步蒸发，母液中的食盐含量仍然比硝石含量高，但是可以重复上述过程继续分离这两种成分。

将部分提纯的硝石再次溶解在热水中，冷却后再次结晶，食盐会留在母液中。将母液加入粗液中并随其一起蒸发，以这种方式，在任何给定的情况下，可以继续提纯到所需程度。

实际上，硝酸盐晶体中不含氯化钠，因为氯化钠是独立结晶的，但晶体上仍然沾有含氯化钠的母液。为了在不溶解盐的情况下除去氯化钠，应使用温度尽可能低的水或者纯硝酸，这样可以洗去氯化钠，让液体中很少或没有硝石溶解。但是由于母液的一部分机械地保留在晶体中，且用洗涤液无法洗去这部分母液，因此为了完全纯化，必须进行再结晶。如果想阻止晶体生长，可以减少对母液的搅拌。蒸发过程中搅拌会形成小晶体，但如果形成的粉末太细，潮湿表面会增大。在这一技术过程中，就像在所有其他过程中一样，有必要在两个极端之间进行选择，即选取一个中间方案，以最快的速度和最好的效果实现分离。技术化学的进步推动了这些工艺过程的发现和完善，为了找到最好的方法，必须遵守基本定律，即最优的工艺花费和最少的工作费用，且在这些工作中，要尽可能减少差异（温度、浓度或压力等）。逆流原理就是基本定律的一个例子。另一方面，因为这些差异越小，反应通常进行得越慢，所以应该确定一个平均值，并且所选的差异不大于保持反应进行所需的差异。

分离混合物（如等量的食盐和硝石）是了解这种过程详情的最优途径。

6.硝酸盐的鉴定

可以用常见的成盐方法制备硝酸盐。最常用的方法是让游离酸与金属氧化物或氢氧化物发生反应，所有标准硝酸盐均溶于水，而大多数其他酸则会形成某种不溶性盐。由于这个原因，无法用沉淀反应来鉴定硝酸盐的存在，就像硫酸钡的形成表明硫酸盐的存在一样。但硝酸盐很容易被识别，因为它们的含氧量很高，当把硝酸盐倒在带火星的炭上，会突然发出耀眼的闪光。这种性质不是硝酸盐特有的，其他富氧物质如氯酸钾也具有该特性。用硫酸和铜屑处理盐时，棕色烟雾的形成是硝酸盐形成的准确标志，硫酸分解硝酸盐，形成硝酸，硝酸反过来与铜发生反应。

通过下面的实验，我们可以以剧烈的反应来显示硝酸盐中的化合氧进行的燃烧。将少量硝石放入圆底小烧瓶中，在强力燃烧器上加热，直到产生气泡，说明硝石开始分解。然后放入一块豌豆大小的硫，硫立即被点燃，燃烧时发出耀眼的白色火焰。很快在烧瓶中就可以看到红色蒸气，这是由于硫酸的形成以及相应的部分硝酸被还原。

7.一氧化氮和二氧化氮

硝酸作为氧化剂时形成的棕色蒸气是由不同的氮氧化物组成的，我们将研究其中一些重要的氧化物。用硝酸（比重为1.3）处理铜屑时，会释放出红棕色烟雾，在水面上收集这些烟雾时变为无色气体，无法与空气区分。这种气体是一氧化氮，是由硝酸产生的，化学反应方程式如下：

$$4HNO_3=2H_2O+3O_2+4NO$$

应注意，在该反应中，氧气没有被释放出来，而是与其他元素结合。例如，硝酸与铜反应时，氧与硝酸中的氢结合，这种特殊情况的反应方程式如下：

$$3Cu+8HNO_3=3Cu(NO_3)_2+4H_2O+2NO$$

为了使这个方程式更加直观，应该注意铜Cu^{2+}是二价的，因此与两个化合量的硝酸根离子结合。

一氧化氮（NO）是一种既不显示酸性也不显示碱性的气体，仅微溶于水，物理性质类似于氮气。一氧化氮很容易与氧气发生反应，将氧气缓慢地通入水面上的一氧化氮中，首先会形成红棕色的云状物，但摇动后红棕色消失，即使同时加入更多的氧气，气体的体积也会减小。缓慢地通入更多的氧气，几乎所有的气体都可以消失，剩下部分气体是由于氧气和一氧化氮中存在少量的气体杂质。如果在没有水的情况下进行同样的实验，就像在空气中打开一个一氧化氮的量筒一样，也会立刻形成类似的棕色云状物，但不会消失。

一氧化氮和氧气的结合生成了一种新气体，这种气体呈棕红色，易溶于水。这种气体称为二氧化氮，含氧量是一氧化氮的两倍。在水溶液中发现硝酸，如果加入足量的氧气，所有的一氧化氮都可以转化成硝酸。与前面所示的化学反应的方向相反，方程式右边的物质消失了，形成了左边的物质。但有一个重要的区别，即在这种情况下，加入的是游离态的氧；而在前一种情况下，氧是化合态。

这些反应具有重要的意义，因为现今将游离氮转变成结合氮的方法就以此为依据。如果通过空气放电，就会产生大量的热量，使得氧气和氮气结合。这种反应，如前面所述，需要相当大的能量消耗，而这种能量是由放电提供的。先生成的一氧化氮会吸收更多的氧气生成二氧化氮，如果气体混合物中仍然含有大量的游离氧（因为一氧化氮仅用了少量的氧气），在大型冷凝塔中用水处理，就会变成硝酸。因为智利硝石的供应比较有限，无法长期满足实际的需求，所以硝酸的独立生产是很重要的。用这种方法制备硝酸的成本很高，使氮结合所需的电能也越来越贵。因此，如果能够定期利用存在于煤、其他有机沉积物以及城市垃圾中的大量结合氮，将产生更大的经济效益，如今已经在有限的范围内实施该方案。

二氧化氮是一种气体，它的颜色会随温度变化而发生显著变化。如果密封在玻璃管中，二氧化氮在常温下颜色比较浅，但经过适度加热后颜色会变深。准备两根一样的试管，加热其中一根，而另一根保持低温，就能很好地看出颜色差异。加热硝酸铅是最简单的二氧化氮制备方法。反应得到二氧化氮和氧气的混合物，具体方程式如下：

$$2Pb(NO_3)_2=2PbO+4NO_2+O_2$$

二氧化氮可以通过适度冷却而液化，因此可与氧气分离，但对于上述实验来说，没有必要分离这两种气体。

8.亚硝酸

水与二氧化氮反应时，由于大气中氧气的持续作用最终形成硝酸。但二氧化氮与水的第一步反应并非如此，反应方程式如下：

$$2NO_2+H_2O=HNO_3+HNO_2$$

除了硝酸之外，还形成了另一种少含一个氧原子的酸，这种酸称为亚硝酸，它的盐是亚硝酸盐。目前还没有发现这种酸的游离态，因为即使在水溶液中，它也会部分分解，产生一氧化氮。但是它确实可以形成盐，其中一些在工业中具有重要的意义。

用还原剂处理硝酸钠很容易得到亚硝酸盐，硝酸盐失去一个氧原子，然后变成了相应的亚硝酸盐。但是这种还原剂必须保证不会去除过多的氧，经验证，人们发现金属铅最适合这种用途。之前的工业中大量制造亚硝酸钾，它是一种黄色的易溶物质，通常以棒状形式出售，但如今，基本上已经被价格较为低廉的亚硝酸钠取代。亚硝酸钠和亚硝酸钾均易溶于水，与硝酸盐不同的是，当用稀硫酸处理时，亚硝酸盐会立即产生棕色烟雾，而硝酸盐中需要加入还原剂。

亚硝酸盐的工业用途是在有机化学领域，从煤焦油产品中提炼人造染料需要亚硝酸盐。

9.氮氧化物在硫酸制造中的应用

在利用二氧化硫生产硫酸的过程中，氮氧化物的相互转化发挥了重要作用。如上所述，铂和其他物质可以加速二氧化物形成三氧化物，还有另一种氧化形式，就是氮氧化物的氧化。

最初的硫酸制法是将硫酸水溶液暴露，让其与大气中的氧发生反应，但这一过程非常缓慢。后来人们尝试从硝石中获得氧，或者在一个封闭的含水空间中燃烧硫黄和硝石的混合物来加速这一过程。经验证，非常少量的硝石就足以生产大量的硫酸。但硝酸盐中的氧含量太少，无法完全氧化，所以问题是在这个过程中到底发生了什么。

下面的实验给出了答案。在一个稍微加热过的潮湿大烧瓶中燃烧一些硫黄，然后将一根在浓硝酸中浸过的玻璃棒放入烧瓶中。烧瓶中立即形成褐色烟雾，说明硝酸已被还原，一部分二氧化硫被氧化。如果让烧瓶静置一段时间，棕色蒸气将扩散到整个烧瓶中，最后用氯化钡溶液测试液体，形成了致密的白色沉淀物，说明烧瓶中形成了大量的硫酸。在这种情况下，少量的硝酸也可以通过以下方式形成大量的硫酸。

根据前面给出的化学方程式，亚硫酸（或二氧化硫和水的混合物）首先将硝酸还原成一氧化氮，一氧化氮立即从烧瓶中的空气中吸收氧气，转化为二氧化氮。这个过程氧化了另外一部分的亚硫酸，从而将二氧化氮还原成一氧化氮，还原得到的一氧化氮又吸收了游离氧，并再次发生氧化。这样，氧化和还原交替进行，空气中的氧气与亚硫酸结合，亚硫酸因此变成硫酸，由于一氧化氮并没有被消耗完，而是可以反复恢复到原来的状态，所以一定量的一氧化氮可以将任何所需量的亚硫酸转化为硫酸[①]。

那么有人会问，为什么必须要用这种间接方式，通过氮的氧化物来制备硫酸？答案是，就发生的化学反应的数量而言，这种方法确实很烦琐，但所需时间并不长。这一过程比用大气中的游离氧直接氧化亚硫酸要快得多，因此应用非常广泛。也有人提出另一个问题，为什么这种与氮氧化物的反应进行得更快？到目前为止，科学上还无法回答这个问题，科学上现在只发现了事实，但未探索出原因，我们也将在后续学习这些内容。

从工业上来说，这种反应的规模非常大，因为迄今为止大部分工业用的硫酸都是以这种方式生产的。二氧化硫起初是用硫燃烧制备的，但现在很少使用游离硫，大部分已经被硫化物所取代，主要是黄铁矿。有时也通过焙烧其他硫化物矿石来制备二氧化硫，含过量氧气的热气体首先通入塔（格洛弗塔）中，让含氮氧化物的稀硫酸通过塔流出。以这种方式将气体冷却，并在水蒸气中达到饱和，同时将塔中的硫酸浓缩并除去其中的氮氧化物。然后，将这些气体通入由铅板制成的铅室中，并加入足量的氮氧化物（以硝酸的

① 这个简单的解释并不完全对应于硫酸工业生产中发生的反应，但所涉及的原理是相同的。

形式），以加快氧化。将水以细雾的形式喷入铅室中，只有存在足量的水，氧化才能完全发生，并得到浓度约为60%的酸，即“铅室酸”。逸出的气体中仍然含有可用的氮氧化物，因此将其通入第二个塔（盖–吕萨克塔），在这个塔中，用浓硫酸吸收逸出的气体。这种方法可以非常彻底地去除氮氧化物，因此除了氮气，几乎没有其他气体会逸出到空气中。盖–吕萨克塔中的酸中所含的氮氧化物达到饱和状态，称为硝酸类，然后与铅室酸一起回流到第一个塔中。

在该过程中，尽可能小心地使所有的氮氧化物在循环中恢复到原来的状态，但总有一部分会损失掉，一部分会被还原成无法参加反应的氮气，还有一部分为机械损失。硫酸经常被直接使用，特别是当硫酸厂只提供用于其他操作的粗酸时。如果要运输的话，就要尽可能将酸浓缩，以减轻质量。出于该目的，推荐使用铅盘，因为在硫酸的浓度未达到78%时，铅盘不会受到严重侵蚀。在铂蒸馏瓶中进行进一步浓缩，几乎是纯水蒸馏，直到硫酸中几乎无水，用这种方法不能完全去除其中的水，总会有1.5%的水残留。这种浓度的硫酸溶液无法继续蒸馏，因此需要通过蒸发达到浓度的极限，工业用酸中通常含有更多的水。

卤素氧化物

1.次氯酸盐

除了卤素与金属直接结合形成盐类之外，还有一系列与硝酸等含氧酸有关的盐类。这些盐中有一些是非常重要的，所以这里将这一族与氮氧化物联系起来学习。

如果将氯气通入苛性钾溶液中，或者让氯气与其他碱发生反应，就会形成一种化合物，碱溶液将氯气吸收，因而闻不到氯的气味。现在使溶液结晶，氯化钾会分离出来，不易结晶的盐留在母液中，这种盐的成分是KClO，反应方程式为：

$$2KOH+Cl_2=KCl+KClO+H_2O$$

因此，除了氯化钾之外，还生成了一种新的一元酸盐，这种一元酸的符号为HClO，称为次氯酸。这种盐是次氯酸盐，ClO^-是一价次氯酸根离子。

用另一种碱代替氢氧化钾时，也发生了完全相同的反应，因为很明显，盐中的符号K可以用任何其他金属的符号代替，而不改变化学过程的性质，而只需改变比例，使之与高价金属的化合量相对应。

因此可以用石灰进行大规模的反应，反应方程式为：

$$2Ca(OH)_2+2Cl_2=CaCl_2+Ca(ClO)_2+2H_2O$$

通过这种反应形成的氯化钙和次氯酸钙的混合物称为氯化石灰，将氯气通入熟石灰中即可制成，注意将熟石灰分散在地板上，以最大限度地吸收氯气。用这种方法可以得到干燥的白色粉末，由于氯化钙的存在，粉末在空气中很快变得潮湿，并有强烈的氯的气味。这是由于一种物质与酸反应，发生分解，释放出的氯与最初用来制备氯化石灰的氯一样多。与硫酸反应的化学方程式为：

$$CaCl_2+Ca(ClO)_2+2H_2SO_4=2CaSO_4+2H_2O+2Cl_2$$

在该反应中，首先形成盐酸和次氯酸，然后这二者反应形成水并释放出氯。

$$HCl+HOCl=H_2O+Cl_2$$

即使非常弱的酸也能引起这种反应，尽管只释放出非常少量的盐酸，但足以引起第二次反应，当第一次释放出的盐酸用完时，会形成第二部分弱酸。这就是氯化石灰暴露在含有酸的空气中有氯的气味的原因。

氯化石灰是次氯酸盐中最重要的一类，在某种程度上，将氯导入烧碱或碳酸钾中制成溶液，这一方法可用于所有需要游离氯的过程，当然主要是用于漂白，但也用于消毒、氧化等。

例如，在漂白中，用氯化石灰的稀溶液处理织物或原料，然后通过稀硫酸释放出氯。由于游离氯易溶于溶液中，因此必须格外小心地将其去除。可以通过洗涤或用亚硫酸钠或硫代硫酸盐的处理方法来去除氯气，这两种方法都可以消耗掉过量的氯气并被氯氧化，根据在这种反应中的作用，这种盐通常被称为脱氯剂。

显然，在化学意义上，先使氯与石灰结合，然后用酸处理，将游离氯释放出来，似乎没有得到任何产物，因为在酸处理中释放出来的氯的量等于前一个反应所需要的氯的量。其优势完全在于工业处理，因为氯化石灰可以用木桶运输，没有氯的刺鼻气味，而且氯可以在恰当的时间按所需的量释放出来。如果存在游离氯，则无法实现这种运输，所以将氯与石灰结合在一起，确保更容易处理。将氯结合成次氯酸盐的优点是，可以采用最弱的酸将氯释放出来。

纯净的次氯酸盐几乎不存在，因为次氯酸盐非常易溶并且结晶不良，很不稳定，静置时会失去其中的氧。氯化石灰也会失去了它的氯，漂白和消毒效果会越来越差。

2.氯酸盐

除次氯酸盐外，还有在稍微不同的条件下形成的其他卤素氧化物。如果在实验中使用浓苛性钾，将氯气通入热溶液中，直到溶液不再吸收氯气，冷却时盐会结晶，然后通过过滤、干燥和从热水中重结晶可以制备非常纯的盐。这种盐在热水中的溶解度比在冷水中大得多，如果在沸腾温度下用足够的水溶解这种盐，冷却后可分离出大部分盐，母液中包含所有的杂质，其实只有很小比例的盐。

前面我们已经学习过很多这种盐，它就是用来制氧的氯酸钾。其形成的化学反应方程式如下：

$$6KOH+3Cl_2=5KCl+KClO_3+3H_2O$$

在该反应中，氢氧化钾和氯的化合量与形成次氯酸盐的反应的化合量完全相同，但是在上述情况下，只有一个氧原子与氯结合，而在该反应中结合了三个氧原子。相应的酸为$HClO_3$，被称为氯酸。它的分子式和其他性质与硝酸非常相似。上面给出了形成氯酸盐而不是次氯酸盐的条件，即需要更高的浓度和更高的温度，最重要的是要通入过量的氯。也就是说，在形成次氯酸盐的反应结束时才发生该反应。氯酸钾比次氯酸钾更难失氧，因为我们已经知道干燥的氯酸钾必须加热到熔点以上。氯酸钾水溶液沸腾时，不会发生分解。也就是说，随着氧含量的增加，氯的氧化物的稳定性也会增强。后续我们还会学习关于这一事实的另一个例子。

工业上大规模制备氯酸钾，是通过电解产生所需的氯，先不收集氯气，而是先让氯气与形成氯的溶液中所含的氢氧化钾反应。

氯酸钾的价值取决于它的含氧量，它在染坊和其他工业中被当作氧化剂。浓盐酸释放出氯，其本身呈黄色。稀酸对氯酸钾没有影响。

由于可溶性钠盐的制备过程更简单，因此已经大量取代了氯酸钾。氯酸盐在无水条件下结晶，形成等轴晶体。其他氯酸盐暂时不予研究。所有的氯酸盐在加热时都会分解成氯化物，并且会失去氧，且所有的氯酸盐都溶于水。

可以通过将足量的硫酸加入氯化钡溶液中来制备游离氯酸溶液，溶液中的钡完全转变成了硫酸钡。2L含有98.09g酸的标准硫酸溶液最适用于该实验。氯酸钡$Ba(ClO_3)_2$的分子量为304.29，因此根据化学方程式，2L标准硫酸溶液可分解304.29g氯酸钡。

$$Ba(C1O_3)_2+H_2SO_4=2HClO_3+BaSO_4$$

取适量的盐（例如30.429g），用所需量（在这种情况下为200mL）的标准硫酸溶液处理，将盐磨成细粉，酸倒在盐上。摇晃容器加速分解，一段时间后，得到一种含有硫酸钡（白色不溶性粉末）的氯酸溶液。从反应结果中倒出的液体是透明的，但很快就开始有氯的味道，因为游离氯酸非常不稳定，会自发分解成氯、氧和高氯酸。氯酸是一种强酸，类似于硝酸。

这种通过硫酸沉淀钡盐来制备游离酸的方法，适用于不能通过蒸馏或结晶从形成的盐中分离出来的游离酸。氯酸在沸腾时会立即分解，因此只能在低温下制备。氯酸的制备方法适用于所有可溶于水的不挥发性酸。可以使用其他碱，这些碱会与强酸反应形成不溶性盐，让这种方法更通用。例如，银盐经盐酸处理可制得相应的酸，因为氯化银是不溶于水的。

3.高氯酸盐

如果小心地加热氯酸钾，直到开始释放氧气，并在此温度下保持一段时间（0.5小时至1小时），一种固体物质会很快从熔融盐中分离出来，整个物质几乎变成固体。如果将熔融物冷却，磨成粉末，用冷水溶解过滤，会得到一种盐，它在冷水中微溶，并且可以通过在热水中溶化再进行加热蒸发来提纯，冷却后形成结晶，它的成分是$KClO_4$，叫作高氯酸钾。高氯酸钾是由氯酸钾分解形成的，化学方程式为$4KClO_3=3KClO_4+KCl$，但是如果氯酸钾未分解成氯化钾和氧气，该反应就不会发生。用硫酸蒸馏高氯酸钾，得到相应的高氯酸，它的符号是$HClO_4$。高氯酸比氯酸的稳定性好，可溶于少量水中，外观与浓硫酸类似。

由于高氯酸钾的微溶性（室温下溶解度为1：60），游离酸或易溶的高氯酸钠可用于沉淀和鉴定高氯酸钾，但是高氯酸钾的溶解度仍然太大而无法确保足够的灵敏度。高氯酸化合物实际上没有任何工业用途[1]。应注意的是，高氯酸钠存在于智利硝石中，它是一种不良成分，因为它对生长的植物有害。

4.溴氧化物

溴形成的氧化物类似于相应的氯化物，但它们的用途并不广泛。可用冷溴化物和次溴酸盐处理碱，次溴酸盐的组成与次氯酸盐类似，多呈黄色，会像次氯酸盐一样结晶不良。溴溶于氢氧化钠的黄色溶液通常被用作氧化剂。将8g氢氧化钠溶解在100mL水中，加入2mL溴，并摇晃溶解。溴与溶液发生反应，化学方程式为$2NaOH+Br_2=NaBr+NaBrO+H_2O$，该溶液中包含次溴酸盐和溴化物。溴化物的性质与相应的氯化物完全一样。

溴还能形成溴酸和相应的溴酸盐（类似于氯酸盐）。向浓氢氧化钾溶液中加入略微过量的溴，溴会随着强烈的放热而溶解，冷却时，微溶的溴酸钾$KBrO_3$很快从溶液中分离出来。这个实验比类似的氯实验更容易进行，因为液态溴的反应速度比气态氯要快得多。目前尚未制备出高溴酸盐。

5.碘氧化物

碘溶解在稀碱中时，除了碘化物之外，还会形成次碘酸盐，但次碘酸盐很快又会变成碘酸盐。也可以用浓硝酸将碘氧化来制备游离碘酸。在纯态下，碘酸是一种固态晶体物质，比其他卤氧化物稳定得多，只有加热时才能分解成碘和氧。碘酸盐比相应的氯酸盐更难溶解，碘酸钡为难溶物质。

---

① 近期有人研究将高氯酸化合物用于制造炸药。

碘氧化物还包括高碘酸，高碘酸是晶体，但其组成为$HIO_4 \cdot 2H_2O$或H_5IO_6。高碘酸可以形成多种盐，可通过强氧化剂与碘酸盐发生反应来制备。

氟氧化物比较少见。

氨

1.氨气

氮气与氢气可形成非常重要的化合物氨（NH_3）。这种气态物质一般作为水溶液使用，称为氨水，主要用于家庭日常生活和医疗。氨水的特点是有催泪的气味，这是因为加热氨水时很容易得到氨气。加入几片氢氧化钠，则无需加热即可释放出氨气，以便收集和研究它的性质。

氨气是一种无色气体，能在水中自由溶解，因此必须通过汞收集。如果氨气与少量的水接触，则很快就会溶解，和用HCl气体进行的实验一样。但与盐酸水溶液不同的是，加热氨水溶液时，所有的氨气都会逸出。氨水的沸点低于100℃，氨水中的氨气达到饱和时氨水就会沸腾，随着气体的逸出，沸点慢慢升至100℃，即纯水的沸点。这是因为氨气与水的结合没有水与氯化氢的结合稳定。

氮气和氢气无法自然形成氨，如果在一体积氮气和三体积氢气的混合物中通以电火花，就会形成少量的氨。这种反应很快就会停止，因为放电会分解生成的氨。但是如果实验是在硫酸中进行的，那么这个反应几乎可以进行到底，因为氨气形成后不受电火花的影响；相反，如果电火花穿过氨气，氨气几乎完全分解，气体体积会增加一倍。因此，三体积的氢气和一体积的氮气结合形成两体积的氨气。

在碱性溶液中用溴将氨氧化，即可观察氨与氮气的体积关系。用试管在汞中收集一些氨气，然后用弯曲的移液管（图68）加入少量水，观察水吸收氨气的情况。接下来以完全相同的方式加入碱性溴溶液，溶液中大量发泡，生成氮气，气体的体积是之前的一半。加入足量的碱性溴溶液，直至颜色不再发生变化，即存在过量的次溴酸盐，分解的化学方程式为：

$$2NH_3+3NaBrO=N_2+3NaBr+3H_2O$$

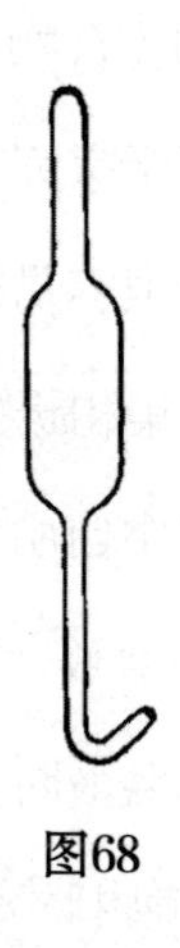

图68

由于氨中含有氢，所以氨气应该是可燃的，但事实上，即使在有氧气的情况下氨气也不易燃烧。可以通过将浓氨水倒入广口瓶中产生氨气，然后通过向下的管子通入纯氧来燃烧氨气，氨气和氧气的混合物会被点燃，但是火焰很快会移到管子的末端，这表明氨气在氧气中燃烧。这种不寻常的现象是因为从管口出来的是氧气，而不是可燃气体。火焰本身可以代表两种反应气体之间的空间界限，在该界限内发生反应。

2.氨的来源和生产

空气中存在少量游离氨，这是因为含氮物质的衰变通常会把氮变成氨。牛棚、粪池和类似的地方经常有强烈的氨味，当然，产生的氨气只能进入空气中，然后溶于空气中的水中，因此雨水中总是含有氨，特别是在两次下雨时间间隔很长的情况下。

氨是植物所需的结合氮的一个非常重要的来源，尽管可以肯定，植物不能吸收氨，只能以硝酸盐的形式吸收。耕地中含有许多微小的生物，它们在大气的影响下能够将氨转化为硝酸盐，因此氨的化合物和硝酸盐一样，是理想的肥料。

所有煤（无烟煤、烟煤等）中均含有氮，干馏时，部分氮变成了氨。后续我们将学习，在照明气的制备过程中，将氨收集在含水蒸馏液中，然后通过蒸馏从氨水中分离出氨，这种氨水中只含有少量（大约1%）氨。用煤制作焦炭的过程中也可以得到氨水，其中所含的气体不多，主要产品是焦炭，它被大量地用于炼铁。以上就是目前所用的氨的主要来源。其他来源还有动物、植物和它们的混合物，例如，来自城市的废物、海洋和湖泊的泥浆、草皮等，在干馏过程中，会将氮转化为氨。一定数量的含氮食物在体内进行转化，氮定期随尿液排出，这是动物维持生命必须经历的过程。通过这种方式，每年大约有11磅[①]的结合氮通过人体转化为氨，并且可以循环。

3.铵

如果用红色石蕊试纸测试氨水，会发现氨水呈碱性，因此其中一定含有

① 磅：英制质量单位，1磅合0.4536kg。

OH^-，但气态氨中不含氧，因此不含OH^-。这种矛盾可以用与二氧化硫、三氧化硫等类似的方式来解释。氨溶解在水中时，与水结合形成碱，化学方程式为：

$$NH_3+H_2O=NH_4OH$$

这个反应形成了NH_4^+，这个明显不同于NH_3的新基团被称为铵。

该反应完全类似于由三氧化硫和水形成硫酸的反应。SO_4^{2-}是典型的硫酸基团，在盐中与金属的关系和氯与氯化物的关系一样，只是我们在这里讨论的是一个元素族，而非单个元素。在氨水溶液中，NH_4^+取代了通常与OH^-形成碱的金属，而像金属一样与OH^-结合。作为盐的一种成分，NH_4^+又被称为铵离子，目前尚未制备出游离铵，尽管已经制备出了在汞中的铵溶液，并且与钠在汞中的溶液性质相同。如果将溶液静置，铵很快就会分解成氨和氢，分解的比例与铵分子式中二者的比例相同。

那么这种碱是否能与酸反应形成盐？我们通过实验来回答，取一些氨水溶液，加入几滴石蕊指示剂和少量盐酸，注意观察现象，溶液开始变热，说明发生了强烈的化学反应。此外，我们发现，实验开始时溶液为碱性，但加入一定量的盐酸后溶液呈中性。蒸发中和溶液，可以得到一种白色的盐，类似于食盐。这种盐有强烈的咸味，易溶于水，在各方面都像盐类一样，但是有一种特殊的性质，即受热后完全挥发而不熔化。如果将少量的这种盐放在一个小玻璃管中加热，白色升华物会聚集在温度较低的试管壁上，而底部的固体会逐渐消失。这种没有中间熔融状态，而是从固态直接到气态的转化称为升华。

如上所述，这种盐叫作氯化铵，也就是人们常说的硇砂。氯化铵可用于医学领域，也可用于镀锡和焊接，在这些过程中，氯化铵的作用是确保熔锡或熔铅与焊接金属之间的良好接触。

铵与所有酸以完全相同的方式形成盐，且这些盐都溶于水，可以通过中和与蒸发制备。

如果我们考虑氯化铵形成的反应：

$$NH_4OH+HCl=NH_4Cl+H_2O$$

我们会发现，在这个过程中，释放出一个化合量的水，这个量与氨气制铵所用的量完全相同。因此，根据分子式，推断可以直接使用生成的水而无需另外加入水，并且有人可能会问，氨是否会按照如下方式直接与酸结合：

$$NH_3+HCl=NH_4Cl$$

这个实验必须用氨气，因为在水溶液中会有水存在。将少量浓氨水倒入一个大烧杯中，在烧杯上方放一根已经浸入浓盐酸的玻璃棒。我们知道氨气会从烧杯中的液体中释放出来，氯化氢会从浓盐酸中蒸发出来，烧杯中立刻充满了由氯化铵形成的白雾，其形式为极细粉尘，它是由两种气体结合而成的。由于这种现象特别明显，因此可用作氨的鉴定。

4.其他铵盐

可通过用氨中和酸来制备所有其他酸的铵盐。其中，硫酸铵（NH_4）$_2SO_4$是最重要的铵盐，可用煤气厂和焦炉中的氨大量制备硫酸铵。通过加热，气体从液体中释放出来，然后通入浓硫酸中。无水硫酸铵在斜方晶系中结晶，极易溶于水。这种铵盐被大规模地用作人造肥料，为土壤提供氮。

硝酸铵（NH_4NO_3）由硝酸和氨制备，根据温度不同，形成大块易溶解晶体，属于四种晶体形式之一。硝酸铵加热后会分解成水和气态氮化物N_2O，反应方程式为：

$$NH_4NO_3=2H_2O+N_2O$$

化合物N_2O称为一氧化二氮，其性质与其他氮氧化物完全不同。一氧化二氮在与空气接触时不会转化为高价氮氧化物，在水中也不分解，而是保持不变，只有在相对较高的温度下才会分解为氮气和氧气，且对人体也没有腐蚀性和毒性。但人在吸入一氧化二氮后会产生麻醉效果（通常被称为笑气）且对疼痛失去感觉，最终导致失去知觉，因此可用于小型外科手术，尤其是牙科手术。由于一氧化二氮在体内不释放氧气，所以习惯上把它和氧气混合，然后用钢瓶压缩。

硝酸铵与碳或其他可燃物质混合后常用作安全炸药。当煤矿使用普通炸药时，容易引起煤矿中可燃物质的燃烧，而由硝酸铵制成的炸药则可以避免这一点。

INTRODUCTION TO CHEMISTRY

第九章

碳

碳

1.钻石

碳是仅次于氧的非常重要的元素，是生物的重要组成元素。所有的有机物质，即构成动物和植物的物质，均为碳的化合物，这些化合物的特殊性质决定了与生命现象有关的特殊化学反应。

碳元素的各种形式早已为人所知，最美丽的是钻石，是一种正方晶矿物，比所有其他矿物的硬度都大。纯净的钻石完全无色，但由于对光的强烈折射和分散，呈现出一种绚丽的色彩。很长一段时间以来，人们不知道钻石完全由碳元素组成，直到18世纪末，人们才发现钻石是可燃的，燃烧时得到的产物和其他形式的碳得到的产物数量完全相同，而且钻石也可以变成其他形式的碳。

钻石晶体属于等轴晶系，最简单的形式是正八面体和立方体，除了正八面体和立方体的面之外，钻石中还存在许多其他的面，这些面的位置和数量满足所描述的对称关系，因此可以用钻石来确定一个晶体是否属于等轴晶系。

钻石可用于制作装饰品，并因其硬度大而具有更高的工业价值，工业上将钻石用于切割玻璃、钻探石头和加工各种坚硬的物体（如硬化钢），但工业上用的钻石中含杂质，因此不适合用作宝石。还有一种黑钻石，也是很珍贵的宝石。钻石脆度中等，尽管硬度很大，但仍可以将其压碎成细粉，并可用于抛光其他钻石。

2.石墨

碳的另一种形式是石墨。石墨最常见的应用是制作铅笔。铅笔中不含铅，而是由类似铅的石墨材料制成，通过添加黏土和燃烧来达到所需的硬度。石墨在少数地方为游离态，呈灰黑色块状，略显金属光泽，由大量非常薄的鳞片组成，因此具有独特的光滑度。由于这种光滑度，石墨常作为重型机械的润滑剂。

将任何形式的碳加热到高温即可实现人工制备石墨，例如，弧光灯中使用的碳棒的两极，以及电火花穿过的部位，均由石墨制成。钻石经过强烈加热后也会变成石墨，因此，石墨是高温下稳定的碳形式。石墨的工业生产基于的就是这一特点，因为工业上用电流加热普通碳制备石墨，加入添加剂特别是黏土可加速这种转变。

石墨很难燃烧，甚至比钻石更难燃烧。要燃烧石墨，就必须在氧气中加热。熔化石墨的难度非常大，石墨是一种非常耐热的材料，可用于制造坩埚和其他耐高温设备。

石墨是原子晶体、金属晶体和分子晶体之间的一种过渡型晶体。石墨的层与层之间是分子间作用力，而碳原子间是共价键，石墨之中也会有自由电子在层与层间移动。鉴于它的特殊的成键方式，不能单一地认为是原子晶体或者是分子晶体，按现代的表述方式，认为石墨是一种混合晶体。

3.无定形碳

除了石墨和金刚石之外，还有另一种形式的碳。它不是结晶物质，而是无定形物质，就是植物或动物的有机残留物质在没有空气的情况下经过高温处理后得到的普通木炭。如果可以接触到空气，所有这些物质中所含的碳就会燃烧，只有不挥发的部分会变成灰烬。另一方面，如果阻止空气进入，物质中包含的其他元素，即氧、氢和氮，会形成气体化合物，这些气体化合物逸出后，只留下碳，尽管可能存在的非挥发性物质会污染碳。

由于碳在这个温度下不会熔化，所以如果有机物质不是液态的，它会保持原来的形状。因此，在木炭中可以发现构成树木的细胞，这种木炭的纯度一般很低。由于其制备方法，不含非挥发性物质的木炭要纯净得多，例如，炭加热后冷却时分离出来的灯黑这种无定形炭是黑色的，几乎所有用于印刷、绘画等的黑色颜料都是由这种炭组成的。灯黑在常温下不会发生明显氧化，这种颜色非常耐用，特别是其中的碳在低温下不会被其他物质腐蚀或形成化合物，用由碳制成的墨水写下的签名等可以保持几个世纪不变，而用由普通墨水（黑铁化合物或有机染料）制成的墨水写下的文字会随着时间的推移而褪色。实验室或暴露在化学蒸气中的地方的通知，应始终用由碳制成的墨汁书写，而不是普通墨水，否则可能在几周内就会褪色。

加热至约400℃时，无定形碳与空气中的氧结合，形成一种气体化合物，其中含有两个化合量的氧，称为二氧化碳。钻石和石墨燃烧形成的二氧化碳完全相同，燃烧12份钻石、石墨或无定形碳，都可以得到44份二氧化碳，这证明了所有形式的碳都由相同化学意义的物质组成，即单质碳。

我们知道，普通无定形碳以及金刚石可以通过强烈加热变成石墨，那么其他形式的碳能否变成金刚石？这个过程其实已经实现了，但是到目前为止得到的钻石太小，只能在显微镜下才能看到。这种转化必须在特殊的条件下进行，但目前无法大规模地建立这些条件，尚在研究中。到目前为止，我们还没有深入地了解钻石在自然界中的形成方式。

碳酸

1.二氧化碳

碳和所有含碳物质的燃烧都会产生二氧化碳，它是一种无色气体，是空气的组成成分，因为所有含碳物质的燃烧都会将二氧化碳排入空气中。通过高压可以将纯净的二氧化碳气体变成液体，这种液体在18℃时压力为55个标准大气压，市面上将这种液体称为液态二氧化碳，压缩在钢瓶中使用。这种液体可用于碳酸饮料的制备，也有许多其他的工业用途。如果打开阀门将液体释放到空气中，一部分液态二氧化碳会立即蒸发，剩下的部分会冷却到一个很低的温度，液体变硬，成为像雪一样的固体，最好将气体和固体的混合物倒入一个厚布袋中，这样可以让气体通过而留下固体部分，固体的温度很低，可用于冷却其他物质。因此，通常将固态二氧化碳与酒精或乙醚混合制成一种稀糊状物，这样只要固态二氧化碳存在，温度就可以保持在−80℃不变。

二氧化碳的质量大约是空气的1.5倍，会沉到空气底部，因此可以通过排空气法将二氧化碳收集在容器中。将1L的烧瓶盖上盖子，然后充入二氧化碳，它的质量会明显增加（约0.5g），气体二氧化碳可以从一个容器倒入另一个容器中，如果第二个容器中有燃烧火焰，倒入二氧化碳后火焰会熄灭，因为二氧化碳不支持燃烧。

2.碳酸

二氧化碳与水结合形成一种酸，这种酸很容易分解成水和二氧化碳，也就是碳酸。压力越大，二氧化碳在水中的溶解度也越大，在两个标准大气压下，饱和溶液中二氧化碳的含量是一个标准大气压下的两倍，溶解气体的量与压力成正比增加。这是19世纪初英国物理学家亨利发现的一条定律，适用于所有微溶于液体的气体。根据波义耳定律，体积相等的气体的量与压力成正比，因此，当气压不变时，一定数量的液体总是溶解相同体积的气体。例如，如果压力为四个标准大气压，那么液体中可以溶解四倍质量的气体，但是由四倍压力而产生的四倍量所占体积是一个标准大气压下所占体积的四分之一。

二氧化碳的水溶液，在几个标准大气压下达到饱和，经常还会添加其他物质，制成市面上出售的碳酸水、苏打水和补品。天然泉水也是这样，它由雨水穿过泥土和岩石层过滤，然后从较低的地方流出形成，通常含有大量的二氧化碳。这个过程中的二氧化碳是由土壤中的植物性物质缓慢氧化形成的，温度越低，它越容易溶解在水中，与大多数随着温度升高溶解度增加的固体物质相反，气体的溶解度随着温度升高而降低。因此，泉水越凉，它所含的二氧化碳就越多，味道就越清爽。

二氧化碳水溶液中的碳酸成分为H_2CO_3，由二氧化碳气体和水直接化合而成——$CO_2+H_2O=H_2CO_3$，这与二氧化硫和水形成亚硫酸相似。

人们只知道碳酸是以其水溶液的形式存在的，因为它在蒸发时会分解成二氧化碳和水。方程式中给出的酸基于碳酸盐的组成，例如，如果用氢氧化钠处理碳酸溶液，最后通过蒸发可以得到生成的盐，这种盐的化学成分是Na_2CO_3，化学反应方程式为$H_2CO_3+2NaOH=Na_2CO_3+2H_2O$，也就是常见的物质苏打。

一种物质脱水后形成另一种物质，这种物质称为酸酐。因此，二氧化碳是碳酸的酸酐，或者更简单地说，它是碳酸酐。即使这个名字很长，碳酸这个名字也经常被用来代替二氧化碳，尽管这样说并不太准确。

碳酸是一种弱酸，它的水溶液不像强酸那样会使石蕊指示剂变成亮红色，而是变成蓝红色。在碳酸溶液沸腾时，二氧化碳逸出，石蕊指示剂重新变回蓝色。由于这个原因，几乎所有的酸都可以分解碳酸盐，产生二氧化碳并形成相应的盐。例如，如果用酸处理碳酸钠，溶液会起泡，二氧化碳会逸出。如果用硫酸分解碳酸盐，化学反应方程式为：

$$Na_2CO_3+H_2SO_4=Na_2SO_4+H_2O+CO_2$$

这也是实验室制作碳酸的方法，工业上通常也采用这种方法，即用酸分解碳酸盐。碳酸钙是应用最广泛的碳酸盐，以石灰石或白垩岩的形式大量存在于地壳中。工厂中使用硫酸，而实验室通常使用盐酸来处理碳酸钙。用硫酸可以形成不溶性盐硫酸钙，而用盐酸则形成易溶盐氯化钙，因此使用盐酸时，更容易产生气体且更有规律。由于无需加热即可逸出气体，因此可以再次使用氢气章节中使用的简单发生器。

石灰水对二氧化碳非常敏感，可用于检测二氧化碳。二氧化碳与氢氧化钙发生反应，形成相应的盐——碳酸钙（$CaCO_3$），反应方程式为：

$$Ca(OH)_2+CO_2=CaCO_3+H_2O$$

碳酸钙不溶于水，呈白色混浊状，导致石灰水呈乳白色。

将清澈的石灰水暴露在空气中，很快表面就会覆盖一层碳酸钙，表明空气中存在二氧化碳。如果将燃烧酒精、照明气、油、石油、木材或其他植物性物质的火焰在一个大烧杯中保持几分钟，然后在烧杯中加入少量石灰水并摇晃，在各种情况下都会形成白色沉淀，这表明所有物质燃烧时都形成了二氧化碳，因此这些物质都是碳化物。

3.碳的燃烧

燃烧在很大程度上是持续进行的。实际上，不仅在生活和生产中使用的所有热量都是由含碳物质的燃烧产生的，人类和其他动物的生命过程也基于同样的反应，向石灰水中吹气即可验证这一点，石灰水溶液立刻变成了乳白色，表明呼出的气体中含有大量的二氧化碳，这些二氧化碳来自人体内不断消耗的食物中的碳。就像工业中产生热量和能量一样，人体内也通过燃烧产生热量和能量，只是在人体细胞中，这一燃烧过程没有火焰，而且比自由燃烧时速度更慢。人体内物质燃烧产生的热量与快速燃烧同样数量的可燃食物产生的热量完全相同，只是人体内热量的传播时间要长得多。因此，人和其他动物需要有足够的游离氧来提供燃烧所需的氧，如果将人或其他动物限制在封闭空间中，会感觉空气逐渐变“差”，也就是说，空气中缺少游离氧，如果要维持生命，就必须通入新鲜空气。

对可燃物质和氧气的普遍需求并不局限于较大的生物，也包括以相同的方式消耗化学能的较小生物，这些小生物也消耗氧气和含碳化合物并产生二氧化碳。同样，由微小生物引起的腐烂过程中，氧气被耗尽，产生二氧化碳，所有生成的二氧化碳进入空气中，并与风混合在一起，这样很快就平衡了局部差异。

4.绿色植物的作用

很久以前，空气的成分也并非全部是二氧化碳，这是因为在绿色植物中，二氧化碳气体经过分解，形成游离氧，并返回到空气中。实现这种转化所需的能量是由阳光提供给植物的，植物只有在阳光下才可以进行这种转化，然后释放出游离氧，并保留碳。当碳与氢、少量氧和其他元素结合时，即形成了构成植物的各种物质。植物将这种方式产生的能量一部分用于维持自身的生命功能，另一部分则储存起来，这样不仅为自身的生长提供能量，也为所有动物和人类的生命维持提供能量，动物和人类要么直接从植物中获取营养，要么从食草动物中获取营养。地球上生命的存在主要得益于阳光，而植物是不可缺少的媒介，它们将阳光的能量转化为化学能，从而可用于维持生命。碳在植物和动物生命中形成一个循环，作为化学能的载体。在这个循环中，植物吸收碳并传递给动物，但氧气起着同样重要的作用，因为能量只能通过碳和氧的结合来利用。

虽然二氧化碳在某种程度上是植物的食物，但从某种意义上来说，它对动物是有毒的，因为动物无法生活在完全或大部分由二氧化碳组成的大气中。二氧化碳并不是一种真正的毒性物质，因为在动物的肺部会不断形成二氧化碳，然后从肺部定期呼出，但是这种呼出必须相当彻底，否则身体对氧气的吸收将会受到影响。动物通过吸入的空气和血液之间的相互作用来完成这些过程，心脏的跳动将血液送入动脉中，部分动脉再将其输送到肺部。肺是海绵状物质，空气和血液在肺中的接触非常密切。在肺中，血液从组织中带走的二氧化碳作为摄入营养的氧化产物，被替换为吸入的空气中的氧气，氧气随血液传递到组织中，在组织中燃烧。也就是说，血液给组织提供新鲜的氧气，并以二氧化碳的形式带走被消耗的氧气。心脏中含有神经调节器，当血液中的二氧化碳含量因任何原因增加时，如果有必要的话，这种调节器会促使循环加速。就是出于这个原因，当剧烈的肌肉运动引起更快速的燃烧时，或者由于疾病导致肺部不能完成循环时，心跳就会加速。

在产生和收集二氧化碳的地方很容易发生二氧化碳引起的窒息，要想缓解这种窒息，首先要尽快提供充足的氧气并去除二氧化碳，一般可以通过人工呼吸来实现。人工呼吸时要按压上半身，使胸部交替地压缩和扩张，这样就排出了肺部的二氧化碳，使肺中充满了含氧的新鲜空气。

5.碳酸盐

碳酸形成的盐称为碳酸盐，因为碳酸是二元酸，所以金属取代两个氢原子或其中一个氢原子可形成正常碳酸盐或酸式碳酸盐[①]。自然界中碳酸含量高，大多数与金属形成碳酸盐，其中一些在科学研究和艺术中非常重要。

几个世纪以来，碱金属的正常碳酸盐常用于洗涤和制造肥皂。木材和其他植物性物质的灰烬中含有碳酸钾，可用水沥滤出其中的碳酸钾。虽然这在早期是一个非常重要的工艺，但目前已经被完全淘汰了，因为通过这种方式得到的碳酸钾太少，无法满足当今工业的巨大需求。目前工业上采用与制造

① 碳酸的酸式盐称为碳酸氢盐，因为 2 化合量的碳酸氢盐所含的酸和 1 化合量的碳酸盐所含的酸相等。

碳酸钠完全相同的方法制造碳酸钾，后续章节会进一步探讨。

从灰烬中提取的碳酸钾称为炉灰，因为最开始是将从半燃烧的植物中提取的棕色粗氯化钾放在“炉子”中加热燃烧成白色，故这种方式得到的碳酸钾纯度不高。

碳酸钾可溶于水，其溶液呈碱性，在水溶液中，部分碳酸钾分解成游离碱和酸式碳酸盐（水解），化学反应方程式为：

$$K_2CO_3+H_2O=KHCO_3+KOH$$

碳酸钾（或炉灰）在化学工业、摄影等领域有着广泛的用途，作为一种弱碱性物质，几乎所有酸都可以分解碳酸钾，形成相应的盐。

6.苛性碱的制备

碳酸钾经石灰处理后，会发生明显的反应，形成碳酸钙和苛性钾，反应的化学方程式为：

$$K_2CO_3+Ca(OH)_2=CaCO_3+2KOH$$

将石灰乳加入碳酸钾稀溶液中并加热，直到液体经过滤后用过量酸处理时不会逸出气泡。这个反应可以在铁容器中进行，因为铁与碱不发生反应，反应完成后，静置并确保碳酸钙沉在底部，倒出上层清液并蒸发。氢氧化钾极易熔化，因此在蒸发过程中没有固体氢氧化物析出，但溶液会直接从液体状态变成熔融态。水蒸发后，将所得产品倒入铁桶中，产品在铁桶中变硬，然后即可作为商品出售。在实验室的实验中，通常会将所得产品再次提纯，然后浇铸成棒状，因为大块的氢氧化钾韧性非常好，很难破碎。

7.酸式碳酸盐

如果将二氧化碳通入碳酸钾浓溶液中，溶液会吸收二氧化碳，并形成酸式碳酸盐晶体，反应方程式如下：

$$K_2CO_3+CO_2+H_2O=2KHCO_3$$

酸式碳酸钾（或碳酸氢钾）比正盐更难溶解，在不纯的碳酸盐中通入二氧化碳可以制备纯碳酸氢盐沉淀，因为杂质会留在母液中。加热碳酸氢盐时，会失去一半的碳酸，再次形成正常碳酸盐，相应的化学方程式就是上述方程式的逆过程。上述反应的逆反应之所以会在高温下发生，是由于水和二氧化碳在高温下都呈气态，并且会逸出，不再参加反应，虽然一开始只是轻微分解，但由于分解产物挥发，打破了平衡，所以分解会持续进行。在溶液中反应方向会发生变化，因为形成的碳酸氢盐会以固体形式析出，这样就打破了平衡。如果在高压下加热碳酸氢盐，使生成的气体无法逸出，它就不会分解。

8.苏打

钠的碳酸盐与钾的碳酸盐性质十分相似，正常的钠的碳酸盐（Na_2CO_3）称为苏打[①]，和碳酸钾一样，在很早的时候就已被发现。碳酸钠存在于一些水生植物的灰烬中，埃及的盐碱地中也发现了碳酸钠。由于碳酸钠和碳酸钾非常相似，最早人们将这两种物质看作同一种物质，直到17世纪，人们才开始区分“植物碱”（氢氧化钾）和“矿物碱”（氢氧化钠），因为人们发现这两种碱产生不同的盐。18世纪末，柏林化学家克拉普罗特发

① 初学者应注意不要混淆苛性钠NaOH、小苏打$NaHCO_3$和普通苏打Na_2CO_3（有时被称为洗涤碱）。

现，完全来源于植物灰烬的“植物碱”也存在于许多矿物中，从那时起，就开始使用现在的名称。

如今工业上用食盐制备大量的苏打（或称碳酸钠），因为对于工业来说，自然供给远无法满足实际需求。其主要的制造工艺有两种。

原始方法起源于18世纪末，法兰西共和国与很多欧洲国家交战，自然生产的所有钾碱都被运至军工厂制造硝石。因此，政府悬赏制造纯碱的方法，以实现工业应用，最终吕布兰法得到了悬赏，且这种工艺沿用了将近一个世纪。吕布兰法的具体工艺如下：首先用硫酸处理食盐，形成硫酸钠，并排出副产品盐酸，之前我们已经学习过这个过程的化学反应，然后将硫酸钠与碳酸钙和炭一起加热，将硫酸钠还原成硫化钠，硫化钠与碳酸钙反应形成碳酸钠和硫化钙，化学方程式如下：

$$Na_2SO_4+2C+CaCO_3=Na_2CO_3+CaS+2CO_2$$

生成的二氧化碳以气体形式逸出[①]，在碳酸钠和硫化钙的固体混合物中加入水，碳酸钠会溶于水中，而硫化钙在水中的溶解度很小；然后使用逆流法，用淡水处理所得到的残留物，而蒸馏出的物质流入几乎饱和的溶液中；因此，水和原物质以相反的方向运动，最终得到饱和碳酸钠溶液，而硫化钠作为浸出的残渣分离。热饱和碳酸钠溶液冷却后，结晶成含有$10H_2O$的大晶体，换句话说，结晶碳酸钠的成分是$Na_2CO_3 \cdot 10H_2O$。

9.氨碱法

目前工业上一般不使用上述方法，因为无法产生纯净产品，现在主要是

① 反应接近完成时，也会形成一氧化碳：$Na_2SO_4+4C+CaCO_3=Na_2CO_3+CaS+4CO$。

根据比利时人索尔维的方法制造苏打。这一工艺与上述反应完全不同，也不同于其他方法，而是以湿的方式进行。在压力下用氨和二氧化碳处理食盐水溶液，碳酸氢钠作为不溶产物分离，氯化铵留在溶液中，反应如下：

$$NaCl+NH_3+H_2O+CO_2=NaHCO_3+NH_4Cl$$

过滤分离出碳酸氢钠（类似于碳酸氢钾），氯化铵与石灰一起加热，生成水、氨和氯化钙：$2NH_4Cl+CaO=CaCl_2+2NH_3+H_2O$。将氨作为原料，重新用于反应中：缓慢加热碳酸氢钠形成碳酸钠，释放的二氧化碳重新通入反应中，当然，这只会生产等量碳酸盐所需量的一半，另一半二氧化碳是在燃烧石灰（用于分解氯化铵）时释放出来的。如果不考虑在这一过程中没有消耗完的氨，该生产过程可以用简单的方程式来表示：

$$2NaCl+CaCO_3=Na_2CO_3+CaCl_2$$

由于该方程式所示的过程无法自行进行（氯化钙和碳酸钠可以直接反应生成氯化钠和碳酸钙），因此需要使用氨来间接实现这一反应过程。

如前所述，碳酸钠结晶为含$10H_2O$的大晶体，容易风化，在37℃时熔化成液体，从液体中分离出含$1H_2O$的固体盐，所有的结晶水在适度加热的情况下都会逸出，即使静置在空气中，结晶碳酸钠也会变成白色粉末。第二种方法生产的苏打是无水碳酸钠，为了溶解无水碳酸钠，可加入冷水，很容易形成水合晶体，并且碳酸钠会硬化成不易溶的固体块，可以搅拌无水碳酸钠或将其溶解在加热至30~40℃的水中，以防止碳酸钠硬化。

苏打在艺术品中有广泛的用途，苏打溶液的大部分性质类似碳酸钾，和碳酸钾一样，苏打溶液也会因为水解而呈碱性。

苏打会和二氧化碳和水反应，生成碳酸氢钠。碳酸氢钠作为一种弱碱，被广泛用于医学，也被用于制造塞德利茨粉。塞德利茨粉由等量的碳酸氢钠和酒石酸氢钾组成，酒石酸氢钾是从葡萄中提取的一种酸式钾盐，将这两种粉末分别溶解在水中，然后将两种溶液混合，会产生二氧化碳，其中一部分以气体的形式释放出来，其余的二氧化碳留在溶液中。这种混合物喝起来没有刺激性味道，而且形成的酒石酸钾钠（罗谢尔盐）在医学上被作为缓泻药。

10.碳酸钙

钙和镁的碳酸盐是非常重要的物质，自然界中有大量的碳酸钙和碳酸镁沉积物，这些沉积物在地壳中的形成过程如下：二氧化碳和岩石上最初存在的水发生反应，形成碳酸，碳酸又与碱土金属结合，形成了碳酸盐层，最初是在海底；在某些情况下，后续地质剧变导致这些海底层变成了山脉，部分地层保留在原来的水平位置上，但位于水面以上，后续的地质作用极大地改变了这些矿床的形态。

纯度最高的天然碳酸钙称为方解石，是一种无色矿物，在具有三元对称轴的菱面体中结晶（图67）。最纯的碳酸钙晶体来自冰岛（冰洲石），像玻璃一样透明，透过这种晶体可以看到两个同样的物体，因此这种矿物有时被称为“双晶石”。呈现这种双折射的性质是因为在所有非等轴晶系的晶体中，每条光线通常被一分为二，然后通过不同的路径折射，因此得到不同的图像。双折射现象在双晶石中特别明显，由于矿物的透明性，很容易被观察到。

普通方解石通常是半透明的，因为周围的物质导致方解石无法完全结晶。如果形成矿物的晶体很小，并形成一个连贯的整体，则被称为大理石。纯净的大理石是白色的，但经常因为含有杂质而显现为其他颜色，有碳杂质的大理石呈黑色。

普通石灰石的晶体更小，肉眼只能看到破碎表面的闪光，普通石灰石是分布最广的碳酸钙。石灰石被大量用于建筑行业，也可以通过燃烧制造石灰，该反应中，碳酸钙单纯分解成二氧化碳和石灰，并出现白热。其反应方程式如下：

$$CaCO_3=CaO+CO_2$$

其他形式的天然碳酸盐还包括白垩岩和霰石。白垩岩是由微小生物的遗骸组成的，和现在的低等动物（贻贝、蜗牛等）一样，这些微小生物寄生在白垩中。白垩岩基本上不含有机化合物，大部分形成了山脉，如果位于海岸上，就会被磨成陡峭的悬崖。白垩岩是一种柔软的白色无定形物质，很容易被磨成细粉，用于粉刷、书写[①]和其他用途。

霰石是一种相当罕见的矿物，是碳酸钙的同质多象形式，因为它属于斜方晶系（有三个垂直的二元轴），而不是像方解石一样呈菱面体结晶（有一个三元轴）。霰石的密度小于方解石的密度，但是经过缓慢加热，霰石的晶体开始分解，形成一种十分类似方解石的粗粉，最后形成的这些粗粉晶体被称为矿物假象。当一种物质的原始晶体由于化学或其他因素的影响而变成不同的物质时，就形成了这种假象。这种转化非常缓慢，所以矿物仍然呈现原来的形态。在自然界中没有发现霰石具有方解石的形态，但方解石可能具有霰石的形态，充分证明了方解石是更稳定的形式。

① 现代粉笔大部分是由硫酸钙制成的，实际上根本不是粉笔。

钙盐溶液与可溶性碳酸盐混合时，就会形成白色沉淀碳酸钙，刚开始形成的碳酸钙沉淀是无定形的，微溶于水，将湿沉淀物静置，它会变成一种砂状粉末。显微镜显示这种粉末是由微小的菱形方解石组成的，如果在热溶液中进行沉淀，会形成细小的霰石晶体，这两种晶体均不溶于水。碳酸钙与其他不溶于水的碳酸盐一样，可溶于酸，即使是很弱的酸。碳酸钙与酸反应会生成相应的钙盐，还会生成水和二氧化碳，二氧化碳以气态形式逸出，从而有助于形成二氧化碳的反应持续进行。

11.煅烧石灰

对碳酸钙进行强烈加热时，它会分解成石灰和二氧化碳。“煅烧石灰”是已知最古老的化学工业之一，所发生的反应从早期就引起了化学家的关注。由于生石灰是由中性石灰石制成的，早期的看法是加入“火物质”来实现这种效果。后来这一概念进一步发展，人们发现“弱”碱，即碳酸盐，与石灰一起煮沸后，石灰中的“火物质”转移到弱碱中，导致弱碱也具有腐蚀性。直到大约18世纪末，布莱克才发现情况正好相反，煅烧石灰石时没有添加任何其他物质，但是会失去一些物质，即二氧化碳，而且二氧化碳是导致石灰石呈弱碱性的原因；石灰导致弱碱具有腐蚀性时，弱碱不吸收物质，而是逸出二氧化碳。

19世纪下半叶，巴黎的德维尔进一步发现，石灰石煅烧时的性质与水沸腾时的性质非常相似，每个温度对应于一个确定的二氧化碳压力，在达到这个压力时，反应停止。因此，在煅烧石灰石时，要尽可能完全去除二氧化碳。

石灰一般在大型熔炉或窑炉中煅烧，根据它们的位置和工作条件不同，其具体的内部结构也有所不同。其主要分为连续窑和间歇窑，对于间歇窑，窑中会放入石灰石，然后燃烧燃料达到所需温度，排出二氧化碳后，将窑中的产品冷却后取出，然后装入下一窑石灰石。连续窑的工艺则不同，不断地从加热部分移走烧石灰，并不断放入新的石灰石，通过这种工艺，可以利用烧石灰的热量来加热冷石灰石，并且通过这种逆流，可以最好地利用窑头。连续窑的工艺要优于间歇窑，因为只有连续运转才能使用逆流。但间歇窑所需的设备较简单，因此煅烧工艺的第一阶段一般用间歇窑。

12.砂浆

在之前的章节中我们已经学习过生石灰的性质和反应，生石灰最重要的用途是制作砂浆，砂浆的硬化基于石灰分解的逆反应。砂浆由氢氧化钙和过量的水混合而成，并加入沙子或石灰石粉，将浆糊状的砂浆放在要连接的石材之间，一段时间后砂浆就会硬化。这个过程的化学反应是空气中的二氧化碳和氢氧化钙反应生成碳酸钙，反应生成的单个碳酸钙晶体生长在一起，由于氢氧化钙的弱溶解性，这些晶体延伸到石材的孔隙中，以这种方式形成坚固的接头。沙子的作用是使碳酸钙更加多孔，因为氢氧化钙变成碳酸钙时会膨胀，所以纯砂浆会因为膨胀而开裂，因此要加入沙子。相关反应方程式为：

$$Ca(OH)_2+CO_2=CaCO_3+H_2O$$

因此，砂浆变硬时会形成水，这就是为什么刚抹上灰泥的墙壁是潮湿的，因为反应形成的水比蒸发掉的水还多。为了尽可能加快固化，有时会在粉刷过的房间里放置炉子，并确保燃烧产生的产物（富含二氧化碳）不会逸出，而是留在室内，二氧化碳和热量都会加速砂浆中碳酸钙的形成。墙壁内部无法完全硬化，甚至从墙上脱落下来的很久之前的灰浆，其表面也会显碱性。

13.碳酸氢钙

将二氧化碳通入石灰水中，会形成白色的普通碳酸钙沉淀；如果继续通入二氧化碳，大部分沉淀会消失，溶液明显变得更加透明。这种溶液中含有一种钙盐，因为过滤后加热，溶液会变浑浊，且有二氧化碳逸出，浑浊的白色沉淀物是普通碳酸钙，故这种现象是由于过量的二氧化碳形成了可溶于水的碳酸氢钙。因此，碱金属和碱土金属形成的盐的溶解性是相反的，碱金属的正盐易溶解，而碱土金属的酸性盐更容易溶解。镁和其他同族元素也是如此。加热时，与碱金属盐一样会发生分解。碳酸钙溶解的化学方程式为：

$$CaCO_3+CO_2+H_2O=Ca(HCO_3)_2$$

由于钙显二价，如果每个碳酸氢钙中只有一个氢被取代，那么必须结合两个化合量的碳酸，因此可以推导出碳酸氢钙的化学式。

加热时会发生上述反应的逆反应。这些现象对于确定地球上的钙循环过程非常重要，水和碳酸分解含钙岩石时，除非通过机械方式将岩石带走，否则碳酸钙首先停留在它形成的地方，但是含碳酸的水与正常碳酸钙接触时，一部分碳酸钙会变成碳酸氢钙，并随溶液中的水流走。由于这个原因，泉水和其他天然碳酸水中含有一些溶解的碳酸氢钙，当二氧化碳释放到空气中或以其他方式耗尽时，这些碳酸氢钙就会沉积下来。大多数石灰岩矿床都是以这种方式形成的，海洋中发现的生物在矿床形成过程中发挥了重要作用，因为溶解的石灰石对这些生物的外壳和其他坚硬部分的形成是不可或缺的。

14.碳酸镁

自然界中的碳酸镁称为菱镁矿，像方解石一样，结晶为菱面体，方解石和菱镁矿的晶型相同，或称为同晶。菱镁矿也被称为苦石，因为硫酸镁也被称苦盐，氧化镁以前也被称为苦土。自然界中存在大量的菱镁矿，但比石灰石的储量要低，等量碳酸钙和碳酸镁的同晶型混合物形成了广阔的山脉，这种矿物被称为白云石。由于风化作用，白云石的形态极其复杂且和一般矿物不同，因此白云石山很容易识别。

如果镁盐溶液与碳酸盐反应生成沉淀，那么形成的不全是普通碳酸镁，而是碳酸镁和氢氧化镁的不同混合物。氢氧化镁的量越大，溶液越热、越稀。这是因为碳酸镁在溶液中形成时，或多或少会发生水解，形成氢氧化镁，氢氧化镁也是不溶的，与碳酸镁一起沉淀。干燥后的沉淀物是一种非常轻的白色粉末，在医学上被称为白镁氧，加热白镁氧时，很容易失去二氧化碳和水，留下氧化镁（或苦土）。鉴于其形成方法，在药店一般被称为轻烧镁氧或“碱烧镁”。

15.一氧化碳

除了二氧化碳之外，还有另一种碳氧化物。与二氧化碳不同的是，这种碳氧化物易燃，与二氧化碳相比，它只含有一半的氧气，因此称其为一氧化碳。一氧化碳的成分为CO，且能与尽可能多的氧气结合形成二氧化碳，因此一氧化碳可燃。

碳在高温下燃烧会形成一氧化碳，燃烧首先形成二氧化碳，与热炭接触后会形成一氧化碳，化学反应方程式为$CO_2+C=2CO$。这一反应在没有火焰的情况下进行，而且不会自行发生，因为这个过程消耗热量而不产生热量，因此，只有外部提供所需的热量时，反应才会进行。

应注意炉中一氧化碳的形成和燃烧，特别是在燃烧快结束时，此时燃料失去了其中的氢，只剩下碳。天然化石燃料的成分都不是纯碳，而是包含不同量的氢，烟煤中氢含量最大，无烟煤中最少。正如在硫化氢章节中所述，氢燃烧的速度确实比碳快得多，如果火焰冷却时两者还在燃烧，氢会继续燃烧，煤烟会开始沉积。煤燃烧时，首先会形成发光火焰，这主要是由于氢的燃烧（含少量碳），并留下几乎不含氢的煤，称为焦炭。在燃烧的第二阶段，焦炭氧化，在通风炉排上形成二氧化碳，炉排上方的灼热焦炭层将二氧化碳还原成一氧化碳，但是在最顶部，由于自由通风，一氧化碳再次燃烧成二氧化碳。一氧化碳的火焰是蓝色的，而碳氢化合物的火焰是黄色或白色的，并且很明亮，因此很容易区分。一氧化碳的蓝色火焰比氢燃烧时的蓝色火焰更纯净，颜色也更明显。

一氧化碳有毒，而且没有气味，因此只有出现中毒反应时，人们才能知道它的存在。如上所述，碳在通风不良的情况下燃烧，或者在燃烧快结束时关闭烟道挡板都会产生一氧化碳。每年会有很多家庭发生一氧化碳中毒事故，一氧化碳进入房间的空气中[①]，然后和红细胞结合在一起，导致人体中毒。红细胞的功能是吸收从空气中进入肺部的氧气，将氧气转移到身体各细

① 如果在添加新煤后过早关火，炉子也会“喷射一氧化碳”。

胞中，从而以提供生命所需能量的方式引起食物的燃烧，而一氧化碳与红细胞结合后，红细胞无法再结合氧气。在这种情况下，人体不仅会像处于二氧化碳环境中那样缺氧，而且是一个完全等同于真正失血的过程，因此更难处理。

用浓硫酸分解甲酸可以制备纯一氧化碳，甲酸的成分是HCOOH，H_2O逸出后，就留下一氧化碳。硫酸与甲酸盐反应时首先释放出游离酸，然后浓硫酸参加反应，从甲酸中除去水分，留下一氧化碳，一氧化碳可以用常用的排水法收集。一氧化碳的密度与空气的密度几乎相同，而且在水中的溶解度非常小，可以通过冷却和加压来液化一氧化碳，但难度很大。

16.二硫化碳

碳与硫结合会形成二硫化碳（CS_2），我们之前已经将其用作硫的溶剂，可将硫蒸气通入到热炭上制备二硫化碳。碳和硫元素的结合只需要消耗少量的热量，因此只要不断地从外部提供热量，反应就可以持续，但反应产物必须强烈冷却，因为二硫化碳极易挥发。一部分硫不参与化合，仍然保持游离态，可以通过蒸馏分离出来。

二硫化碳的分子式为CS_2，纯净的二硫化碳无色，但一般为略带黄色的液体，具有很强的折射和色散能力，因此在适当的光照下观察时，会显示出光谱的颜色。二硫化碳的沸点是46℃，由于其蒸气很容易着火（如与略微加热的铁棒接触时），因此必须小心处理。纯二硫化碳几乎没有气味，但普通二硫化碳制剂中含有少量难以去除的有刺激性气味的杂质。液体二硫化碳的密度是1.27g/cm^3，一般会沉入水中，因此二硫化碳经常保存在水中，但是会微溶于水。二硫化碳燃烧时会形成二氧化碳和二氧化硫。相同条件下相同体积的二硫化碳蒸气的质量约是空气质量的三倍。

二硫化碳是脂肪和蜡、碘、溴以及许多其他不溶于水的物质的良好溶剂，我们已经知道硫可以溶解在二硫化碳中。在许多情况下，工业上将二硫化碳用作溶剂，因为它很容易发生一系列转化。二硫化碳对一些低等动物有毒，因此它的一个重要用途是用作杀虫剂。

应注意的是，二硫化碳的分子式CS_2类似于二氧化碳的分子式CO_2，只是用硫代替了氧，在相应的氧硫化合物的组成中也经常出现类似的情况，这在一定程度上表明了硫与氧的关系。

碳氢化合物

1.沼气

碳与氢可形成大量重要化合物，其中最简单的是气体CH_4。人们在不同的地方都发现了这种物质，由于起初并不知道这些是同一种物质，所以人们给它们起了不同的名字。植物物质在隔绝空气的情况下会分解得到气体，例如，搅动沼泽和枯叶落入的池塘底部的泥浆，会有气泡上升到表面，可以使用漏斗和装满水的倒置烧瓶收集气体。用这种方式收集的气体中除了含有二氧化碳和氮气外，还含有一种可燃气体，据其来源而称其为沼气。

煤矿中也会形成这种气体，被称为瓦斯。瓦斯通常存在于煤矿的空腔或气泡中，当“瓦斯包”打开时就会逸出。空气压力突然下降时，积聚在基岩和煤层的半开裂缝中的瓦斯会扩散到坑道和矿井中，给矿工带来极大的危险。由于CH_4是由两种可燃元素组成的，所以这种气体本身是可燃的，并且会与空气形成爆炸性混合物，容易引发极大的危险。气体燃烧的化学方程式为：

$$CH_4+2O_2=CO_2+2H_2O$$

因此，瓦斯会消耗大量氧气，并与相对少量的空气形成易燃易爆的混合物，尽管一般矿井中会布置防爆灯，但由于工人的疏忽，偶尔也会引发爆炸。煤尘和空气的混合物也很危险，这也是许多矿井爆炸的原因。

这种物质的第三个名字，也就是学名，是甲烷，甲醇可以用来制备甲烷。

2.照明气

甲烷是普通照明气的一种成分，通常由富含氢的煤（烟煤）通过加热制备。煤在大型管状蒸馏罐中加热，从而产生非常复杂的气体和蒸汽，通过冷凝，分离成水状液体煤气水和油脂或蜡状物质煤焦油，煤气水中含有有价值的成分氨，煤焦油由许多不同的碳的化合物组成。在过去的四十年里，这些碳的化合物已经形成一个重要的工业领域，因为这些物质可以用于制备染料、药物和其他珍贵材料。事实上，碳的化合物在化学研究中非常重要，化学领域中的有机化学学科就是专门研究这类化合物的。这些化合物中最重要的元素除了碳以外，还有氢和氧，有时还有硫、氯、氮和其他类似的元素。但金属在有机化合物中出现的频率要低得多，因此对无机物质或不含碳物质的化学研究，在很大程度上是对金属及金属化合物的研究。

单纯加热而不添加液体来处理煤的过程称为干馏，因为煤本身是干燥的，尽管在蒸馏时会产生液体，气体部分是氢气、一氧化碳、甲烷和其他几种碳氢化合物的混合物（将在后面进行学习）。将这些气体收集在特殊的设备中进行处理，以去除煤中硫形成的挥发性硫化物，这是因为这些化合物不仅具有刺激性气味，而且燃烧时会产生对动植物有害的二氧化硫，净化后的气体最终会被收集在储气罐中，通过管道系统运输至用户处。

煤气主要用于照明，早期只使用气体燃烧产生的明火，因此为了提供必要的照明条件，燃烧气体中必须含有一定量的富含碳的化合物。现在的煤气燃烧器通常配有一个灯罩，这个灯罩由高度耐熔的金属氧化物制成，适当温度的火焰可将其加热至白热化，采用自发光气体加热灯罩没有其他的优势，只是为了确保气体的温度尽可能高。因此，目前火焰温度更高的气体已经越来越多地取代了自发光气体，这种气体也更适合加热和用于内燃机。

3.火焰

普通火焰与冷物体接触时会有烟灰沉积，这是因为氢比碳燃烧得更快。因此，当碳氢化合物燃烧时，发生着碳氢化合物的脱氢过程和碳原子的积聚过程，最后生成相当多的固体碳粒，这些碳粒像雾一般分散在气体中。这些碳粒接触到氧气，便出现固体和气体之间的燃烧过程，呈现出明亮的淡黄色的光焰，如果碳粒来不及燃尽而被燃烧产物带走，就形成所谓的煤烟。如需防止游离碳的形成，在使用照明气加热时，可以使用德国化学家罗伯特·本生设计的燃烧器。这种燃烧器的原理是在燃烧气体之前将大量空气与照明气体混合，氧气足以将碳转化为二氧化碳，使火焰失去照明能力，从而防止形成烟。

让照明气体通过一个小开口进入更大空间，且保证这个空间与通风口相连，即可实现上述工艺。通入的气流吸入空气，并与空气混合在一起，燃烧时发出无色的炽热火焰。实验室中使用的普通本生灯如图69所示，是一个直立的出口管，出口管上方固定一个约10cm长的金属管，底部有一个进气口，可以根据需要确定进气口的实际尺寸。

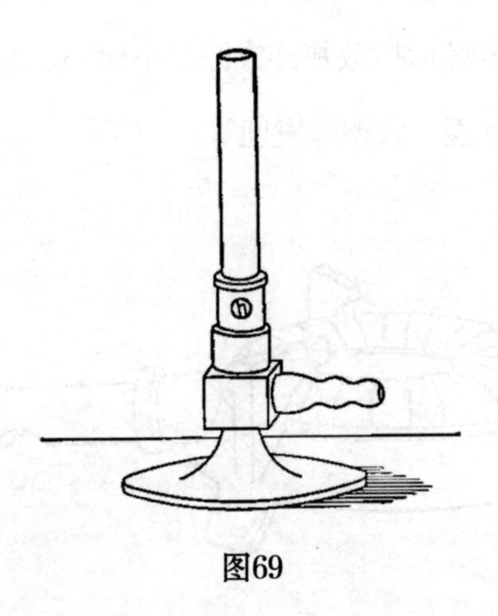

图69

如果照明气体中混入了过量的空气，火焰会“回火”，也就是说，气体在底部燃烧，而不是在管口处燃烧。这是因为过多的空气会形成爆炸性气体混合物，爆炸会在气体出口管处点燃气体。当燃烧器中出现这种情况时，应立即熄灭火焰，减少空气供应量。采用这种操作方式时，火焰会发生声音，其中气体混合物发生微爆，但是爆炸没有到达燃烧器的底部。这时火焰内焰（内焰是火焰中温度最低的部分）呈绿色，为气体和空气混合物的不完全燃烧导致的，外焰呈蓝色，借助于外部空气发生完全燃烧，这时火焰最热的部分就在内焰的上方。如果进一步限制空气的供应，气体会安静地燃烧，因为不会再发生微爆，并且内焰出现一个发光的尖端，表明碳开始分离。加热可能会被高温灼伤的物体，例如铂坩埚，应避免使用内焰的尖端部分，而应使用温度同样较高的微爆火焰；同时，空气含量较少的火焰可用于温度不太高的工艺，如制造玻璃仪器。

本生灯有多种不同的形状，但原理都是将气体与空气混合后进行燃烧，因此，在图70所示的弗莱彻燃烧器中，气体出口管和燃烧管是水平管，并布置为环形，火焰通过该环形扩散并分成许多小火焰，这种形式的燃烧器用于加热较大的表面，如水壶、大型蒸发皿等。

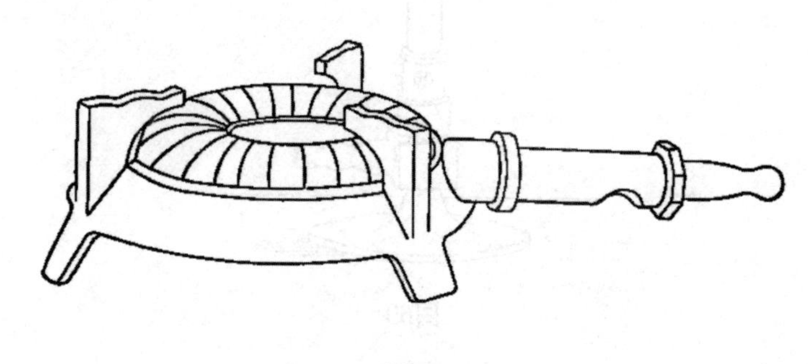

图70

本生灯也适用于白炽灯照明气，因此需要一种与灯罩形状相同的热焰，尽可能充满灯罩，从而均匀地加热灯罩。气体出口管上钻有许多小孔，短燃烧管上覆盖有铁丝网，以确保空气和照明气在铁丝网中完全混合，同时防止回火。

由于白炽灯使用的火焰原本是不发光的，与普通扇形火焰燃烧器使用发光火焰相比，白炽灯使用同样数量的气体可以发出更多的光，因此可以用不发光气体代替照明气，而且这种气体的制造成本也低得多。

4.水煤气

水蒸气与热煤接触可形成水煤气，发生以下反应：

$$C+H_2O=H_2+CO$$

$$C+2H_2O=2H_2+CO_2$$

第一个反应主要是生成氢气和一氧化碳，第二个反应生成双倍量的氢气，但与二氧化碳混合。两个反应在很大程度上取决于温度，温度越高，第一个反应的趋势就越强。

这两个反应都会消耗大量的热，因此必须通过外部提供热量。一般先给煤中通入空气，使其燃烧并达到非常高的温度，然后停止通风，通入水蒸气，同时收集放出的气体。根据第一个反应，水蒸气中的碳继续燃烧，随后，温度稍微下降时，发生第二个反应；如果温度下降得太低，反应进行得太慢，则蒸汽流停止，煤在空气中再次加热，这段时间继续形成气体。定期更换已烧尽的煤，可以持续进行上述操作。

根据生产方法，将这种气体称为水煤气。水煤气的制造成本比照明气低得多，并且由于其中的氢含量高，因此发热量更大。它的缺点是含有一氧化碳，因此极其危险。水煤气是无味的，因此不容易发现意外泄漏，如果需要发光火焰，可以将碳氢化合物蒸馏成气体，或者用石油渣油来加热，这样气体就有气味。目前，人们大量使用煤气和水煤气的混合物，但很有可能在不久的将来，在很大程度上单独使用水煤气。

5.同系物

从水中除去一个化合量的氢会得到OH^-，用另一种元素（如金属）代替水中一个化合量的氢可以制成氢氧化物。类似地，从甲烷（CH_4）中去除一个化合量的氢，得到基团CH_3，这种基团存在于许多有机化合物中，称为甲基，甲基显一价，因为它是由一种饱和化合物失去一个化合量的氢形成的。在所有的碳化物中，一个化合量的碳最多只能结合四个化合量的氢、氯或其他一价元素，因此，甲烷也被称为饱和烃。

如果我们想象一价甲基取代甲烷中一个化合量的氢，就会得到CH_3CH_3或“甲基化甲基”。这种化合物的分子式为C_2H_6，称为乙烷。可以人为地通过用甲基取代甲烷中氢原子的反应来制备乙烷，且乙烷的所有性质都与天然气中的气体相同，油田中含有大量乙烷。乙烷的密度和空气的密度相当，比甲烷更容易液化，但在其他方面二者有很多相同的特性。甲基还可以取代乙烷中六个化合量的氢的其中一个，形成化合物C_3H_8，进行相同的处理后，还可以形成C_4H_{10}，C_4H_{10}又可以形成C_5H_{12}、C_6H_{14}等。所有这些物质的组成相差一个CH_2，因为每次都有一个化合量的氢被CH_3取代。美国石油中也发现了类似的物质，C_3H_8在常温下是液体，但在17℃时会沸腾，该系列的多碳化合物为无色液体，其沸点随着碳含量的增加而有规律地增加。

还有许多种类相似的物质，它们的组成各不相同，每一种物质与相邻物质相差一个CH_2，其性质随组成发生均匀变化。我们可以想象这些物质的形成，假设在最简单的物质中，一个氢被一个甲基取代，并且重复进行相同的反应，实际上在很多情况下都是这样，这样的系列被称为同系物。这种类型的同系物可以帮助我们研究有机化合物，并且有助于了解这些化合物的性质，因为在所有同系物中，物质的性质总是存在相似性和规律性的变化。

6.石蜡

如上所述，由甲烷衍生的同系物被称为饱和烃。低碳化合物是无色气体，在低温下会变成流动性很强的液体，这些同系物随着碳含量的增加沸点越来越高。在五个碳饱和烃和八个或九个碳饱和烃之间的物质呈液态，被称为石油醚、石油精[①]、汽油、石脑油等，因为这些物质是油脂的良好溶剂，所以在工业上用于脂肪萃取和去除衣物上的油渍。由于沸点低，这些物质很快就会蒸发掉。这些物质可燃，蒸气也容易着火，这就是汽油被用于内燃发动机且在汽车行业被广泛应用的原因。纯净的汽油几乎无味，但是工业汽油通常含有少量的杂质，因此有刺激性气味。

在美国石油（其他石油属于不同的系列）中发现了十个碳以上的饱和烃，其性质已为人们所知。碳的个数越多，碳氢化合物的流动性越弱，沸点越高。

这个系列中最高级的是不适合在灯中燃烧的无色油，被称为石蜡油。碳含量更高的物质为均匀的膏状物，如凡士林，可用于医疗行业或用作润滑剂，最后是熔点越来越高的蜡状固体，被称为石蜡。这一系列的饱和烃被称为石蜡系，包括碳含量较高的烃，都早已为人们所知。之所以将其命名为石蜡，是因为这些物质的化学性质极不活泼。事实上，几乎所有的腐蚀性物质或其他活泼物质都可以与之接触，而不会引起任何变化。人们根据这一特性制作防水蜡纸盘和木盘，并且将其浸泡在熔化石蜡中，确保不受酸和碱的腐蚀，但是由于石蜡的熔点较低，故在高温下石蜡无法用于上述目的。

所有这些物质都存在于原油中，尤其是宾夕法尼亚州和美国其他地方发现的原油，看起来像棕色焦油。这些烃类液体和固体产品都是通过连续蒸馏后用硫酸提纯得到的，所有这些混合物或者溶液，均为同系物或类似同系物，很难将单个烃完全分离出来，而且对于大多数目的，几个同系物混合后

① 应注意不要将汽油与苯混淆，汽油是液体石蜡的混合物，后者是从煤焦油中提取的纯净物C_6H_6。

并无实质性影响，因为这些物质的性质非常相似。

大量的重烃和石蜡是从烟煤的蒸馏产物中获得的，同系石蜡饱和烃在理论上可以看作一组数量庞大且很重要的有机化合物的母质，这些有机化合物被称为脂肪族。这个名称源于希腊语中“脂肪”一词，最初指脂肪和相关物质。如今我们仍将脂肪归入脂肪族化合物，尽管脂肪不是最重要也不是典型的脂肪族化合物。因此，这个名称已经完全失去了最初的意义。脂肪族化合物与碳氢化合物的关系非常密切，可以用其他元素或基团取代一个或多个氢原子来制备脂肪族化合物，然后根据取代基的性质，衍生出不同种类的其他化合物。

7.醇类

所有碳氢化合物的氢都可能被其他元素或基团取代，从而形成无数种各不相同的化合物。其中最重要的是石蜡中的氢被羟基取代形成的化合物，这类物质被称为醇类，因为其中最重要和基本的几种物质均为醇。

如果甲烷CH_4中的氢原子被羟基取代，分子式变成CH_3OH，相应的物质称为甲醇，甲醇的工业名称是木醇。同样，C_2H_5OH是由乙烷衍生而来的，称为乙醇，也就是酒精。

酒精是由糖溶液（如果汁）发酵而成的，发酵的过程取决于真菌酵母，酵母由排列成串珠状的细胞组成，这些细胞通过分裂进行繁殖，在一段时间内，微小的细胞保持平行排列。细胞从糖的分解中获取生长所需的能量，糖在催化剂或酵素（酶）的作用下分解，放出能量，变成酒精和二氧化碳。该反应中涉及的糖的组分为$C_6H_{12}O_6$，反应方程式为：

$$C_6H_{12}O_6=2C_2H_5OH+2CO_2$$

因此，除了乙醇之外，还会形成二氧化碳，并导致所有发酵液起泡。

可以用水稀释蜂蜜，然后向蜂蜜水中加入酵母来研究这种现象。蜂蜜本质上是一种易于发酵的糖的浓溶液。酵母的主要成分是能够自我繁殖的真菌，当放在糖溶液中时，真菌细胞会立即开始增加，在大约一个小时内，根据温度的不同，明显会有气体产生并形成酒精，几天后蒸馏出液体，就会得到含水馏分，通过味道和气味可以判断其中存在酒精。

在工业上可大规模进行上述过程，不仅果汁，其他淀粉含量很高而糖含量很低的植物，如土豆或谷物，也可以发酵，将淀粉变成糖，然后继续发酵糖，我们将在后面学习具体反应。酒精通过蒸馏从发酵物中分离出来，葡萄酒、啤酒和其他酒精饮料也是用类似的方法制成的，朗姆酒、白兰地、威士忌等通过蒸馏制成，而葡萄酒和啤酒不经过蒸馏，因此含有发酵残留物。

乙醇或“纯酒精”是一种无色液体，沸点为78℃，易燃。乙醇可以以各种比例溶解在水中，所得溶液总体积会明显减小。能溶于酒精的盐相对较少，但除了溴和碘之外，许多有机物质也能溶于酒精。由于人们越来越普遍地认识到酒精的巨大危害性，所以饮用酒已经开始减少，但酒精的相关技术和工业应用却在迅速增加，家庭中将酒精用作小灯和炉子的燃料。为此，经常将酒精做“变性”处理，或者用一些恶臭的有机物质处理，使其不适合饮用。在化工厂，酒精被广泛用作溶剂和大量其他衍生物的来源。

8.乙醚

脱水剂与酒精反应变成乙醚，乙醚可视为酒精的酸酐。乙醚的成分为

$(C_2H_5)_2O$，制备乙醚的化学方程式为：$2C_2H_5OH=(C_2H_5)_2O+H_2O$。乙醚是一种非常轻、易挥发的液体，沸点为33℃，极易燃烧，有一种特殊的甜味。乙醚是一种麻醉剂，常用在外科手术中，它在化学工业中有许多用途。

乙醚和水一起摇动不会完全混合，水只能溶解其体积的10%左右的乙醚，而乙醚只能溶解其体积的3%左右的水，然后两种液体溶液会达到饱和。这两种液体以任何比例混合，总是会形成两种饱和溶液，即乙醚和3%的水、水和10%的乙醚。两种溶液的相对量取决于原始混合物的比例，但是如果混合物中含有3%以上的水和10%以上的乙醚，则每种溶液的组成不变。

此处乙醚和水的性质适用于任何比例的不互溶的两种液体，如水和酒精或水和硫酸，一种液体在另一种液体中的溶解度通常很小，但并不是绝对不溶。例如，我们一般说石油不溶于水，但是如果将水与几滴石油一起摇动，然后将水尽可能完全地从油中分离出来，无论是通过过滤还是沉淀，水中仍然有石油的气味和味道，说明一些石油已经溶解，也可以通过适当的方法来证明石油也能溶解微量的水。饱和时溶质的浓度可能非常小，但总是有一个确定值。

9.其他醇类

上述甲醇是由同系烃类用羟基取代一个氢而衍生的同系醇类中的第一个醇。甲醇是一种无色易燃的液体，可与水以任意比例混合。它与普通酒精非常相似，也被称为木醇，因为甲醇是木材干馏形成的复杂混合物的成分之一，木醇的工业用途与乙醇大致相同。

从戊烷中提取的醇类物质被称为戊醇，是普通酒精中的一种杂质，它在一定程度上是由发酵形成的。戊醇有一种难闻的气味，通常被称为“杂醇油”。

10.醋酸

如果将普通酒精氧化，它会吸收另一个氧原子，失去水分，形成醋酸。

该反应可以认为是三个羟基取代了乙烷中的三个氢原子，然后分解出水：

$$C_2H_3(OH)_3=C_2H_4O_2+H_2O$$

在微小生物醋霉菌或醋酸杆菌的作用下也会发生这种氧化，其分布很广，所以只要酒精饮料暴露在空气中，就很容易发酵，这就是葡萄酒和啤酒变酸的原因。为了实现大规模发酵，一般在装有山毛榉刨花的大型木制容器中进行醋酸发酵，酒精稀溶液会滴在刨花上，同时提供足够的空气来完成氧化。

在木材的干馏过程中，不仅生成大量的甲醇，还生成大量的醋酸，然后用石灰中和这种含有大量杂质的粗“木醋酸”，将所得的醋酸钙溶液蒸发至干，然后将醋酸钙加热，以去除挥发性杂质。将这种醋酸加工成纯醋酸即可出售，纯醋酸是用硫酸蒸馏醋酸钙制成的。醋酸的分子式为$C_2H_4O_2$或$HC_2H_3O_2$，为无色液体，具有刺激性酸味，密度与水的密度相当，可与水以任意比例混合。16℃时，无水醋酸硬化成冰晶，因此被称为“冰醋酸”，常见的食醋是3%~6%的醋酸稀溶液。

醋酸是一元酸；醋酸对应的盐叫作醋酸盐，大部分溶于水；醋酸是一种弱酸。

11.其他酸

与碳氢化合物和醇类一样，醋酸也有许多同系酸。这个系列中的第一个是化合物$HCHO_2$，它是一种非常像醋酸的液体，称为甲酸、蚁酸，因为这种酸最先是在蚂蚁中发现的，荨麻的刺和其他一些生物中也有这种酸。将一氧化碳通入热碱中即可制成甲酸盐，通入氢氧化钠中生成甲酸钠，反应方程式为：$NaOH+CO=NaCHO_2$。这个实验与制备一氧化碳的实验相反，甲酸脱水可得到一氧化碳：

$$HCHO_2-H_2O=CO$$

甲酸和乙酸的高级同系物，即含碳量较高的酸为脂肪酸，也就是天然脂肪中存在的酸。肥皂是脂肪酸的碱式盐，如果将这些盐溶解在水中，并加入强酸，就会以白色不溶性沉淀物的形式析出脂肪酸，且很容易熔化成油状液体。

12.碳水化合物

一些非常重要的植物性物质与醇类关系密切，但成分复杂得多，其中一种就是之前已经提到过的淀粉。这些植物性物质被称为碳水化合物，因为除了碳以外，其中还含有形成水的氧和氢元素，且氢原子的数量是氧原子的两倍。

淀粉的组成为（$C_6H_{10}O_5$）$_x$，是绿色植物中第一个被发现的碳酸分解产物。如果让一株植物在黑暗中生长几天，原本存在于绿色部分的淀粉就会被消耗殆尽。然后将植物放回阳光下，用黑纸遮盖半片叶子，确保只有一部分暴露在阳光下，显微切片显示暴露在阳光下的叶片中有淀粉粒，而遮盖的半片叶子中完全没有淀粉粒。

植物会将淀粉从叶子运输到需要淀粉的地方，如种子、球茎等地方。在形成绿叶之前的阶段，幼苗无法将空气中的二氧化碳作为养料，因此在这个时期，必须有足够的淀粉来维持生长所需。这些含淀粉的部分一般是人类和其他动物的食物。

淀粉是一种白色粉末，不溶于水，在显微镜下可以看到淀粉的极薄层结构，加入热水后淀粉会变成半液态的淀粉糊，但并没有真正溶解。淀粉糊可用于洗衣、上浆、印花布加工等。

如果将谷物（如大麦）用水润湿发芽，放在温暖的地方，幼苗会产生一种物质。这种物质通过其催化作用，可以将不溶性淀粉转化为可溶性化合物，这样微小的植物就可以将养分运送到需要的地方。如果用温水将这种发芽的谷物（麦芽）磨碎，让麦芽浆静置一段时间，它会变成一种有甜味的稀液，因为其中含有糖。麦芽很容易用酵母发酵。

将淀粉转化为糖的催化物质叫作淀粉酶。生长中的植物会形成大量的淀粉酶，这些淀粉酶不仅可以将植物自身的淀粉，还可将大量其他来源的淀粉转化成糖。因此，麦芽可以将土豆和其他蔬菜中的淀粉转化为糖，这样就可以用它们来酿酒。由于糖与淀粉的组成差异仅在于水的成分，所以这个过程的方程式为：$C_6H_{10}O_5+H_2O=C_6H_{12}O_6$。在淀粉酶的作用下，淀粉与水反应很快，反应速度无法测量。

13.糖

上述化学反应产生的糖（分子式为$C_6H_{12}O_6$）与家庭中用的普通糖不

同，普通糖的分子式为$C_{12}H_{22}O_{11}$，是从甘蔗或甜菜中获得的，因为甘蔗和甜菜的细胞中含有糖。榨出其中的汁液，这样糖与细胞分离，且杂质也很少，然后将净化溶液结晶。从化学角度看，这一过程虽然简单，但其技术应用需要使用复杂的机械，以尽可能降低生产成本和产品损失。

蔗糖$C_{12}H_{22}O_{11}$吸收一分子的水后，分解成两分子的可发酵糖分子：

$$C_{12}H_{22}O_{11}+H_2O=2C_6H_{12}O_6$$

在这个过程中，形成了两种不同的糖，根据经验，这两种糖的组成相同。在碳水化合物的化学研究中，类似的情况经常发生，成分相同但性质不同的物质被称为同分异构体，我们以前在学习硫和磷时也遇到过同样的情况。但是在这些情况下，由于晶体形式不同，故这种现象被称为同质多晶。

由蔗糖制成的两种糖，分子式均为$C_6H_{12}O_6$，被称为葡萄糖和果糖，或右旋糖和左旋糖。这种转化只在有水的情况下才会发生，尽管非常缓慢，将盐酸等强酸加入糖溶液中可加速这一过程。酵母中还含有一种蔗糖酶，能够催化这一反应。这就是为什么蔗糖用酵母发酵的速度不如葡萄糖或果糖（两者都是直接发酵），因为在蔗糖酶形成足够的其他糖后才开始发酵。

气体体积定律

1.简单的体积关系

前面已经学过，当两种或多种气体参与化学反应时，它们的反应体积（在相同条件下）是简单的整数比例关系。氧和氢以1：2的相对体积比例结合形成水，如果形成的水为气态，在相同的温度和压力条件下，水的体积等于化合反应前氢的体积；氯和氢以等体积结合，生成的氯化氢的体积是这两种气体体积的总和，在这种情况下，三种气体的体积比是1：1：2。如果将硫燃烧成二氧化硫或将碳燃烧成二氧化碳，则气体的体积不会改变，因为生成的化合物与参加反应的氧气体积相同，并且各种情况下的体积比为1：1。

如果要验证这些规律是否是一般定律，则必须确定这些关系是否在不同的条件下均成立。只有当它们在不同的条件下均成立时，才能认为这是一项一般定律。

物理学告诉我们，所有气体，不管它们的化学差异如何，对压力和温度的变化性质完全相同。如果在给定的温度和压力下，两种气体的体积相等，那么在所有其他温度和压力下，两种气体的体积也相等，前提是这两种气体总是在相同的条件下进行比较。简单体积定律在某一温度和压力下成立，则必然在所有其他温度和压力下成立，因此，这是一个普遍的自然定律。

如果现在我们想象所有可以转化为气态的物质（理论上我们假设在足够低的压力或足够高的温度下，所有物质都可以转化为气体）在相似的条件下以气体的形式并列存在，且气体数量与其化合量成正比，那么这些气体的体积是相等的或者是简单的整数比关系。如果我们把这些体积中最小的体积看作一个单位，我们就可以说，所有物质之间都是以单位为基础进行反应的，生成的化合物也以单位为基础或者是单位的倍数，所有材料的数量都可以通过这个单位来确定。

2.与原子理论的关系

很明显，上述关系非常类似于原子理论中的假设。物质只能以整个原子的比例结合，气体也只能以整个体积单位的比例结合，因此可以得出结论：等体积的不同气体含有相同数量的原子。但在这个定义中，由单质原子形成的化合物的最小基团也被称为原子，因为分离成单个原子会破坏这种物质。

表面上看，这些假设似乎很合理，氧的密度是氢的16倍，原子量也是氢的16倍，氯、氮等也是如此。但如果考虑化合物，就会出现矛盾，水（H_2O）的原子量是18，水蒸气密度应该是氢的18倍，但实际情况是9倍。其他方面也有类似的差异，一体积的氧和两体积的氢结合，应该形成一体积的水蒸气，而实际形成的水蒸气是两体积，因为每个氧原子只能产生一个水原子，所以一体积的氧只能产生一体积的水蒸气，但实际上形成了两体积的水，因此一个水蒸气原子含有一个氢原子和半个氧原子，而半个原子的假设是不合理的，因此这又是一种矛盾。

3.分子

如果我们不认可半个原子的存在，就无法确认相同体积的气体包含相同数量的原子这一假设，那么必须做出另一个假设，即单质气体不是由简单的原子组成的。例如，如果我们假设氢气、氮气、氧气等是由双原子构成的，那么气态下这些气体的化学符号是H_2、N_2、O_2，在化合物中保留它们的原始符号。实际的关系可以与原子概念相协调，水的形成不能用以下方程式来表示：

$$2H+O=H_2O$$

正确的化学方程式为：

$$2H_2+O_2=2H_2O$$

为了区分这些双原子和单原子物质，将这些双原子物质称为分子，然后就可以解释两个氢分子和一个氧分子形成两个水分子，体积关系是相同的。因此，我们可以得出结论，等体积的不同气体包含的原子数量不相等，但包含的分子数量是相等的；如果我们进一步假设，上述气体元素的分子由两个原子组成，那么就可以推导出这些气体的真实关系。而且我们发现，对其他元素做出类似的假设后，可以表示气体的所有化学反应，而不会产生任何矛盾，化学中已普遍采用这种形式的分子理论，尤其在有机化学中有大量的应用。

例如，制备氯化氢的分子反应式为：

$$H_2+Cl_2=2HCl$$

从上式中可以看出，一体积的氯气与一体积的氢气结合，形成两体积（而不是一体积）的氯化氢。

另一个例子：氨和它所含的氮之间的体积关系是什么？氢和氮元素形成氨的分子反应式为：

$$3H_2+N_2=2NH_3$$

因此，氮和氨的比例是1：2，也就是说，氮的体积是形成的氨的体积的一半，这也是前面实验的实际结果。

如果分子式已知，就可以用这种方法计算参与化学反应的气体的体积关系。应注意的是，对于大多数元素来说，一个分子中含有两个原子，而对于化合物来说，除了有机化合物，分子式通常是最简单的经验公式，所以我们就有了计算所需的所有信息。后续会探讨唯一的例外情况。

4.气体密度

密度的定义是物质的质量与体积之比。因此，等体积的气体的质量与密度的比值关系是一样的，因为等体积的气体包含的分子数量相同，密度与分子量的比值关系相同。气体密度的测定是一种直接测定分子量的方法，无需通过化学分析。因此，气体密度的测定是化学研究的重要辅助手段。长期以来，科学家们习惯用不同于液体和固体密度的方式来表达气体密度。对于液体和固体来说，密度等于质量除以体积，这种绝对密度仅适用于使用绝对气体质量的特殊用途。如果每种气体的相对密度相同，气体的外部温度和压力条件相同，那么这些气体的体积也相等，因此将气体质量和相同体积的标准气体质量相比是一种更简单的方法，因为这种关系与压力和温度无关，尽管绝对密度随这两个因素的变化会发生显著变化。最早将空气作为标准气体，得到的气体相对密度值与分子量有明确的关系，可以从中计算出分子量，但是选择相对密度与分子量相同的气体作为标准气体显然更简单。尽管这种气体是未知的，但并不重要，因为它只用于计算这个目的。只要我们定义这种气体的分子量为1，并且遵循压力和温度变化的气体定律，那么就已经充分确定这种气体的性质。

标准条件下（即76cm汞柱的大气压下，0℃时）1mL氧气的质量为0.001429g，标准气体的密度是1/32g/cm³或0.00004468g/cm³。在其他压力下，如果以厘米汞柱来测量压力p，密度会增大$p/76$，在另一个温度t下，气体的密度与0℃时的密度之比为273/（273+t）。在压力p和温度t下，1mL的标准气体的质量为0.00004468 $p/76\cdot[273/(273+t)]$，体积为V的气体质量是标准气体的V倍。如果我们已经确定，在温度t和压力p下的某一气体或蒸汽的体积为V（mL），质量为w（g），其相对密度或分子量M等于w除以标准气体的质量，或为：

$$M=\frac{w\times 76\times(273+t)}{0.00004468\times 273\times pV}=6230\,\frac{w(273+t)}{pV}$$

因此，对于给定的气体，必须确定w、p、V和t的值，然后将这些值代入方程中，就可以确定相对密度或分子量M。以一个厚壁的1L烧瓶为例，配备一个橡胶塞和玻璃旋塞（见图71），用抽吸泵抽空烧瓶并称重，然后将旋塞阀与干燥二氧化碳的供应装置相连，并在大气压力下让烧瓶中充满二氧化碳，确定室温t和大气压力p，并再次称量烧瓶，烧瓶的质量增加量为w，相当于二氧化碳的质量，在这种情况下，气体体积r是1L，等于1000mL。将这四个值代入上述方程中，得出M，这样就可以得到一个约为44的数值，因为二氧化碳的分子量是44。

有许多不同种类的仪器可以用来测定气体密度和分子量，这些仪器的测量对象、使用温度、所需精度各不相同，但在所有情况下都必须测量四个决定性因素：质量、体积、压力和温度。

图71

5.蒸气密度测定

物质蒸气密度的测定在有机化学中非常重要，因为由密度可以得出关于物质相互关系的有价值的结论。例如，大量的碳氢化合物中含有的氢原子的个数是碳原子的两倍，因此分子式可能为C_2H_4、C_3H_6或C_4H_8，但是无法通过化学分析确定正确的分子式。通过蒸气密度的测定可以立即得出准确值。例如，如果测出的M是56，那么很明显化合物的分子式为C_4H_8。

在众多的仪器中，维克托·梅耶发明的测量蒸气密度的仪器是最简单的一种。这种仪器的主要部分是一个长颈烧瓶状容器（图72），蒸气罩可以将容器加热到合适的温度（至少比物质的沸点高10~20℃），图73为局部放大图。借助这种简单装置，可以在不打开仪器的情况下将密封的已称重液体从小玻璃球管中滴入加热的容器中。首先，加热充满空气的仪器，直到其温度恒定；然后，出口管通过橡胶管与气体测量管相连，气体测量管以mL为单位进行校准，并与水准球管相连。在实验开始时，测量管中的水应处于零位，平衡球管中的水应该在同一水平面上。之后，气泡落入加热的部分中。然后气泡破裂，或者由于液体的膨胀而破裂。

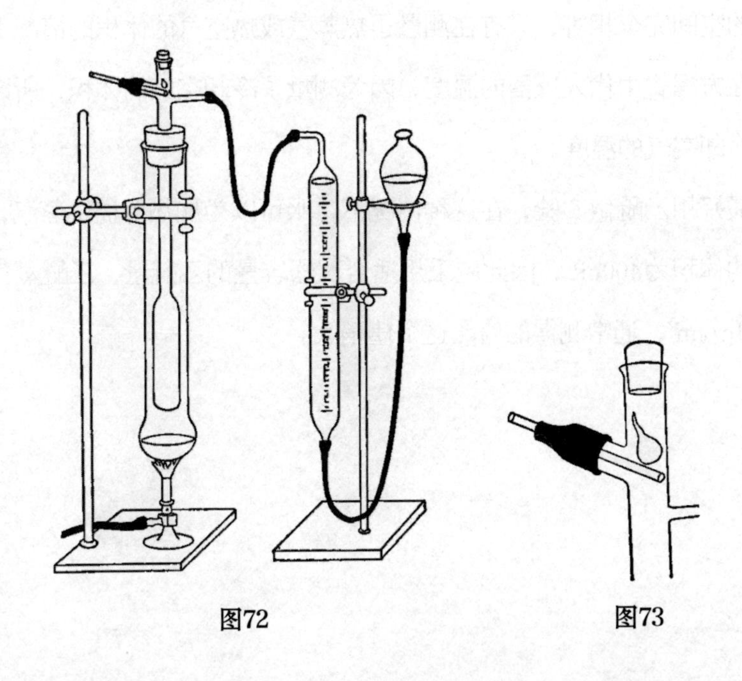

图72　　图73

蒸气立刻排出等量的空气，将空气压入测量管中，在测量管中，蒸气冷却到室温，几分钟后，降低可移动的球管，直到其中的水位与测量管中的水位平齐，且液位恒定，不再产生气体，然后读取空气量，以及气压计的高度，并测量室温。蒸气的质量是已知的，等于小球管中液体的质量，所以计算分子量M所需的四个因素已经确定。这种仪器的优点是不需要测量蒸气的温度。在相同的温度下，蒸气从仪器中排出的空气量等于蒸气自身的体积，当这一体积的空气进入测量管中时，空气会冷却，体积变小。事实上，空气的体积已经减小到与蒸气在室温下所占的体积完全相同的程度（只冷却而不液化），因为所有气体的体积随着温度的变化成比例地变化。这就是在公式中代入冷却空气的温度而不是热蒸气的温度的原因。实际上，蒸气在热仪器中比冷空气占据更大的空间，但是在蒸气排出空气之前，空气在仪器中时，占据的空间完全相等，只有在测量了热蒸气或热空气的体积的情况下，才有必要在方程式中代入仪器的温度，因为测量了冷却空气的体积，所以只需要测量冷却空气的温度。

最好用乙醚做实验，在这种情况下，水可以为加热罩提供蒸汽，1g乙醚蒸气的体积为400mL，因此应采用适合仪器容量的乙醚量，乙醚蒸气的密度是74.1g/cm^3，通常测得的值比这个值稍大。

INTRODUCTION TO CHEMISTRY

第十章

地壳中的元素

铝

1.金属铝

铝是一种轻金属，其化合物在自然界中的含量非常丰富。起初，游离金属铝是一种化学珍品，但现在可以通过电流采用大量铝的氧化物来制备铝，并被用于制造各种日常用品。铝的一般性质也因此为人们熟知。

铝是一种银白色金属，其强度和韧性与锌相当，它最显著的特点是密度小，而且目前经常采用铝来制造以前用重金属制成的物品，所以铝制品的轻巧是显而易见的。但是铝比钾和钠的密度大得多，铝的密度是2.7g/cm^3，和玻璃的密度相当。铝的熔点是660℃，可以很好地轧制和压制。即使加热，铝在空气中也没有变化，铝不会受到纯水的侵蚀，因此可以用来制作厨房用具。像银或金一样，铝可以被打成非常薄的薄片，也可以被粉碎成细粉末，比如铝铜粉。细碎状态的铝可以燃烧，如果把一片铝箔放在火焰中，它会发光并变成氧化物。可以将铝粉吹入火焰中点燃，但它不像镁那样容易燃烧。

这些现象似乎说明铝在常温下对氧的亲和力很弱，但是下面的实验可以得出截然相反的结论。在铝板上滴几滴汞，汞不会润湿铝板，然后加入几滴盐酸，用一点纸或布用力擦铝板，很快铝就会暴露出来，可以获得相当大的表面，显示出金属汞的银色光泽。但是这种现象仅仅持续几秒钟，仔细观察，可以看到镜面上长出了白色的苔藓，特别是用呼气将其轻微湿润时，与此同时，铝板变热，用手背也能感觉到。一段时间后，上述现象停止，去除表面涂层，会发现铝受到强烈的侵蚀，尽管铝中没有汞，但汞会以小灰滴的形式与已经形成的白色物质混合。

这个实验的原理其实很简单，铝实际上是一种对氧有很强亲和力的金属，即使在常温下也能与氧发生强烈反应。铝板在空气中会氧化形成一层薄薄的氢氧化铝，就像清漆一样粘在铝板上，完全保护了下面的金属。这种涂层肉眼不可见，因为它没有颜色，而且非常薄，完全透明。如果通过摩擦或用锉刀将这种涂层去除，就会立刻形成一层新的涂层。这样，当涂层损坏时，保护性涂层就会自动修复，从而有效地保护金属。

如果将其表面镀上汞，或者将二者混合，氢氧化铝颗粒就不能黏附在一起。已经形成的涂层起初保护金属，甚至不受汞的作用，但是该层用盐酸除去后，汞溶解了一部分铝，形成铝汞齐，而空气中的氧气会将不受保护的铝部分氧化。反应一直持续到形成的氧化物将汞从表面移除为止。因此，该反应不是铝汞合金或铝汞齐的特性，而是铝本身的性质所导致的，不受由其表面涂层提供的保护的影响。出于上述原因，应注意保护铝制品免受汞污染，因为通过直接接触就会发生铝汞齐。

2.氢氧化铝和氧化铝

如上所述，形成的氢氧化铝的分子式为$Al(OH)_3$，表明铝属于一种新的金属元素，显三价。潮湿空气中的氧化过程的化学方程式如下：

$$3Al+3O_2+3H_2O=3Al(OH)_3$$

氢氧化钠沉淀出铝盐时，就会形成氢氧化铝，如之前学习的氢氧化镁。氢氧化铝不溶于水，沉淀时呈白色，类似淀粉糊状。很难从盐中洗去氢氧化铝，而且无法用石蕊试剂测试氢氧化铝溶液的碱性。常见的黏土是一种铝盐，用于制作砖、瓦片、蒸馏罐等。“铝”这个名字来自“明矾”这个词，因为明矾中也含有铝元素。

氢氧化铝在自然界中以铝土矿的形式存在。氢氧化铝的酸酐是氧化铝，其分子式是Al_2O_3。因为铝是三价的，氧是二价的，所以一个化合量的铝与一个化合量的氧不能达到饱和。因此取两个化合量的铝，其六价与三个化合量的氧相对应。从化学键的角度分析，从氧化铝的分子式中也可以看出这种对应关系。

加热氢氧化铝制成的氧化铝是非晶质，但是在自然界的结晶条件下为晶体，这种粗晶质矿物叫作刚玉。红色的纯净氧化铝称为红宝石，蓝色的为蓝宝石，二者因为含少量不同的重金属氧化物而呈现不同的颜色。红宝石和蓝宝石因其硬度和光泽而成为贵重的宝石。氧化铝可以在非常高的温度下熔化并结晶，因此可以以适中的成本制造人造红宝石和蓝宝石，且人造宝石的外观和所有其他性质与天然宝石完全一样。

刚玉是一种比较粗糙的晶体，通常由于其中含有氧化铁而呈深棕色，也被称为刚玉砂，是一种重要的工业材料。结晶氧化铝非常坚硬，仅次于钻石。因此，刚玉砂可用作抛光坚硬物体的磨料，将合适大小的颗粒黏合到纸张或亚麻布上即可制成砂纸或砂布，而将颗粒黏合成圆盘或辊的形状可制备砂轮，这种圆盘或辊可以高速旋转。如果将坚硬的钢放在砂轮上，砂轮上细小的金属颗粒会被磨掉，并由于摩擦而变得非常热，从而将颗粒点燃，这就是钢与金刚砂碰撞时产生火花的原因，不管金属有多硬，很快就会被磨掉。

3.铝热剂

使用铝粉“还原”其他氧化物，即将氧化物转化为相应的金属时，利用了铝对氧的巨大亲和力。如果将三份点燃的氧化铁与一份铝粉混合，并将混合物倒入坩埚中，可以用燃烧的镁条点燃混合物，铝开始燃烧并释放出大量的热量，生成氧化铝并形成熔融金属铁。由于密度较大，熔融金属铁沉入坩埚底部。该反应不仅会将金属从它们的氧化物中释放出来，而且在某些时间点会产生很高的温度。铝在很小的空间里充当大量能量的载体，当然，这是金属生产过程中由电流提供的能量，并储存在金属中。铝和另一种金属氧化物的混合物叫作铝热剂。

4.氯化铝

铝溶解在盐酸中，释放热量并放出氢气，形成氯化铝。由于铝显三价，故氯化铝的分子式为$AlCl_3$。在氯气或气态氯化氢气流中加热铝可制成无水氯化铝，铝和氯气可以直接结合，而与氯化氢反应时会释放出氢气。以这种方式形成的氯化铝是一种白色、易挥发的结晶物质，可以溶于水中并释放出大量的热量。

用氯化铝溶液无法制备无水氯化铝，蒸发时，可以得到含有两个结晶水的盐，继续蒸发会导致氯化氢逸出，最终得到氧化铝，反应方程式如下：

$$2AlCl_3+3H_2O=Al_2O_3+6HCl$$

这与一般情况下氧化物和酸形成盐和水的反应相反，在上述反应中，盐和水消失，形成氧化物和酸。如果用盐酸处理刚玉或结晶氧化铝，则不发生任何反应，但是沉淀的氢氧化铝溶解在盐酸中会形成氯化铝，氯化铝在蒸发和加热时又呈现上述性质。

这些事实表明氢氧化铝不是强碱，因为氯化钠和氯化钾的性质不像氯化铝，即使在高温下水蒸气也无法将这两种盐分解。另一方面，二价金属钙和镁的氯化物也可以发生类似的反应。加热结晶的氯化钙，很明显会损失氯化氢，尽管量很少，并且熔融的氯化钙会与弱碱发生反应。氯化镁经过类似处理后会损失更多的氯化氢，并且可以通过长时间的水蒸气加热几乎完全转化为氧化镁。该反应实际上已经作为一种生产盐酸的工业方法。

其他性质也说明了氢氧化铝的弱碱性。前面学习过的所有氯化物的水溶液都呈中性，但氯化铝的水溶液明显呈酸性。这是因为氯化铝在水溶液中分解形成酸和碱，尽管量很小，没有形成氢氧化铝沉淀。盐在水的作用下分解，形成酸和碱的过程叫作水解，因此，我们说氯化铝在水溶液中是部分水解。所有其他铝盐的性质相似，当盐形成的酸或碱较弱时会发生水解，当酸和碱都较弱时水解最明显。

5.铝酸盐

将氢氧化钠（或氢氧化钾）加入氯化铝的水溶液中，生成的氢氧化铝首先以凝胶状沉淀的形式分离，如上所述。然后加入更多的苛性碱，沉淀会再次溶解，形成一种透明的碱性液体。

用氢氧化钠溶液处理金属铝时会产生氢气，就像在酸中溶解一样。小心地向溶液中加入盐酸，会形成氢氧化铝沉淀，也就是说，氢氧化铝是一种能与碱结合并采用酸从化合物中分离出来的物质。如果氢氧化铝在氢氧化钠中的溶液被蒸发，就会留下一种极易溶解的不明显结晶体。

出现这些现象的原因是氢氧化铝中的氢的性质实际上类似极弱酸中的氢。当然，氢氧化铝不会对石蕊试剂表现出酸反应，因为它不溶，但它确实可以与强碱形成盐。氢氧化铝是碱，同时也是酸，尽管酸性和碱性都很弱，氢氧化铝对应的酸可由化学式H_3AlO_3表示，是一种像磷酸一样的三价酸。它与苛性钠的反应方程式如下：

$$H_3AlO_3+3NaOH=Na_3AlO_3+3H_2O$$

产生的盐叫作铝酸钠，相同类型的盐都叫作铝酸盐。

6.明矾

前面已经提到过，铝这个名字来自明矾。明矾是一种很早就为人所知的盐，其特征是美丽的八面体晶体。它的分子式是铝和钾的双重硫酸盐，可以写成$KAl(SO4)_2 \cdot 12H_2O$。明矾页岩（一种含铁、硫、铝和钾的黏土）经过氧化即可形成明矾，明矾在很长一段时间内是唯一在工业上使用的重要铝盐，因为其他铝的化合物结晶不良，不容易获得纯净状态。目前硫酸铝已经大量代替了明矾。

如果将$Al_2(SO_4)_3$和K_2SO_4的浓溶液混合并摇晃，会立即产生小八面体的明矾沉淀；如果加入微量的明矾晶体，更容易发生沉淀。

已经发现不同成分的多种明矾，其他三价金属可以代替铝，其他一价元素可以代替钾，硫酸盐形成复盐，也在八面体中结晶，就像普通的钾铝矾一样，这里我们指的是一组（类质）同晶型体。

磷

1.磷

磷是炼金术士布兰德发现的，他原本希望通过蒸馏尿液蒸发后的残留物来提炼黄金，却从中得到了一种活泼的物质。这种物质具有特别的性质，即能在空气中发光。布兰德没有将这个秘密告诉任何人，试图以高价出售，但这个制备过程很快被德国的孔克尔和英国的波义耳发现。后来人们发现，骨骼是磷的一个更丰富的来源。

磷是一种无色物质[①]，在等轴晶系中结晶，熔点为44℃。如上所述，磷在空气中发光，现在我们已经知道这是由于缓慢燃烧。磷在空气中稍微加热会导致快速燃烧，用磷做火柴基于的就是这一性质，摩擦产生的热量足以点燃火柴头上的磷。磷在287℃时沸腾，但同时也会发生显著的变化，并且很容易被观察到。将一小片磷放入试管中，不要将试管塞紧，以确保可以进入空气，然后加热，磷会很快耗尽试管中的少量氧气，然后继续加热而磷不燃烧。磷在沸腾之前，会形成一个红色的外壳，足够的热量将磷完全转化成红色物质。工业上以同样的方式制备这种红色产品，这实际上是另一种形态的磷。

① 不纯的磷会呈黄色。

市面上的红磷为暗红色的不明显结晶体，与白磷不同的是，红磷在空气中不发光，同时也没有白磷的缓慢氧化或易燃性质。将一块红磷和一块白磷放在铁板上，并将一盏灯放在靠近红磷的位置，尽管红磷会吸收更多的热量，但白磷却先着火。红磷对人体无害，但白磷有剧毒。这两种形态的磷在性质上就像是完全不同的物质。

通过实验观察，白磷经过加热后确实可以变成红磷。同时，加热红磷时在非常高的温度下才会挥发，但白磷的液滴会从蒸汽中沉淀出来。白磷会在沸点以下变成红色，但红磷只有在蒸发后蒸汽迅速凝结时才会转化为白磷。产生这一巨大差异的原因在于，在白磷转化为红磷的过程中，释放了大量的热量。因此，红磷比白磷所含的能量要少得多，相应地，活性也较低。

由于红磷无毒，火柴制造商用红磷代替白磷制造火柴。所谓的瑞典火柴就是基于这种特性，尽管磷不是在火柴头部，而是在火柴表面。

2.磷酸

磷的快速燃烧产生五氧化二磷（P_2O_5）。如果在一个大玻璃罐中燃烧，现象就很明显，燃烧形成了浓烈的白烟，像雪一样四处飘浮，最后沉淀下来。快速地收集形成的粉末，放入水中，会发出嘶嘶的声音，就像铬铁放入水中一样，说明放出了大量的热，导致与粉末接触的水沸腾。五氧化二磷的吸水性非常强，因此可用作强力干燥剂。

如前述实验所述，P_2O_5的水溶液可以与酸反应，包括磷酸。磷酸有不同的种类，它们之间的差别在于所含的水和五氧化二磷的比例不同。我们只研究自然产物中的磷酸形式，这种磷酸是最稳定的形式，所有其他形式的磷酸经过静置都会转化为这种形式，也就是正磷酸，组成成分为H_3PO_4。

正磷酸的三个氢原子都可以被金属取代，尽管取代的难度不同，因此正磷酸是三元酸，就像硫酸是二元酸一样。正磷酸可以形成三种不同的盐，其中金属分别取代一个、两个或三个氢原子，例如三种钠盐Na_3PO_4、Na_2HPO_4和NaH_2PO_4。这些盐以磷酸三钠、磷酸二钠和磷酸一钠的名称相区分，其他金属的磷酸盐也以同样的方式命名。

纯净状态下的磷酸是一种不明显结晶体，可自由溶于水，具有酸味。与单质磷不同，磷酸不仅无毒，而且可以以盐和其他化合物的形式存在，是所有生物的一般成分。磷酸与构成大脑和神经的物质关系密切，存在于植物的果实中。因此，磷酸盐是土壤的基本组成成分，如果土壤中缺乏磷酸盐，就必须通过外部施加。磷酸盐是人造肥料的必要组成部分，因此在工业中占有重要地位。

如果以石蕊为指示剂用碱滴定磷酸，很难获得满意的中和点，因为从红色到蓝色的颜色变化不会随着最后一滴碱的加入而急剧发生，而是随着过量碱的滴入而逐渐发生。这是因为水将生成的磷酸三钠分解了，化学反应方程式为：

$$Na_3PO_4+H_2O=Na_2HPO_4+NaOH$$

这也是盐形成过程的逆反应，是水解的另一个例子。在加入足量的形成磷酸三钠所需的氢氧化钠之前，水解就已经开始，溶液变成蓝色。由于这里涉及的反应只是部分完成状态，而且取决于反应物的浓度，所以这个反应并不像强酸反应那样会瞬时完成，强酸实际上不受水解的影响，但磷酸的中和是一个渐进的过程，没有确定的中和点。

3.磷酸盐

在许多不同的磷酸盐中，用得最多的是磷酸二钠（或称普通工业磷酸钠），其一般与$12H_2O$结合成大晶体，这种晶体容易风化。磷酸二钠一般用于医药和实验领域。

只有碱金属这一族的磷酸盐是全部可溶的；对于碱土金属，含有两个可用氢原子的酸性磷酸盐是可溶的，其余的均不可溶；而稀土和重金属形成不溶性磷酸盐。

磷酸钙$Ca_3(PO_4)_2$是这些不溶性盐中最重要的一种，它在自然界中以大块磷钙土的形式存在，是脊椎动物骨骼的主要成分。将脊椎动物的骨骼在空气中加热，燃烧掉其中所含的有机物，会得到白色的物质，被称为骨灰或骨炭，其具有骨骼的形状，主要成分为磷酸三钙。磷酸三钙不溶，因此不适合用作肥料，因为植物对它的侵蚀和溶解过程十分缓慢。为了便于利用，可用硫酸进行处理，将其转化成易溶的磷酸二氢钙$CaH_4(PO_4)_2$。所得的石膏和磷酸二氢钙的混合物被称为过磷酸钙。

硅

1.元素硅

硅在地壳中的含量仅次于氧。硅只存在于化合物中，通过钠或类似金属与硅和氯或氟形成的化合物发生反应，或用镁粉加热石英，可以从硅的化合物中获得游离硅。单质硅类似于单质碳，既存在晶体形式，也存在无定形形式。晶体硅是一种绿褐色的极细粉；无定形硅是一种坚硬的灰色物质，有金属光泽。二者在工业和实际生活中均无重要应用，因此没有必要进行详细描述。

2.二氧化硅

到目前为止，最重要的硅的化合物是二氧化硅（SiO_2），二氧化硅以石英的形式广泛分布。最纯净的二氧化硅像玻璃一样透明，叫作水晶。水晶是规则的六棱柱，上部为六棱角锥体，六棱柱的轴是六重旋转轴，即晶体每旋转60° 达到重合位置。因此，水晶属于六方晶系。

一般石英并不是完全纯净的，所含的杂质会将其染成乳白色、粉红色、紫色或灰棕色，也就是我们常说的牛奶石英、蔷薇石英、紫水晶或烟晶。有些烟晶晶体非常大，甚至超过1m长。如果把烟晶加热，由于有色物质的分解，它就会变成无色的，因此可以推测烟晶是在低温条件下的水溶液中形成的。

海边发现的石英砂是破碎的小块石英，在适当的条件下，可以使用黏合剂将这些微小的颗粒黏合在一起，形成砂岩的黏聚体，这种物质通常被用作建筑材料。

除了这些晶体形式的二氧化硅，燧石是最重要的无定形二氧化硅。燧石多为白垩沉积物中的结核状物质，通常形成行或层，表明单个块体聚集在有机残留物的周围。它以结核的形式出现，具有明显的贝壳状断口，经过处理可以分裂成各种形式。在还没有发现金属的史前时代，刀、斧、箭和其他由燧石制成的器具起着重要作用，燧石很容易破碎成边缘锋利的断裂表面。燧石撞击钢时，金属微粒被磨掉，同时由于摩擦变得非常热，导致微粒在空气中被点燃，产生火花。如果燧石和钢在氮气或其他惰性气体中碰撞在一起，这些微小的颗粒虽然没有燃烧，但会因热量而被磨圆，表明机械功产生了非常高的温度。

二氧化硅在两种自然形式下都很坚硬，比钻石稍软，但比大多数其他物质更硬。因此，可以用石英或燧石打磨大多数物质。由于这个原因，石英作为一种重要的工业抛光材料，用于待切割的表面或者固体石英加工，或者用于细粉砂加工。例如，工业上将湿砂放在镜面玻璃之间，然后在较重的玻璃板上来回移动较轻的玻璃板，对其进行抛光。先用粗砂将最粗糙的位置磨掉，然后按照工序使用更细的砂，最终用其他工艺处理表面。烧瓶的玻璃塞也是用同样的方法打磨的。

石英很难熔化，直到近代，人们才发现像玻璃一样成功熔化和吹制的方法。目前，各种各样的化学容器都是由熔融石英制成的，这种石英非常耐酸，能够承受温度的急剧变化而不破裂。这是因为熔融石英的热膨胀性非常弱，所以即使在温度差异非常大的情况下，同一块石英不同部分之间的张力也大致相同。比如，我们常见的石英玻璃试管可以在火焰中加热到炽热，然后立即放入冰水中而不破裂，但是石英玻璃像普通玻璃一样易碎。

3.硅酸

二氧化硅是硅酸的酸酐，它的盐是硅酸盐。地壳的大部分成分是不同成分的硅酸盐，在火山的作用下从地壳内部喷出的熔岩也主要为各种熔融硅酸盐。

硅酸由二氧化硅和水组成，硅酸盐的组成表明，二氧化硅和水的量不同，会形成多种不同的硅酸，其中最重要的两种硅酸的制备对应的化学方程式为：

$$SiO_2+H_2O=H_2SiO_3$$

$$SiO_2+2H_2O=H_4SiO_4$$

第一个化学方程式类似于由二氧化碳形成碳酸，得到的酸和碳酸一样是二元酸，这种酸被称为偏硅酸。第二个化学方程式得到的是四元酸原硅酸。

硅酸和硅酸盐的数量远不止上述几种，因为还有二氧化硅与水的比例不同形成的其他酸，如2：1或3：2等。这里我们不探讨较为复杂的情况。

4.硅酸盐

大部分金属的硅酸盐不溶于水，但钠和钾除外。将氢氧化钾或碳酸钾与二氧化硅（石英砂）熔合，即可制备硅酸钾。如果把玻璃体磨成细粉，加入沸水中，就会溶解在水中。无定形二氧化硅沸腾后可溶解在氢氧化物浓溶液中，根据不同的浓度，用这种方法制成的溶液或多或少有些黏稠。暴露在空气中时，一薄层溶液会硬化成玻璃片，因此这些溶液通常被称为“水玻璃”。普通玻璃也是由硅酸盐制成的，通常是硅酸钠和硅酸钙的混合物。硅酸钙不溶于水。

天然硅酸盐通常含有金属钾、钠、镁、钙和铝，这些金属的硅酸盐都不溶于水。因此，普通的红色长石或正长石是钾和铝的硅酸盐，云母中含有镁和铝的硅酸盐，滑石和皂石的主要成分是硅酸镁。硅酸盐在自然界中会转变成弱酸，尽管这是一个非常缓慢的过程，但由于转变程度很大，因此极为重要。从硅酸钠和硅酸钾溶液对石蕊的碱性反应中可以看出，硅酸是一种极弱酸，这是因为水将硅酸盐分解后，形成金属的氢氧化物和极弱的硅酸。这是水解的另一个例子。原硅酸钠的水解反应如下：

$$Na_4SiO_4+4H_2O=4NaOH+H_4SiO_4$$

硅酸钠在水玻璃溶液中不完全水解，因为部分盐溶解在水中而不形成氢氧化钠和硅酸，溶液越浓，未水解的硅酸钠的比例越大。由于稀溶液中会发生水解分离出硅酸，故水玻璃应尽可能保存在浓溶液中。

5.胶体硅酸

如果用酸（如盐酸）处理水玻璃的浓溶液，则会形成相应的氯化物并释放出硅酸，硅酸分离成白色无定形物质，溶液像淀粉糊一样凝结。从这个实验中可以看出硅酸不溶于水。

但是如果首先将水玻璃溶液稀释，然后加入酸溶液，则不会出现沉淀。极稀溶液不会出现任何现象，但是如果取中等浓度的溶液（大约是工业水玻璃浓度的八分之一）并加入酸，直到基本反应渐渐消失，刚开始液体是透明的且可流动，但很快就会变浑浊并硬化成为胶状物质，像硬胶水一样。这种情况发生后，硅酸不再溶于水，因为胶状物质中的硅酸是不溶的。

这种硅酸的特殊状态叫作胶体状态（像胶水一样）。胶体状态是溶液和混合物之间的一种中间态，因为流性液体可以通过普通的过滤器，但硅酸无法通过比较精密的过滤器。应特别注意的是，这种状态的变化不可逆转，因为溶液一旦硬化后，即使加入水，状态仍然保持不变。由此可知，硅酸确实不溶于水；但是，如果在稀溶液中，从硅酸盐中分离出硅酸，硅酸不会直接变成不溶性沉淀物，而是保持胶体状态。这时硅酸是可溶的，并且沉淀发生得非常慢，溶液越稀，沉淀得越慢，而在浓溶液中，很快就会看到明显的沉淀。

浓盐酸和弱酸都会影响可溶硅酸盐的这种分解，即使是非常弱的碳酸，也会以同样的方式发生反应。水玻璃暴露在空气中一段时间后，通常会胶凝成固体，这是因为它与二氧化碳发生反应，形成游离硅酸和碳酸盐。一层水玻璃在空气中变干时，会发生一系列变化，形成的玻璃涂层的成分为硅酸。为确保玻璃层的完整性，并且不受碳酸盐的结晶影响，必须用水清洗这层膜，以除去可溶性碳酸盐，留下不溶性硅酸。为了演示碳酸的分解作用，用大约两体积的水稀释一体积的普通水玻璃溶液，并向其中通入二氧化碳。刚开始，表面出现气泡并破裂，就像在大多数其他液体中一样，随后当二氧化碳和氢氧化钠完全结合时，会形成一层永久的泡沫，很快整个物质就凝固成了硅酸凝胶。

6.天然硅酸盐的风化

硅酸盐的风化和自然界中硅酸盐岩石的风化过程一样。硅酸盐在水的作用下部分水解，然后在水和二氧化碳的共同作用下进一步水解；部分硅酸形成后原地分离，其余的在胶体状态下随水流失。如果该物质的硅酸盐可溶，则水也会将这种物质的碳酸盐形成的碱冲走。一些碱与硅酸形成的盐非常稳定，因而作为简单的硅酸盐而残留。铝尤其如此，铝的硅酸盐以各种形式堆积，水和二氧化碳将含有铝的复杂硅酸盐分解时，或者换句话说，经过“风化”分解时，最终会留下黏土。例如，长石风化时，钾以易溶解的碳酸钾的形式被带走，一些硅酸也随之被带走。由于碳酸铝不稳定，因此硅酸铝不会被分解，而是作为分解或“风化”的产物留下来。在纯净状态下，硅酸铝是一种白色的塑性物质，被称为瓷土或高岭土，是一种水化铝硅酸盐。

另一种硅酸盐风化残留物是硅酸镁，根据性质称其为滑石、皂石、蛇纹石或海泡石。硅酸镁有一种油腻感，并且非常耐热，所以可以用来做烟斗、气体喷头等，还可以将其旋转、磋磨和雕刻，因此硅酸镁可以用于装饰等实际用途。蛇纹石显绿色是因为其中含有铁。

7.玻璃

玻璃、瓷器和黏土的多种工业用途得益于其中所含的硅酸盐的特性。

玻璃是硅酸钾或硅酸钠与硅酸钙的无定形熔体，偶尔也会加入其他硅酸盐，特别是硅酸铅，用它可以制成强折射玻璃——燧石玻璃。普通窗玻璃的成分是钠钙硅酸盐，它在纯净状态下是无色的，但是可以通过溶解某些重金属氧化物来着色。普通玻璃瓶的半透明绿色是由于原材料中通常含有少量的铁。

在制造玻璃时，可加入适当比例的石英、苏打和石灰石（SiO_2、Na_2CO_3、$CaCO_3$）的极细粉末混合物并适度加热。硅酸以二氧化碳的形式排出碳酸，形成相应的硅酸盐。这些硅酸盐结合在一起，形成多孔的石头，然后将熟料强烈加热，直至熔化硅酸盐，并且在尽可能高的温度下保持一段时间，以便不熔物质能够沉淀到液态物质的底部，且气泡能够逸出。待玻璃体净化后，将其冷却，直到可以像肥皂泡一样吹起来，保持某些部分比其他部分温度更高、更有流动性，就可以将其轻易地吹成各种形状。如果需要形成已确定的形状，可以将玻璃吹进模具中。要想制作一根玻璃管，需要先吹一个空心球，然后将一根铁棒固定在吹管口对面的一个点上，将球体拉成椭球体，椭球体的中间部分与圆柱体稍有不同，拉动的速度决定了玻璃管的大小，管壁的厚度取决于原始球的厚度。所有的玻璃器皿制成后都放在一个大炉子里，让其慢慢冷却（退火），如果没有这一步，玻璃会很脆，很容易破碎。

8.瓷器和黏土

陶制容器的制备基于这样一个事实，即水合硅酸铝在潮湿时形成塑性物质，在干燥时会变坚硬，但在第二次潮湿时会破碎。如果将干燥的陶制品暴露在更高的温度下，或者烧制，会将陶制品烧结在一起，硅酸铝失去水分，变成水无法分解的石质物质，但是由于其多孔的性质，水可以渗透通过这种石质物质。如果这种多孔性是有用的或者是无害的，比如用作花盆或瓷砖，则无需进一步加工；如果物品必须防水，就会做“上釉”处理，或者用光泽面覆盖。

最精细、最耐用的黏土材料瓷器是由最纯的硅酸铝或高岭土制成的，其通常是长石风化的产物。将一些细粉状长石加入黏土中后，将制品成型、干燥，并在低温下加热，然后，通过浸渍或倾倒的方式，涂上一层薄膏状长石粉，将制品装入防火容器中加热到高温。制品表面以及物质中的长石都会熔化并浸透硅酸铝的固体制品框架，就像一种清漆一样，冷却后，釉料与制品融合，使制品呈半透明状且经久耐用。

因为普通黏土中存在杂质，会比纯硅酸铝更容易熔化，所以这一过程不能使用普通黏土。在这种情况下，只需要适度燃烧，上釉的方法是制作成分合适的玻璃，然后将其粉碎做成糊状，再加热。如果黏土是白色的，最终就制成了彩陶器；如果黏土是彩色的（成分为铁），就成了普通陶器。由于硅酸铅容易熔化并形成光亮的釉料，所以铅经常被用于制作廉价物品的釉料，但由于硅酸铅有毒，且可能会进入到盘子里的食物中，因此法律已经禁止使用铅釉。

石器是一种特殊的陶器，在化学工业中很重要，其特点是耐化学腐蚀性能强。石器由耐火黏土制成，在非常高的温度下烧制，在温度达到最高时，将食盐倒入炉中上釉。盐在高温下挥发成气体，水蒸气会将这种气体分解，在制品表面形成钠铝复硅酸盐，同时盐酸析出。这种情况下釉料是由黏土制品本身形成的，所以和瓷器的釉料一样耐用。

面釉通常不具有黏土本身的膨胀系数，因此温度变化通常会导致釉料和黏土之间存在张力，最终使较弱的部分釉料开裂，这就是加热过的彩陶器皿上总是有一层细裂纹的原因，然后泥土堆积到缝隙中形成黑色的沉积物，使得裂缝清晰可见。选择膨胀系数尽可能接近黏土膨胀系数的成分作为釉料，可以减少裂缝，但也不能完全避免。

搪瓷铁器的制造也是基于同样的原理，粗粒搪瓷首先在表面上熔化，作为载体，然后在表面涂上易熔涂层，形成所需的颜色和最终表面。

INTRODUCTION TO CHEMISTRY

第十一章

铁族重金属

锌

1.金属锌

在重金属族中，我们首先学习锌（前面我们已经学习用锌制备氢气），因为它与我们已经学习过的金属镁非常相似。此外，锌的化学性质比大多数其他重金属要简单。

尽管古董物品中经常会混合有纯锌和其他金属，但事实上直到17世纪人们才发现纯净的锌。在古代，人们会从自然界中铜和铅的化合物中还原出锌，所以得到的产品多为复杂的金属混合物或合金。锌被较晚发现的原因并不是锌在自然界中的含量低，而是金属锌比其他金属（除了汞）更容易蒸发，而且蒸发后易燃。在中世纪的很长一段时间内，蒸馏工艺不够完善，导致难以制备纯锌。

锌是一种青白色金属，在空气中很容易氧化成灰白色的物质，但在大多数情况下，氧化锌会形成一层致密涂层，因而阻止了锌与氧气的进一步反应，因此金属锌能耐空气腐蚀。现代大城市的空气中存在硫酸，由于硫酸锌的溶解度较大，故其很快就将锌腐蚀掉。

铸锌的结晶程度相当高，因此易碎，适度加热时，又会变得柔软而坚韧，如果轧制，将保持其韧性。用于化学目的的铸锌棒和一片锌箔之间的区别非常明显，弯曲铸锌棒将会导致其断裂，但锌箔可以大角度弯曲而不会断裂。

锌的熔点是420℃，沸点是980℃，锌蒸气在高温下一接触空气就会燃烧。在一个小的瓷坩埚里放一点锌，然后用一个喷灯加热，即可观察到上述现象，锌蒸气燃烧时发出青白色光，但是火焰没有镁燃烧时产生的火焰那么明亮。

燃烧生成的氧化锌（ZnO）会形成轻质薄片，还原锌矿石时形成的也是这种薄片，中世纪的化学家称这种片状物质为氧化锌（类似毛料）。热的氧化锌是黄色的，冷却后为白色。氧化锌作为白色颜料时又被称为“锌白”，与大多数其他白色颜料相比，“锌白”的优点是不会因大气中的气体腐蚀而变色，因为几乎所有的锌的化合物都是白色的。

氧化锌不会像氧化镁那样可以直接形成氢氧化物，但可以用碱沉淀锌溶液来制备氢氧化锌，注意不要添加过量的碱，否则氢氧化锌会溶解。

氧化锌易溶于酸中形成锌盐，所有锌盐都是无色的，除非酸本身是有色的。锌盐的溶解度非常类似于相应镁的化合物的溶解度。氯化锌、硝酸锌和硫酸锌易溶于水，而碳酸锌和氢氧化锌不溶于水。氢氧化锌的碱性比氢氧化镁弱。事实证明，由于轻微水解，几乎所有锌盐的水溶液都呈弱酸性，这也是几乎所有重金属盐的特征。

2.锌盐

氯化锌是重要的盐类之一，它是一种易熔的白色物质，易溶于水且释放热量。氯化锌在空气中会潮解，因为饱和氯化锌溶液的蒸气压比大气水分的分压低得多，将氧化锌或金属锌溶解在盐酸中即可制备氯化锌溶液，溶于盐酸时会产生氢气。氯化锌浓溶液呈油性，与氧化锌混合后会产生一种糊状物，然后很快凝固成坚硬的物质，牙医用它来补牙。氧化锌与氯化锌结合形成一种碱式氯化锌，有时也被称为氯氧化锌[①]。氯化锌溶液也被用作“焊液”，因为可以像氯化铵一样“清洁”金属表面，使熔铅和熔锡涂覆到金属表面。氯化锌也被用于保护木材，特别是铁路枕木，以确保接触潮湿地面时枕木不会分解。

硫酸锌$ZnSO_4$可与$7H_2O$结晶，晶型同硫酸镁，被称为锌矾或皓矾。这些古老的矿物名称仍然被用于所有重金属的硫酸盐，但实际上应该被淘汰，因为没有系统化。硫酸锌被用于医学领域和艺术品中，一般将金属锌溶解在硫酸中制成硫酸锌，出于这个目的，应注意稀释硫酸。在浓硫酸和热硫酸溶液中，会发生进一步反应，将一部分硫酸还原成硫化氢和硫。

3.硫化锌

硫化锌是锌的另一种重要化合物。用硫化氢（最好是硫化钠或硫化铵溶液）处理锌盐的水溶液时，可以得到水合硫化锌，将硫化氢通入硫酸锌溶液中，会发生以下反应：

$$ZnSO_4+H_2S=ZnS+H_2SO_4$$

反应形成硫化锌和硫酸，但是如果用过量的硫酸处理硫化锌，硫化锌就会溶解。也就是说，这个反应可以在任一方向上发生，或者称其为可逆反

① 这种碱性氯化物能够与更多的酸结合，形成标准或“中性”盐，注意不要与次氯酸盐混淆，例如NaClO不是碱式盐。

应，反应的方向取决于反应物质的相对浓度。在上述反应中，只有一部分锌（大约9/10）参加反应，生成硫化锌沉淀。如果加入过量的酸，酸会作为溶剂阻止进一步沉淀；如果反应前加入足量的硫酸，就不会形成沉淀。

如果使用碱性硫化物，会发生完全不同的反应，反应会形成中性硫化物且会完全沉淀。由于硫化铵具有挥发性，如果加入过量的硫化铵，可以很容易地除去多余的部分，因此硫化铵通常被用于分析工作。

4.锌冶金

纯硫化锌是一种白色物质，可用作白色颜料。硫化锌在自然界中大量存在，是最重要的锌矿之一，其矿石被称为闪锌矿。一般情况下，闪锌矿中的杂质会将矿石染成黄色、棕色甚至黑色。制造锌的第一步是焙烧矿石，也就是通入空气加热，将可氧化物质变成氧化物，这一过程的反应方程式如下：

$$2ZnS+2O_2=2ZnO+SO_2$$

锌变成氧化锌，硫变成二氧化硫，由于二氧化硫对植物有害，不能将其排放到空气中，因此锌熔炼炉一般和硫酸厂对接，将有害的二氧化硫转化为副产品硫酸。所有的化学工业都应该以同样的方式来处理，即尽可能将反应的副产品用于其他反应中。

然后将氧化锌与炭混合并在蒸馏罐中加热，锌从蒸馏罐中以蒸气形式蒸馏出来，并用设计合理的真空室收集。锌首先凝结成灰色细粉，被称为锌粉，其在实验室和艺术品中有着广泛的应用，一段时间后，烟道和收集室温度上升，锌凝结成液态。

其他锌矿有菱锌矿[1]和炉甘石，菱锌矿的主要成分是碳酸锌$ZnCO_3$，炉甘石是不同组成的水合硅酸锌，两者都可以经还原制备锌。适度加热时，碳酸锌首先变成氧化锌，但硅酸锌直接被还原成锌。

金属锌有多种用途，它比铁更防水，比铜更便宜，尽管铜比锌更耐用。锌通常与其他金属形成合金，最重要的合金是黄铜，黄铜用途十分广泛。如果可能的话，可以用黄铜制造各种科学仪器，因为黄铜仪器便于操作且精度很高，并且很耐用。

大部分锌盐有毒。

① 碳酸盐常被称为炉甘石，尽管这个名字应该属于锌的水合硅酸盐。

铁

1.金属铁

铁是分布最广、最重要的重金属，它在自然界中可以与大部分元素发生反应。唯一的例外是陨石，这些小天体在运行过程中冲入地球大气层，并受到地球的强烈吸引力，最终落到了地球上。陨石是由金属铁和某些其他金属混合而成的，尤其是镍。

自然界中存在的铁的化合物，部分是氧化物，部分是硫化物。铁的氧化物可直接用于生产金属铁，冶炼方法将在后续章节中描述。

工业铁不是纯金属铁，其中含有不同量的碳，以及少量的其他元素。纯铁是一种灰色、韧性较好但不太硬的金属，没有实际用途。工业铁有三种，即熟铁、铸铁和钢。熟铁是纯度最高的，其性质最接近纯铁；熟铁韧性较好，在熔化之前就会软化，在这种情况下，可以采用锤击和压制的方法进行处理，专业术语为“锻造”工艺。熟铁也可以焊接，也就是说，可以通过简单的锤击将两块铁连接在一起。要做到这一点，必须将铁加热到比轧制所需的温度更高的温度，在这种条件下，两块铁会像蜡块或水泥块一样经过锤击后粘在一起。熟铁的硬度不是特别高，热处理后变化不大，熟铁中的碳含量最高可达0.5%，有些熟铁的纯度很高。

钢的含碳量低于2%，由铁和碳化铁（Fe_3C）的混合物组成。碳化铁的硬度很高，导致钢也十分坚硬，钢经过不同的热处理后，硬度会发生很大的变化。钢在白热化时突然冷却或“淬火”之后是最硬的，一般是将其浸入水或其他液体中，最终得到的钢处于内应变状态，非常坚硬，可以划破玻璃，因此有时称其为特硬钢。

如果小心地将钢加热，内应变就会减小，导致钢变软且更有韧性。在特硬钢的状态下，钢非常脆，弯曲时会断裂，钢再加热或“退火”的温度越高，时间越长，就会变得越软且越有韧性。在硬钢表面进行抛光处理，然后观察加热时的颜色变化，就可以估计软化量，颜色的变化对应的是钢在空气中开始氧化的温度。氧化层最初是薄而透明的，呈现出物理学家所说的“薄膜的颜色”，钢的表面先变成黄色，然后是棕色、紫色，最后是灰色，之后钢就会完全变软。

将带火星的手表发条淬火，然后连续退火，就可以观察到上述现象。淬火后的钢弯曲时会断裂，擦伤玻璃，但退火时间越长，钢就会变得越软且越有韧性。

根据钢的用途，可以用这种方法（退火）得到不同的硬度。滚珠轴承中的滚珠是特硬钢，铁加工工具是退火时呈黄色的钢，退火时呈紫色的钢用于制作黄铜加工工具，蓝色的钢用于制作木材车削工具。手表发条是退火成蓝色或紫色的钢。

钢可以在高温下加工，在1400℃左右时熔化，然后浇铸（铸钢）。

除了这些普通碳钢之外，还有许多种类的钢，其中加入了其他的通常是保密的成分，这些钢具有不同的性能。由于铁的硬度、韧性和其他性能可以改变，以适应钢的使用，因此钢的用途很广泛。

铸铁的含碳量约为4%，是三种铁中熔点最低的。铸铁的韧性不是很强，但具有很强的抗压性，可用于制造复杂形状的部件。让普通熔融铸铁慢慢冷却，一部分碳会分离出来，形成一种深灰色的软金属，这种金属很容易采用车削、锉磨和其他方式加工，但是如果快速冷却，碳就会和铁结合在一起，导致铁呈现白色且具有很高的硬度。这两种铁被分别称为灰铸铁和白铸铁，灰铸铁更常见，只有在需要很高的硬度时（如轧辊等），才使用白铸铁。

2.亚铁化合物

铁会形成两种类型的盐，一类为二价铁盐，另一类为三价铁盐。二价铁的化合物类似于镁的化合物，三价铁的化合物类似于铝的化合物。这些盐的相似之处不仅在于符号方面，还在于溶解度关系方面，尤其是类质同晶，且相应化合物具有相同晶形。例如，三价铁的氧化物的结晶形式与氧化铝相同，均为菱面体结晶；二价铁的硫酸盐与钾形成复盐，这种盐与硫酸钾镁的形式相同。为了区分这两个系列，二价化合物被称为亚铁化合物，三价化合物被称为铁的化合物。

金属铁溶解在酸中时（硝酸除外），就会形成亚铁化合物，同时放出氢气。亚铁盐溶解，会使溶液呈现淡绿色。由于含有碳，碳氢化合物会污染用酸处理时释放的氢气。最常见的亚铁盐是硫酸亚铁，或称铁矾（分子式为$FeSO_4 \cdot 7H_2O$），一般呈大单斜晶体，通常称其为绿矾。如果没有外界的影响，硫酸亚铁晶体可以保存很长时间，但是如果被破碎或压碎，则很容易风化，吸收氧气转变成铁盐。硫酸亚铁水溶液的颜色与晶体颜色相同，有涩味，在空气中会发生氧化，沉淀形成黄色碱性铁盐。铁化合物中的铁，由于其三价性，形成正常盐所需的酸是亚铁盐所需酸的1.5倍，因此亚铁盐中的酸不足以使铁保持在溶液中。碱未完全中和的盐被称为碱式盐。

硫酸亚铁被广泛用于工业中，尤其是染坊，也可以用来制作墨水。这种墨水中通常含有一种有机酸的铁盐，这种有机酸常存在于坚果中，被称为丹宁酸。天然硫化物（将在后续章节学习）在空气中氧化时，就很容易大量形成硫酸亚铁，因此，硫酸亚铁很早就为人所知。在制造硫酸的铅室法发明之前，硫酸亚铁是硫酸的来源。硫酸亚铁在加热时变成碱性硫酸铁（见上文），进一步加热时分解成氧化铁并释放出三氧化硫。三氧化硫具有易挥发性，因此如果在蒸馏瓶中发生反应，可以将其收集在水中，形成硫酸溶液。由于用于收集的水通常很少，因此一定量的酸酐仍然溶解在酸中，且所得溶液会在空气中挥发。因此，用这种方法制得的酸被称为发烟硫酸，或者考虑其是由铁矾生成的，所以又被称为矾油，早期称之为诺德豪森酸，因为这种酸最早是在诺德豪森制造的。目前工业上已经完全淘汰了这种制备方法。

如果用碱处理硫酸亚铁或其他亚铁盐的溶液，会形成氢氧化亚铁沉淀。这种沉淀在纯净状态下是白色的，但很容易吸收氧气变成墨绿色。其只有在特殊条件下才是白色的，因为溶解在溶液中的氧气会将沉淀氧化。相应的酸酐——氧化亚铁，是黑色的，也很容易发生氧化。

硫化氢与亚铁盐的酸性溶液不会产生沉淀，因为硫化亚铁会溶解在酸中。亚铁离子会与碱性硫化物反应，形成水合硫化亚铁的墨绿色沉淀，在空气中很快被氧化成硫酸亚铁和碱性硫酸铁。在坩埚中放入一些硫，并加入一根铁棒，加热铁棒的一端，即可制备出另一种更稳定的无水物质——硫化亚铁（FeS）。二者结合时会放出大量的热，将铁棒推入坩埚中，并加入更多的硫，就可以制造出大量的硫化亚铁。硫化亚铁是一种黑色的、稍有光泽的物质，可用于制造硫化氢。黄铁矿（主要成分是FeS_2）是自然界中常见的硫化物，相比于硫化亚铁，FeS_2中含有两倍的硫，但这种结合比例并没有对应的氧化物。黄铁矿为黄铜色，晶体属等轴晶系，煤中经常可以发现发育良好的黄铁矿晶体。黄铁矿是制造硫酸所用硫的主要来源之一，在空气中烘烤时，其中的二氧化硫会逸出，得到氧化铁。

3.铁的化合物

铁的化合物的颜色从黄色到棕色不等。氯化铁是最常见的铁的化合物，与$6H_2O$一起结晶，市面上的氯化铁多为潮湿的棕色物质。氯化铁能在水中自由溶解，产生一种黄色溶液，可用于医疗和工业领域。将氧化铁溶解在盐酸中，或者将铁溶解在盐酸中，然后加入氯气来氧化产生的氯化亚铁，均可制备出氯化铁。

将碱或氨加入铁盐溶液中可产生棕色氢氧化铁沉淀，氢氧化铁在自然界中大量存在，是重要的铁矿石褐铁矿的主要成分，有时会形成黑色有光泽的物质，类似葡萄串。氢氧化铁经过加热会放出水，留下酸酐氧化铁，呈红棕色粉末状。在不同的加热温度下，得到的氧化铁呈鲜红色到暗紫色不等，可作为“胭脂”来抛光金属和玻璃，也可作为颜料。

在自然界中，氢氧化铁与黏土和其他物质的混合物多为富含铁的硅酸盐风化后的残留物，或者含铁水域的沉积物。这种混合物一般呈深黄色或黄褐色，被称为黄赭石，是一种廉价且耐用的颜料。不仅人工制备的氢氧化铁在加热时会失去水分，变成红色的氧化铁，各种赭石在“烧焦”时也都会变成红色，而“焦赭色”也可用作颜料。

烧制过的陶制容器、瓷砖等显红色，是由于含有氧化铁和黄色或棕色的氢氧化铁。

氧化铁是赤铁矿的主要成分，它的晶体为绚丽的菱面体，与刚玉同晶，其他结晶不良的氧化铁被称为红铁矿。有些红铁矿与褐铁矿非常相似，不同之处在于“条痕”，也就是矿物在白色粗糙瓷板上摩擦后所留下的痕迹，其颜色清晰可见。褐铁矿的条痕是黄棕色的，而赤铁矿的条痕是红色的。

在自然界中还存在一种氧化亚铁和氧化铁的化合物，即 $FeO+Fe_2O_3=Fe_3O_4$。这种化合物有磁性，因此被称为磁性氧化铁或磁铁矿，它的晶型为等轴晶系，是一种铁灰色的、呈金属外观的矿物，也是一种有价值的铁矿石。

4.钢铁冶金

对于钢铁工业，也是最重要的工业之一，只需要考虑氧化铁矿石。除了已经命名的褐铁矿、赤铁矿和磁铁矿之外，还有碳酸亚铁（$FeCO_3$）。其被称为菱铁矿，晶体为菱面体，与方解石同晶型。所有这些矿石加热后都会变成氧化铁，所以从化学角度来说，我们最终只需要处理这一种物质。

采用铁的氧化物生产铁是利用了碳的还原作用，根据条件的不同，会发生两种不同的反应。一方面，随着一氧化碳的形成，碳将氧化铁还原，反应方程式为：

$$Fe_2O_3+3C=2Fe+3CO$$

另一方面，一氧化碳本身可以作为还原剂参加如下反应：

$$Fe_2O_3+3CO=2Fe+3CO_2$$

具体发生哪个反应取决于温度，第一个反应的温度较高，第二个反应的温度则较低。

这两个反应可以帮助我们更好地理解炼铁的过程。将铁矿石、焦炭和熔剂交替分层地放进高炉（一种较高的蛋形熔炉）的顶部，在底部附近通风，在温度最高的下部，焦炭和氧化铁发生第一个反应，而在炉子上部温度较低的区域，一部分一氧化碳也有助于还原，剩余的一氧化碳未燃烧就逸出高炉。以前的工艺是将一氧化碳直接在炉顶（即“炉喉”）燃烧，现在的工艺可以用管道收集逸出的气体，用于其他场所。除了作为还原剂，一部分炭燃烧产生冶炼所需的高温，因压缩空气从炉子下部通入，所以这部分温度最高，铁与过量的碳结合后熔化，在炉底以铁液的形式汇集，然后打开炉底放出铁液。

用这种方法制造的粗铁是铸铁，碳含量较高。有时直接采用高炉制造铸件，但通常是将原材料倒入“锭”中，再熔化并加工成其他形式的金属。

生铁锭中含有碳，此外还有硅与微量的硫和磷，其含量取决于矿石的纯度。铁中的硫和磷是有害元素，必须减少或清除。如果要制造其他种类的铁，必须降低其中的碳含量，方法是加热铁直到熔化，然后让其暴露在空气中，将其中的杂质氧化。可采用两种工艺——搅炼和贝氏炼钢法，这两种工艺的化学原理相同，但使用的机械不同。贝氏炼钢法的命名源于它的发明者贝塞麦，这是很重要的工艺，因为它实现了最快和最完全的纯化。

将熔融的生铁锭放入一个带有耐火衬里的梨形容器中，并吹入空气，碳和硅的氧化会放出热量并使温度升高，在短时间内完成反应，碳几乎完全燃烧，具体取决于所需的性能，最终得到的产品是贝塞麦钢或锭铁，锭铁类似于可锻铸铁。如果铁中含有磷，贝塞麦转炉的内部就用氧化镁砖或石灰砖作为衬里，磷形成磷酸盐并进入炉渣中，从而产生优质的铁。通过这种方式，以前毫无价值的磷矿石也得到了应用，同时农业中也获得了一种优质的磷肥。这种磷肥用发明者的名称命名为托马斯矿渣，这是利用副产品的理想工艺过程的另一个例子。

锰

1.金属锰

锰元素与铁元素非常相似。锰的颜色较浅，略带红色光泽，纯净的锰几乎没有实际应用，用铝还原锰的氧化物即可制备单质锰。锰比铁更容易且能更快地溶解在酸中，在这方面锰类似于镁。铁和锰的合金用于钢铁工业，贝塞麦工艺便利用了锰燃烧时放出的大量的热，同时也用于白口铸铁的生产。

2.锰的化合物

锰与一般金属的一个不同点就是锰在其化合物中有五种不同的价态，二价锰类似镁，三价锰类似铝，四价锰类似锡，六价锰类似硫酸盐中的硫，七价锰类似高氯酸盐中的氯。在本章节中我们仅学习其中几个典型的化合物。

金属锰溶解在酸中，形成没有特殊价值的粉红色二价锰盐。这种盐和碱反应生成鲑鱼色沉淀氢氧化锰［$Mn(OH)_2$］，氢氧化锰在空气中会氧化成棕色的三氢氧化锰，但氧化速度没有相应的铁的化合物那么快。与亚铁盐相反，溶解或结晶的锰盐在空气中都不会发生氧化。锰的化合物中唯一的矿物是碳酸锰，或菱锰矿，与方解石同晶。

三价锰会形成棕色的三氢氧化锰，可以采用如上方法制备。三氢氧化锰是一种极弱碱，所以几乎无法制备三价锰盐，因为其很容易发生水解。三价锰在自然界中以MnO（OH）的形式存在，它的黑色晶体呈棕色条痕，它的分子式是由三氢氧化锰失水推导出的。四价锰的氧化物MnO_2是人们经常提到的软锰矿，它是一种中性物质，不显示碱性或酸性，被称为二氧化锰或过氧化锰。可以确定二氧化锰是极弱酸H_2MnO_3的酸酐，因为根据组成可以判断许多已知化合物是这种酸形成的盐，这类盐被称为水锰矿，颜色为棕色或黑色。

3.锰酸

将碳酸钠或碳酸钾与任何锰的氧化物混合，都会形成一种绿色物质。这种绿色特别深，以至于大量的锰将熔化物染成黑色，甚至微量的物质都显示为蓝绿色。该反应用于对锰的检测。熔融物质溶解在绿色的水中，并含有锰酸盐，即K_2MnO_4或Na_2MnO_4，分子式类似于硫酸盐。锰酸盐的结晶形式与硫酸盐相同，因此这两种酸同晶。

将深绿色的锰酸盐溶液在敞口容器中保存一段时间，颜色会从蓝紫色变成紫色。由于这种明显自发的颜色变化，老化学家将这种绿色溶液称为变色龙。如果加入酸，颜色会立即发生变化，加入少量的氯或溴水可以使颜色更加纯净。

发生这种变化的原因是一种新酸高锰酸形成的盐，这种盐被称为高锰酸盐，反应的化学方程式为：

$$2K_2MnO_4+Cl_2=2KCl+2KMnO_4$$

这种新盐高锰酸钾与锰酸钾不同，其中仅含有一个化合量的钾，而锰酸钾中含有两个化合量的钾，因此，相应的酸为$HMnO_4$，溶液呈现的紫色是高锰酸离子（MnO_4^-）的颜色。

现在我们就可以解释为什么在没有氯或溴的情况下，颜色变化是由自身或酸引起的。游离锰酸是一种不稳定的物质，释放后会分解成高锰酸和二氧化锰，反应方程式为：

$$3H_2MnO_4=2HMnO_4+MnO_2+2H_2O$$

当用氯处理时，所有的锰都转化为高锰酸盐。在这种情况下，三分之一的锰以水合二氧化锰的形式沉淀，棕色沉淀使溶液变浑浊。这个反应非常容易发生，大气中的碳酸都可以引发，这就是溶液在空气中颜色发生变化的原因，尽管变化很慢。

高锰酸钾是一种很强的氧化剂，可以通过上述方法或电解法大量生产，并有许多工业用途。高锰酸钾形成闪亮的紫棕色（几乎是黑色）晶体，即使是少量的晶体，也可以形成漂亮的紫红色溶液，高锰酸钾晶体与高氯酸钾（$KClO_4$）的晶体同晶。

INTRODUCTION TO CHEMISTRY

第十二章

铜族重金属

铅

1.金属铅

金属铅早已为人所知。它的特点是密度大（$11.4g/cm^3$）且很柔软。铅的熔点是330℃，即使是固态，也能很容易地被压制成所需的形状。铅的工业用途首先取决于它的密度，因此适合制造炮弹和子弹，因为动能与质量成正比。铅的第二个用途基于其化学性，可以肯定的是，铅很容易氧化，但仅限于表面，这是因为大多数铅的化合物都是微溶的，并且可以形成一层半永久涂层，保护“下面的金属”。

水管通常由铅制成，尽管在有氧气存在的情况下，纯水与铅可以发生强烈的反应，但普通水中的可溶性硫酸盐和碳酸盐很快就与铅反应，形成了不溶性衬里，阻止了进一步的反应。同样，硫酸装置中的铅室会抑制硝酸和硫酸的反应，但是要确保硫酸浓度不要太大，否则保护涂层会溶解。

抛光铅在空气中只能保持很短的时间，呈灰白色，带有金属光泽，由于形成了非常薄的氧化物涂层，铅很快就变成了深灰色。

大量的铅被用于制造合金，比如易熔软焊料和铅字合金。

2.铅的化合物

铅的化学性质非常简单，类似于碱土金属，尤其是钡，在许多化合物中与碱土金属同晶，并且相应的溶解度关系也与碱土金属相同。尽管铅偶尔也会形成四价化合物，但它的化学性质在很大程度上类似于二价元素。铅不溶于稀酸，金属铅在空气中加热，容易形成氧化物，进而可以制备铅的化合物。

氧化铅（PbO）通常被称为密陀僧（密陀僧是银冶炼的副产品），是一种红黄色物质，结晶为不明显的鳞片状。氧化铅不溶于水，但可溶于硝酸和乙酸，形成可溶性铅盐。

硝酸铅［$Pb(NO_3)_2$］是一种白色盐，在等轴晶系中结晶，与硝酸钡同晶，加热后分解成氧化铅、二氧化氮和氧气。硝酸铅溶液与碱会反应产生氢氧化铅的白色沉淀。

氢氧化铅［$Pb(OH)_2$］呈弱酸性，可溶于过量的碱中。一般情况下，铅离子与硫酸和硫酸根离子可以反应沉淀出白色不溶性硫酸铅（$PbSO_4$）。其也是一种矿物——硫酸铅矿，硫酸铅晶体与重晶石的晶体同晶。

碱性碳酸盐与铅溶液反应生成不溶的白色碳酸铅（$PbCO_3$），在自然界中以矿物白铅矿的形式出现。白铅矿与霰石和毒重石同晶，是一种有价值的铅矿。

铅白是氢氧化铅和碳酸铅的双重化合物，是一种遮盖力很强的颜料，甚至在今天，铅白的制备方法也沿用着古老的荷兰工艺。在这种工艺中，将铅片放在装有少量醋酸的罐子里，然后放入潮湿的树皮鞣料或粪肥中。树皮鞣料或粪肥可提供碳酸，在醋酸和大气中氧气的存在下，碳酸会腐蚀铅并使其变成碱性碳酸铅。工业上也在使用其他各种工艺，但只有生成碱性碳酸铅而不是中性盐的工艺才适合生产铅白。

除了上述用途，铅白还有两个缺点。首先，由于铅白表面变成了深棕色的硫化铅，硫化氢会使铅白变黑；其次，铅白像所有的铅的化合物一样有毒，铅白制造厂在处理时要极其小心，否则会发生极其危险的中毒。铅中毒的最初症状是剧烈腹痛（铅绞痛），最终导致瘫痪。人们已经做了很多尝试，用其他物质，例如用锌白来代替铅白，甚至使用不耐用的材料来避免铅中毒的危险。由于铅属于累积性毒物，可能导致长期疾病，故更增加了铅的危险性。

铅糖是最常用的可溶性铅盐，主要成分是醋酸铅，其组成成分为$Pb(C_2H_3O_2)_2+3H_2O$，将氧化铅溶解在醋酸中即可制备，铅糖这个名字来源于它的甜味。醋酸铅溶于水，通常形成混浊的溶液，这是由于空气中的碳酸取代了部分醋酸，所以醋酸铅上有一层不溶性碳酸铅。

将氧化铅在空气中小心地加热，它会吸收氧气，变成亮红色粉末，或称铅丹或红丹，成分是Pb_3O_4。红丹可用作颜料，也可用于某些水泥，如果用稀硫酸处理红丹，它会分解成可溶于酸的氧化铅，以及不溶于酸的深棕色粉末过氧化铅PbO_2，可以通过洗涤和干燥得到纯净的过氧化铅。

在酸性不太强的铅盐溶液中加入硫化氢，可沉淀出棕黑色的硫化铅（PbS）。由于其颜色较深，即使少量，也清晰可见，该反应可用于测试铅；还可通过与铅溶液或浸在醋酸铅中的纸张发生反应来检测硫化氢的存在，即使微量物质，也可以用这种方法鉴定。

3.铅冶金

硫化铅在自然界中大量存在，形式为重金属立方体：这种形式的硫化铅被称为方铅矿，也是最重要的铅矿。为了采用方铅矿来制备铅，首先要焙烧矿石，硫化铅会转化为氧化铅和硫酸铅，最终可以通过碳或未氧化的硫化物进行还原。如果将焙烧产品和方铅矿一起加热，会发生如下反应：

$$2PbO+PbS=3Pb+SO_2$$

以及

$$PbSO_4+PbS=2Pb+2SO_2$$

在这两种情况下都会形成金属铅和二氧化硫，硫化铅对氧化物起还原作用。

粗铅中通常含有银，因此必须将银分离出来。起初，人们利用铅和银加热时与氧反应的差异来实现分离，将铅放入一个扁平环形炉（提银炉）中将其熔化，通入空气将其氧化，生成的氧化铅一部分挥发，一部分经炉底吸收。银仍为单质状态，在最后一点铅氧化的瞬间，一氧化铅薄膜破裂，呈现出明亮的闪光色（银“闪光”）。目前则使用更经济的方法分离银，将熔融粗铅与锌混合，锌不与铅形成合金，而是浮在表面，就像油浮在水上一样，但是银和锌一起上浮，因此在冷却时，可以剥离出一层含有银的硬化锌层，锌在蒸汽中加热后被氧化，得到纯银。还有另外一种工艺，其原理是含银的铅熔化并冷却时，纯铅会首先结晶，就像纯冰从盐溶液中分离一样。用漏勺将铅晶体舀出来，通过系统的结晶，富含银的母液可以与不含银的铅晶体分离，母液中的银越来越多，达到一定浓度时，银开始分离，就可以采用上述方法处理富含银的铅。

铜

1.金属铜

铜就像金和银一样，在很早就已为人熟知，因为这种金属大部分情况下并不是处于结合态，而且铜的红色让人们很容易发现。铜不属于贵金属，但在一定程度上与贵金属相似，因为暴露在空气中很快就会形成一层氧化薄膜，但仅限于表面，所以即使放置很长时间也不会发生严重的腐蚀。

纯铜呈玫瑰红色，如果用盐酸处理一块金属铜，以去除表面氧化物，可以看到铜本身的颜色。铜在空气中很快就变成了更暗的棕红色，即常说的“铜红色”，而长时间暴露在潮湿空气中的铜会形成一层绿色的碱式碳酸铜（某些条件下会形成氯氧化铜）。青铜（一种铜合金）制成的古董上通常会有这种“铜绿”，这是铜与潮湿的土壤长时间接触形成的，也可以在短时间内人为地制造类似的涂层。

铜在铜盐中有一价和二价。一价铜的性质类似银，二价铜的性质类似亚铁离子，最常见的铜为二价铜，因为大部分一价铜的化合物与空气接触后会变成二价形式。因此，我们首先学习二价铜。

2.硫酸铜

硫酸铜（$CuSO_4$）是由硫酸与金属铜反应得到的一种盐，溶于水中形成蓝绿色溶液。硫酸铜在自然界中是由天然硫化物在水和氧气的作用下形成的，因此早已为人所知，也被称为蓝矾或胆矾。其结晶没有对称轴，晶体的每个表面都有一个相对的平行表面，这种晶系被称为三斜晶系。

加热硫酸铜结晶时会失去结晶水，变成一种浑浊的白色粉末状物质，粉末状物质很容易再次吸水，并且恢复其蓝色，显示出水合作用。因此，硫酸铜可用于干燥非水液体，即将这些物质从溶解的水中释放出来。如果新加入的脱水硫酸铜为白色，则表明非水液体已经完全脱水。

硫酸铜的水溶液与锌或铁接触时会失去铜，并变成另一种金属的相应盐。贵金属和贱金属按相似性质分成一个系列。铜可以沉淀出银盐中的银，铅可以沉淀出铜盐中的铜，铁和锌可以沉淀出铅盐中的铅。在每一种情况下，溶液中的贱金属可以置换出较贵重的金属。从理论上讲，锌应该可以沉淀出亚铁盐中的铁，但在这种情况下，水氧化了铁，导致置换反应无法进行。这个反应系列到铁就无法再进行，因为其他金属，尤其是轻金属，会和水发生反应，因此不能存在于水中。

人们在很早以前就发现了这个过程，当硫化铜矿暴露在潮湿空气中时，容易形成硫酸铜溶液。因此，人们注意到在不同的矿井中，某些矿井水可以将铁变成铜。众所周知，在中世纪，炼金术士试图用贱金属制造黄金，但以失败告终，现在我们知道这违背了元素守恒定律。但在中世纪，人们认为矿井中的变化就是确凿的证据，证明嬗变，或者一种金属转变成另一种金属，是完全可能的。正确的观察由于错误的假设而导致了错误，在最初发现铁的地方又发现了铜，这是千真万确的，正如我们现在所知，铜并不是由铁转化而来的，而是由于矿井水溶解并带走了铁。

3.电解

如果将电流通过两块铜板，这两块铜板在饱和硫酸铜溶液中保持相互平行而不接触，则会发现一块板上的金属铜会溶解并沉积在另一块铜板上。溶解的铜和沉积的铜的量是相等的，且这个量与通过铜溶液的电量成正比。这是一个精确的量，在一定时间后称量上述实验装置中的铜板，计算出其中一个铜板质量的增加量，就可以计算出在此期间通过的电流量。

连接到锌电池一端上的铜板质量增加，而另一端的铜板质量减小，质量增加的铜板被称为阴极，质量减小的铜板被称为阳极。正电流从阳极进入溶液中，并流向阴极，因此，铜随着正电流移动。硫酸根离子SO_4^{2-}向相反的方向移动，阳极溶解的原因是SO_4^{2-}与铜结合，形成新的硫酸铜，且阳极溶解的量与沉积在阴极的量完全相同，因此，只要阳极还有铜没有溶解，电流就可以通过溶液，并且溶液中的硫酸铜总量保持不变。

4.铜离子

如果我们假设溶液中的Cu^{2+}带正电，$SO_4{}^{2-}$带负电，并且它们沿相反的方向通过并产生电流，那么就可以解释上述现象，这就是称其为离子的原因。迁移到阴极的Cu^{2+}是阳离子，迁移到阳极的SO_4^{2-}是阴离子。由于二价铜形成的化合物称为二价铜化合物，铜离子称为二价铜离子，硫酸根离子SO_4^{2-}已经为人所知。

我们知道，如果我们假设原子存在，那么也必须假设同一物质的所有原子都相同。同样，所有铜离子上的电荷必须相等，否则分离出的铜量与传输的电量就不成比例。此外，硫酸根离子的负电荷等于铜离子所带的正电荷，溶液中每种离子的数量相同，硫酸铜中铜离子的数量与硫酸根离子的数量相同。如果硫酸根的负电荷量大于铜离子的正电荷量，那么对应地，硫酸铜及其溶液将显负电，但事实上并非如此，所以电荷必然相等。

还可以得出进一步的推断，硝酸铜溶液中的两个硝酸根离子和一个硫酸根离子所带的负电荷数目相同，所有其他能形成铜盐的阴离子也是如此。另一方面，硫酸根离子可以与所有阳离子形成中性盐，所有这些阳离子带的正电荷也必须与硫酸根离子带的负电荷相等，一个二价金属离子或两个一价金属离子与硫酸根离子结合，由此可见，离子所带的电荷与其价态成正比。如果一个一价阳离子所带的电荷为F，那么$-F$就是一价阴离子所带的电荷，而nF或$-nF$是n价阳离子或阴离子所带电荷。

从这些分析中可以得出一个结论，即将相同的电流通入一系列像硫酸铜那样排列的原电池中，每个电池单元中会通过相同的电流，并且所有的电池单元中通过的电流均相同。不同阴极上沉积的金属质量也不同，具体的量为相关元素的原子量除以化合价，如果将这些量称为当量，则认为通入相同的电流后，在原电池中沉积的不同金属的量相等。例如，向包含铜电池和银电池的电路中通入电流，直到107.88g银分离，铜的质量为$63.57\div2\approx31.79$（g）。事实上，这个量是非常精确的，可以以这种方式确定铜和银的当量和化合量的关系。

这个重要的定律，即等量的离子会传输等量的电荷，与离子种类无关，被称为法拉第定律（以该定律的发现者的名字命名）。当法拉第通过实验证明这些质量关系成立时，标志着人们第一次以纯经验的方式发现了这一定律。后续的化学家提出了如上所示的推理过程，很明显，这是一个经验定律，即盐（或一般的化学物质）的反应不会产生自由电荷。这一事实早已为人所知，而且在第二类导体或电解质中，电流是在化学成分或离子的携带下传导的，但是法拉第的直接观察才开创性地得出了这一定律。在此之前，还没有人进行系统研究和总结出这一重要的结论，即使之前有人提出类似的观点，只有经过实验证实后，人们才会接受这个定律。直接实验比理论推测的准确性更高，因此必须正确进行实验。

5.伏打电池

由化学能产生电能的这种反向现象也基于法拉第定律。在化学作用的影响下，离子可以形成或消失，随之必然发生电荷运动，可以产生电流，这种电流的来源是化学能。

前述实验可作为示例，在该实验中，锌和硫酸铜溶液发生反应，形成硫酸锌和铜，如果把锌放入铜盐溶液中，就会发生化学反应，自由能就会以热的形式出现。但是如果按照下面的方式操作，则不发生反应，也不会产生电流。在玻璃容器中加入部分硫酸锌溶液，并在溶液中放入一根锌棒或一块锌板，当然，锌不会和溶液发生反应，然后在玻璃容器中放入一个多孔陶罐，在陶罐中倒入一些硫酸铜溶液，并放入一块铜板。将两种金属各连接到一根导线上，并将两根导线穿过电铃或其他信号装置：产生电流时，铃声会响起。此反应的机理是：锌有溶于溶液中并形成盐（即可能会形成锌离子）的趋势，这种趋势非常强，导致锌置换出溶液中的铜离子，金属锌和锌离子之间的区别是锌离子带电荷$2F$，铜和铜离子之间的区别也是如此。从这个观点来看，锌从溶液中置换出铜是因为锌带走了铜离子的电荷，而硫酸根离子不受影响。两个系统中存在同样的反应趋势。为了纪念这种装置的发明者，这个系统被称为丹尼尔电池。锌溶于溶液中，置换出金属铜，锌必须带$2F$的电荷才能转变成锌离子，因此它通过金属导体从与铜板接触的铜离子中得到电荷，铜离子变成不带电荷的金属铜沉积在铜板上。电路闭合时反应才能发生，但只要电路中存在金属锌和铜离子（即硫酸铜），反应就会继续进行。只要提供所需的电流，锌和铜离子在这个过程中会持续发生反应。硫酸根离子不发生任何变化，因为它先与铜离子结合形成硫酸铜，然后与新形成的锌离子结合形成硫酸锌。

很明显，电池产生电能仅仅是因为化学反应的作用。锌对硫酸铜的作用可以分成两个阶段，这两个阶段发生在不同的地方，也就是电流连接的两端。化学反应发生时，必然产生电流流动，如果电流停止，反应也会停止，反之亦然。

伽伐尼[①]电池基于的就是上述一般原则。产生电流的化学过程不一定是一种金属置换出金属盐中的另一种金属，任何与离子有关的化学反应都能产生电流。各种不同的方法形成了一个特殊的科学分支——电化学。

① 伏打和伽伐尼共同发现了将两块不同的金属板相连后通过化学反应产生电流的方法，因此，伏打电池和伽伐尼电池意思相同。

6.其他铜盐

硫酸铜（或称蓝矾）被大量用于各种领域，如医药、印染、制造原电池等。

还有一种重要的铜盐$CuCl_2$，以$CuCl_2 \cdot 2H_2O$的形式结晶，晶体呈针状，通常为草绿色，但完全纯净的氯化铜晶体是蓝绿色的。氯化铜晶体脱水后，不会像硫酸铜一样变成白色，而是变成深棕色，水合氯化铜溶解在浓盐酸中时也显深棕色。用水稀释氯化铜溶液时，溶液先变成黄色，然后变成绿色，随后变成蓝色并加深，最后变成其他铜盐的颜色。这是因为无水氯化铜在浓溶液中显黄棕色，所以随着浓度的增加，水合氯化铜的蓝色变成绿黄色并逐渐加深。

如果用氯化铜溶液在纸上写字（不要用钢笔），字迹几乎看不见；如果将纸加热，形成棕色酸酐，纸上的字就会变成黄色或棕色，冷却之后，颜色会再次消失，因为氯化铜会吸收水分变回淡绿色。这种反应引起了人们极大的兴趣，氯化铜溶液可用作“隐显墨水”，只有知道这个原理的人才能看到字迹。

铜的碳酸盐也有很重要的应用，用碱性碳酸盐可从水溶液中沉淀出绿色的碱式盐碳酸铜。自然界中没有标准的碳酸铜，但是已知有两种碱性化合物，即碱式碳酸铜：第一种显深蓝色，叫作蓝铜矿，蓝铜矿粉末可用作颜料，称为石青；另一种显鲜绿色，称为孔雀石。如果结晶良好，二者都可以打磨成饰品，否则作为铜矿石使用。

可溶性碱与铜溶液反应，可生成浅蓝色氢氧化铜沉淀，在适度加热的情况下，与液体接触的氢氧化铜会转化为酸酐氧化铜，并变成黑色。当金属铜在空气中受热时，也会形成氧化铜，用锤子锻造铜时会发生断裂，有时被称为锤鳞。

氨水与铜盐也会形成沉淀氢氧化物，但如果加入过量的氨水，就会形成一种深蓝色溶液。这种溶液完全透明，与普通铜溶液完全不同，而且比普通铜溶液的蓝色深得多。这表明已经形成一种新的物质，乙醇可以将这种深蓝色的盐从氨溶液中沉淀出来，与原始铜盐不同的是，这种盐含有4个NH_3^+，只有1个H_2O。氨与铜离子结合形成一种新的离子，即$[Cu(NH_3)_4]^{2+}$，称为铜氨离子，这就是溶液显蓝色的原因。这种颜色变化非常明显，可以用来检测是否存在铜的化合物。

用硫化氢可以沉淀出黑色的水合硫化铜（CuS），无水氯化铜是自然界中稀有矿物铜蓝的主要成分。硫化铜并不稳定，很容易失去一半的硫形成硫化亚铜（Cu_2S），后续我们将学习这种物质。

7.亚铜化合物

氧化亚铜（Cu_2O）是最重要的一价铜化合物，它是一种红色物质，结晶为八面体，是最丰富的铜矿物，这种矿被叫作赤铜矿，很容易被碳还原成金属铜。

将氯化铜溶解在浓盐酸中并加入铜屑，可制成氯化亚铜（CuCl），溶解的铜和氯化铜中的铜的量相等。溶液首先呈深棕色，然后变成亮黄色，氯化亚铜难溶于水，可以保存在盐酸溶液中。如果将热溶液倒入过量的冷水中，氯化亚铜会沉积成白色晶体。这种晶体可以溶解在氨水中，形成无色溶液，但很快会从空气中吸收氧气，转变成相应的铜的化合物，显示出铜氨盐的深蓝色。

8.铜冶金

硫化亚铜以矿物形式存在，被称为辉铜矿，这是一种有价值的铜矿石。黄铜矿是更常见的铜矿石，主要成分为$CuFeS_2$。

为了从铜硫矿石中提取出金属铜，首先要进行焙烧，将部分硫氧化，然后将产品加热至熔化，另一部分硫以二氧化硫的形式逸出。重复焙烧和熔化过程，然后将粗铜放入硫酸铜溶液中作为阳极，纯铜板作为阴极，铜迁移到阴极，如前所述，部分杂质作为不溶性浆液沉入底部，或者溶解在溶液中而非沉积在阴极上。电解铜的纯度很高，在电工学中有重要的应用，这是因为在价格较低的金属中，铜是目前已知的最好的导体，输电时产生的损耗最小。微量杂质会大大降低导电性，因此电工现在使用的铜比以前的纯度更高。由于自身的发展，电气科学使电解提纯工艺成为现实，通过这种工艺，可以以合理的费用生产出非常纯净和强导电性的铜。

9.铜合金

铜也用于制备硬币等物品，因此需要具备一定的化学和机械耐久性。工业上已经使用了许多铜合金，包括上述黄铜和铜锌合金。铝含量为 10% 的铜被称为铝青铜，是一种有价值的合金，呈金黄色，非常耐化学品腐蚀和机械应力。雕刻家用的青铜和钟铜的主要成分是锡铜合金。作家笔下的“矿石”是一种铜合金，除了铜之外，还含有锌、铅和锡。这种矿石不是由金属制成的，而是由混合矿石和焦炭熔炼而成的，由于来源不同，其中的成分也不同。

汞

1.金属汞

汞（水银）是古人早已知晓的金属，它在自然界中是作为游离元素存在的，而且因为它的矛盾性质——流动性和金属特性，很早就引起了研究者的注意。此外，汞还具有挥发性，当时这种性质在其他金属中还是未知的，因此人们一度认为汞是最神秘和重要的元素。中世纪时的炼金术士称之为汞，并认为汞是一切金属的共同性——金属性的化身。他们所认为的金属性是一种可以组成一切金属的“元素”。后来人们发现了汞的药用特性，因此它具有了更重要的应用，如今汞是物理和化学工作中不可或缺的辅助工具（包括温度计、气压计和汞浴器），并为科学的发展做出了很大贡献。

金属汞的特性早已为人们所熟知，在-39℃时，汞由液态变成固态，且像银一样具有延展性；汞的沸点为358℃，但即使在室温下也会大量蒸发，0℃时汞的密度为13.595g/cm^3，化合量为200.0g。汞是一种贵金属，因为它在常温下不会被氧化，但是在350℃时会发生缓慢氧化。在空气中变暗的汞不纯，可以通过用稀硝酸剧烈摇动来提纯，稀硝酸会溶解其中不太贵重的金属。可以在纸上或玻璃上流动，且“没有留下痕迹”的汞为纯汞，也就是说，没有留下由汞液滴形成的灰色痕迹。如果液滴表面有杂质，则汞流过的地方会留下痕迹。

通过汞齐化作用，汞可以溶解许多其他金属，包括金、银、铜、铅和锌，但不会与铁发生汞齐化，因此可以与铁器具安全接触，同时汞通常装在铁瓶里运输。汞与碱金属结合时，放热明显，且在少量碱金属的作用下变硬，尤其是钠汞齐。钠和汞用作还原剂，比纯钠更容易处理。取一小块钠，刮去外表面，露出光亮表面，放入含汞的研钵中，用杵在表面推动，来回移动几次，就会发出嘶嘶声，偶尔还会有火焰，产生的钠汞齐与水反应产生氢气，但远不如金属钠剧烈。钠汞齐可以快速将氯化铁的红黄色溶液脱色，将铁还原成亚铁态，反应方程式为：

$$FeCl_3+Na=FeCl_2+NaCl$$

2.汞的化合物

汞的化合物像铜的化合物一样，分为两种系列：一价汞系列和二价汞系列。这两种系列的稳定性相当。把稀硝酸倒在汞上，二者会发生反应，稀硝酸与过量的汞金属接触一段时间后，开始析出硝酸亚汞（$HgNO_3$）白色晶体。硝酸亚汞在不分解的情况下不溶于水，但随着游离硝酸的分离，它会变成碱式盐。但如果在开始时加入少量硝酸，就可以得到一种澄清溶液，如果在铜、锌或黄铜上滴几滴上述溶液，汞就会沉积在表面，金属会呈现明亮的银色光泽，但银和金不受到这种溶液的侵蚀，因为它们比汞更稳定。

如果向这种溶液中加入盐酸或金属氯化物（如氯离子），则会形成一种白色凝乳状氯化亚汞（HgCl）沉淀，看起来很像氯化银。氯化亚汞可以和氢氧化钾反应，变成黑色，而氯化银则不发生反应，因此可以采用这种方法区分氯化亚汞和氯化银。颜色变深是由于氢氧化钾与氯化亚汞形成低价汞的氧化物，但氯化银不会以这种方式分解。由于这种碱的特性，在医学上最早将氯化亚汞称为甘汞。甘汞是一种泻药，常用于治疗儿童疾病，是一种白色的重结晶粉末，几乎不溶于水，且很容易挥发并凝结成明亮的晶体。

向硝酸亚汞中加入氢氧化钠或氢氧化钾即可得到氧化亚汞黑色沉淀，它是直接以酸酐的形式形成的，而不是以氢氧化物的形式，成分为Hg_2O。像几乎所有的汞的化合物一样，氧化亚汞也有药用价值，但它不稳定，容易分解成氧化汞和金属汞。

汞或硝酸亚汞与过量的硝酸一起加热，溶液中不会生成沉淀，而是形成硝酸汞［$Hg(NO_3)_2$］，即二价汞离子的硝酸盐。这种盐只溶解在稀硝酸中而不分解，在纯水中形成黄色的碱式盐沉淀。在硝酸汞溶液中加入碱会形成一种红黄色沉淀，这就是众所周知的氧化汞（HgO）。借助于氧化汞，我们学习了化合作用的基本原理，氧化汞受热会分解成氧气和汞，两者都是气态，汞很容易凝结，而氧气仍然保持气态。

另一种重要的汞的化合物是氯化汞（$HgCl_2$），在医学上被称为二氯化汞或简称为升汞。氯化汞是一种白色易升华的晶体状物质，在水中缓慢溶解且溶液难电离。氯化汞溶液有一种刺激性的金属味，是一种放射性毒物，它对低等动物和高等动物均有毒，极稀溶液（配比为1：1000）可用于“消毒”，即在外科手术中用于清洗器械和医生的手，以杀灭微小生物或细菌。为了避免意外饮用有毒液体带来危险，通常将腐蚀性升华片剂与食盐混合，以增加$HgCl_2$的溶解度，并用染料着色，得到有色溶液。

碘和汞以适当的比例混合在一起时，会形成一种亮红色的粉末碘化汞

（HgI_2），可以加入少量的酒精来加速反应，将碘溶解在酒精中，随后可以蒸发去除酒精。碘化汞可溶于酒精，但不溶于水，如果将酒精溶液倒入水中，碘化汞会形成沉淀，但并不是红色沉淀，而是黄白色沉淀，经过一段时间后沉淀再次变红，在阳光下颜色会变得更快。如果将红色粉末小心地均匀加热，粉末会在126℃或稍高一点温度时突然变黄，在试管中加热时，也会形成黄色升华物，黄色晶体冷却后再次变红，虽然过程比较缓慢，一般是先形成一些红点，从这些红点开始，慢慢形成红色斑块，最终全部变红。

银

1.硝酸银

前面我们已经学习过，硝酸是一种很强的氧化剂，能溶解银等贵金属。一般来说，贵金属很少会形成盐，也不能还原普通的酸，释放出氢气，只有在氧化剂存在的情况下才会形成贵金属盐。

硝酸是制造银盐的试剂，如果用硝酸处理金属银（注意硝酸的浓度不应太大），溶液会产生棕色烟雾。极浓硝酸在金属银上会形成一层固体盐，并机械地保护金属不再继续发生反应，这种盐涂层会溶解在稀酸中。

如果使用纯银，所得溶液是无色的；普通的银，如用于制造硬币和银器的银，在硝酸中会形成硝酸铜，所以会产生蓝色溶液。纯银非常软，因此无法用于工业领域，工业用途的银必须具有一定的耐用性，因此，银通常与铜形成“合金”，以达到硬化的目的。

为了从铜溶液中得到纯银，可以加入盐酸，溶液中含有硝酸银，因为银显一价，所以化学式为$AgNO_3$。加入盐酸后，会形成氯化银（AgCl）白色沉淀，反应会生成硝酸，只要还有沉淀形成，就可以继续加入盐酸。因为氯化银不溶，所以所有的银都可以以这种方式形成沉淀，而氯化铜是可溶的，所以会全部留在溶液中。快速搅拌后，氯化银会像凝乳一样聚集，这种类型的沉淀被称为“凝乳状沉淀”。静置后，倒出上层清液，重新加入水，除去剩余的铜盐，再次倒出上层液体，并重复几次该步骤。最后，将氯化银倒入过滤器中，用水洗涤，直到用石蕊试剂测试洗涤液不显酸性，此时沉淀中不含硝酸和铜盐。

在潮湿的氯化银中加入少量盐酸和一片锌可制成纯银，发生了以下反应：

$$2AgCl+Zn=2Ag+ZnCl_2$$

其中氯离子与银离子分离，与锌离子结合。生成的金属银为灰色粉末，而溶液中为可溶性氯化锌。上述反应可以持续几天，以便析出全部的银，可以通过灰色粉末的增加量来判断反应的进展。去除其中未溶解的锌，可以直接用硝酸处理潮湿的银，银在硝酸中易溶解，小心地蒸发得到的无色溶液，最终强烈加热（在通风柜中进行），可使过量的硝酸逸出。最终得到一种白色的盐，易溶于水中形成溶液，如果滴在皮肤上会产生斑点，起初其是无色的，但很快就会变黑，几乎无法擦除。这种盐是硝酸银（$AgNO_3$），其晶体是无水的，很容易溶于水，成为无色液体。

在上述过程中，之所以会形成纯盐，是因为在最初不纯的溶液中加入盐酸，导致形成不溶物质氯化银，而所有的杂质都留在溶液中，然后就可以通过洗涤从相关的化合物中分离出主要物质氯化银，加入锌后可以置换出氯化银中的银，但会形成可溶化合物氯化锌，其可以用水洗涤去除。从这一过程中可以看出，制备纯净物的总体思路，是加入某种物质与液体杂质接触，形成唯一的固体，这也是工业化学的一个重要原则。为了找到这个过程必须满足的条件，首先要了解各种化合物的溶解度关系，这里我们再次发现一般科学知识对于实际工业操作的重要性。

可以用另一种更快的方法制备硝酸银，将含有硝酸铜和硝酸银的蓝色溶液在瓷蒸发皿中蒸发至干燥，然后加热直至盐熔化，硝酸铜会分解，同时会伴随二氧化氮和氧气的释放，留下氧化铜，这一反应与硝酸铅的反应很相似。由于其中含氧化铜，得到的物质呈黑色，当棕色烟雾不再逸出时，将该物质冷却，然后用水处理，未分解的硝酸银会溶解在水中，留下不溶的氧化铜，然后只需要将溶液过滤，就可以得到纯净的中性硝酸银溶液。

这种情况下的分离取决于两种硝酸盐在加热时的不同特性。如果没有学习单个物质在高温下的性质，就不可能设计出这种简单的分离方法。

2.银离子反应

上述方式制备的硝酸银溶液通常可用作实验室试剂，如上所述，加入盐酸后，会形成白色氯化银沉淀，在摇动时会形成凝乳状物质。该反应主要利用了盐酸的成分氯化氢，因为在反应中只涉及氯离子，应用所有其他可溶性氯化物的性质相同，这个实验可以用食盐、氯化钾、氯化钙、氯化镁或任何其他氯化物来进行，均会形成白色凝乳状沉淀，并且这种沉淀的颜色在阳光下会变暗，几乎变成青灰色。后续我们将更详细地讨论这一现象。

因此，硝酸银溶液是氯离子与金属离子（或类似金属离子的基团，如铵）结合形成盐时的类别试剂。转化成相应氯化物所用的金属并不重要，因为总是会产生相同的白色氯化银沉淀。

前面我们学习过硫酸及硫酸盐，即硫酸根离子，也有类似的性质，在这种情况下，氯化钡溶液是硫酸根离子的类别试剂。实验表明，以同样的方式，每一种其他可溶性银盐都会与氯离子形成相同的氯化银沉淀。在盐中呈结合态的银称为银离子，我们一般说银离子和氯离子结合产生氯化银凝乳状沉淀，包括所有可能发生的情况，并且我们认为，除了银离子和氯离子以外，其他的离子并不重要。

因此，在用银溶液进行测试之前，根本没有必要知道未知溶液中存在何种其他离子（即其他盐）。如果一种未知的溶液与硝酸银反应产生白色凝乳状沉淀，可以肯定溶液中存在氯离子，通过这种方法，我们发现所有的饮用水中都含有氯离子。

溴离子和碘离子也会产生类似的不溶沉淀，可以通过这些沉淀与氯化银在其他试剂中呈现的不同外观和性质进行区分。这些差异的详情可参阅分析化学。

3.银版摄影法

纯净状态下的氯化银是一种白色物质，容易熔化，冷却后变硬，变成深色的韧性物质，形状如号角，因此通常被称为角银，角银矿是矿物形式的氯化银。

氯化银最重要的用途是摄影。如上所述，氯化银在光线下会变暗，这是因为发生了化学分解，氯会逸出或与存在的其他物质结合，金属银以非常精细的状态分离出来。根据形成的条件不同，这种银可以以不同的方式和颜色沉积，如灰色、黑色、棕色等。取一张白纸，用氯化钠稀溶液（1：100）打湿纸的一面，干燥之后，用硝酸银溶液（1：10）处理，通过这种方式制备出对光敏感的纸，然后在暗室中将纸张干燥。将干燥后的纸放在照相底片下的“印刷框”，即一个玻璃板中，并暴露在阳光下，此时玻璃板中的照片是黑白颠倒的；在负片最透明的地方，纸张最暗，而负片最暗的地方，纸张则保持白色或浅色。然后得到了一张“正片”，也就是一幅真实明暗关系的图画。当照片足够暗时，可以从晒图架中取出，但只有将过量的氯化银清除之后，才能放在光线下。可用硫代硫酸钠溶液（1：5）去除多余的氯化银，用这种“定影剂”处理后，再用冷水长时间冲洗照片，然后晾干。但是用这种方法得到的照片不是特别好，构成图像的银呈暗棕色，而且已经渗入到纸纤维中，会导致照片细节部分不清晰。为了克服这些困难，摄影技术已经通过许多不同的方式得到发展，现在用市场上的正片纸能拍出非常清晰的照片，因为银装在特制的明胶薄膜中，而胶片上有一层纸。通过化学处理，用其他元素，特别是金和铂，来代替棕色的银，可以对照片进行“调色”，使照片看起来更加美观。

准备底片时，将溴化银和明胶的混合物涂在玻璃板或其他透明材料板上，即使曝光时间极短，部分溴化银也会发生变化，用提取溴的物质（显影剂）进行处理时，暴露在光下的部分溴化银转化为银的速度要比未受光部分快得多。用照相机拍摄的照片可以印在底片或胶片上，然后在暗室中用显影剂处理，照片“显影”后，用硫代硫酸钠（海波）可去除过量的溴化银，经过冲洗和干燥后，底片即可使用。当然，必须确保正确的曝光和显影，以确保良好的照片质量。

除了上述工艺之外，还有许多其他方法，特别是制作正片的方法。所有工艺的原理都是某些物质或混合物对光敏感，即在光的作用下会发生化学变化。这是因为光也是能量的一种形式，也有做功的能力，光对光敏感物质可以做化学功。我们在前面已经学习过光对植物所做的化学功。

4.其他银的化合物

唯一常用的银的化合物是硝酸银，古老的炼金术所用的银丹的主要成分就是硝酸银，其有剧毒。在光线下，皮肤和其他有机物质上形成的黑斑是由于硝酸盐在有机物质和光线作用下形成金属银，可以使用氯水来去除这些斑点，形成氯化银，氯化银又可溶于硫代硫酸钠。

如果在硝酸银溶液中加入氢氧化钠或氢氧化钾，会产生褐色沉淀氧化银 Ag_2O。在这种情况下，按推理应生成氢氧化银（AgOH），但是氢氧化银不稳定，即使形成，也会立即分解成它的酸酐氧化银，分解的化学方程式为：

$$2AgOH=Ag_2O+H_2O$$

经过洗涤和干燥后，得到一种棕色粉末，加热后分解成金属银和氧，类似于氧化汞，如果降低温度，会导致氧化银分解。

硫化氢在银溶液（即使含有游离酸）中会生成棕色沉淀硫化银（Ag_2S），自然界中的硫化银被称为辉银矿，有时单独存在，有时与其他硫化物混合，是一种重要的银矿石。

金属银是一种众所周知的金属，因此没有必要对其进行详细描述。它的熔点在1000℃左右，在任何条件下都不会在空气中氧化，与含硫化合物，特别是硫化氢接触时，会形成硫化银而变黑。这就是银勺与鸡蛋接触时变暗的原因，因为鸡蛋中含有硫。如果将一个变黑的银勺浸入稀盐酸中，然后用一块锌触碰，勺子就会立刻变白。这是因为在这种情况下会产生电流，电流将硫与锌化合，因此将银还原。

INTRODUCTION TO CHEMISTRY

第十三章

锡、金和铂

锡

1.锡

锡在自然界中几乎完全以二氧化锡（SnO_2）的形式存在，被称为锡石，在四方晶系中结晶。这个晶系的特点是有三个垂直的轴，其中两个是等价的。因此，锡的基本形式为八面体，与规则八面体相比，锡八面体的轴长短不一。从主轴的方向看，这个图形为四方形，这个晶系也由此得名。主轴是一个四元对称轴，因为两个副轴是等价的，旋转90° 可使图形重合。图74为沿着主轴方向看的最简形式。

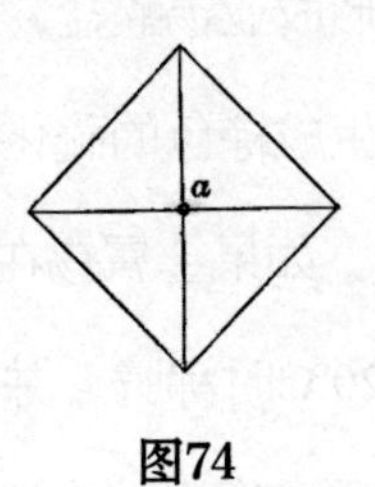

图74

锡石通常包裹在其他岩石中，洗选和沉淀细碎矿石仅可提纯锡石。锡石首先沉淀，因为它的密度较大。用碳还原锡石，可产生白色金属，这种金属在空气和水中能长时间保持光泽，多年来一直被用于制造马口铁。锡在235℃时熔化，很容易氧化成二氧化锡，用作抛光粉，俗名“锡灰”。

锡的化学性质稳定，一般以薄片（锡箔）或卷的形式用来包装和包裹食物、油性涂料等。铜和铁容器经常镀锡处理，以防止氧化。镀锡板是两面都覆盖着锡的铁皮。与铅形成合金的锡是一种易熔的软焊料，用于焊接黄铜和镀锡板。锡与铜可形成钟铜和青铜，并经常与其他金属混合。

2.化合物

锡形成两种类型的化合物：一种为二价化合物，另一种为四价化合物。

锡与盐酸共同加热时，会释放出氢气，锡溶解在溶液中，形成氯化亚锡（$SnCl_2$）。蒸发后，残留物为一种无色的含$2H_2O$的盐，在染料厂有相当广泛的应用，俗名锡盐。实验室用锡盐做还原剂，因为它很容易被还原成锡。锡盐的酸性溶液会使碘溶液脱色，并使氯化亚汞沉淀，甚至可以从氯化汞溶液中析出游离汞。

碱与亚锡溶液反应会生成白色的氢氧化亚锡。氢氧化亚锡是一种非常弱的酸，可溶解在过量的碱中，形成亚锡酸盐，具有非常强的还原性。

硫化氢与亚锡溶液反应，生成棕色的硫化亚锡（SnS）沉淀。

SnO_2也是一种锡的化合物。如果金属锡在氯气流中加热，会形成四氯化锡（$SnCl_4$）的无色液体，在120℃时沸腾，并在空气中产生很浓的烟雾，因为它与水蒸气反应，分解成盐酸和氢氧化锡，即$Sn(OH)_4$。氢氧化锡像硅酸一样保持胶体形式，因此可溶解在大量的水中，形成透明溶液。浓度较大的氢氧化锡胶体溶液通常会硬化成胶状。减少水量，会形成一系列结晶水合物。水合晶体氯化锡可用于印染工业中。

硝酸将锡氧化时，也形成锡的氧化物，锡的氧化物不溶解，为白色水合二氧化锡，与四氯化锡的性质有很大区别。氢氧化锡与锡酸（H_2SnO_3）形成强碱盐，锡酸容易水解，因此是一种弱酸。

硫化氢与锡溶液反应，可生成黄色的硫化锡沉淀SnS_2，也可采用锡和硫直接制备SnS_2。SnS_2结晶成带有金色光泽的鳞片，因此被称为“彩金”。

金

1.金

金在自然界中几乎完全以游离态存在，即未化合的元素，因此金的提纯主要采用机械分离方法。由于金的密度很大，因此沉降过程，即淘洗一直是从矿石中分离昂贵金属的唯一方法。

但有些矿石中的金非常细小，无法通过沉降法提纯，于是出现了各种溶解工艺。最初使用汞提纯金，因为它能容易且自由地溶解金，并且可以通过蒸馏除去汞。用汞将石英熔化成玻璃或熔渣，这样就避免了把如此坚硬的物质磨成粉末的困难的机械过程，从而获得嵌金的石英金矿。最近在南非发现了含金物质，其中的金非常细小，只能通过化学方法回收，本章节不做详述。

金属金呈亮黄色，密度为19.3g/cm^3，强光泽，在空气中完全不变，即使在高温和硫化物氛围中也很稳定。纯金质地柔软且韧性较好，可以将金拉成最细的丝，然后锤打成薄片，看起来呈透明状，在透射的光线下看起来为绿色。金箔可被喷涂至各种各样的物体上，除非用机械方法去除，否则镀金永不褪色。

对于铸币和其他实际用途，纯金并不合适，因为过于柔软，所以通常用

10%的铜来形成合金，增大其硬度，颜色也偏红色。在金中加入银后颜色会变浅，加入少量银会变成绿色。

金不溶于硝酸或盐酸，但会溶于两种酸的混合物，这种溶液被称为“王水”。溶解机理是硝酸氧化了盐酸，释放出氯，氯会腐蚀金。三氯化金（$AuCl_3$）为棕色盐，溶解在水中会形成黄色溶液。金与盐酸化合，形成氯金酸（$HAuCl_4$）。氯金酸是一种一元酸，它的盐用于摄影“调色”。正片由棕色金属银组成，用稀释的金溶液处理，银将金溶液还原，形成氯化银。金属金的沉淀取代了银单质，画面呈现紫罗兰色。与此同时，由于金与银“高贵”，画面更加耐化学腐蚀。

其他金溶液一般用于电镀，用金溶液电镀的原理与铜从阳极到阴极的电转移的机理完全相同。可以用这种方法给金属镀上任意厚度的金层。即使只镀一层很薄的薄膜，也能显示出美丽的黄色。

铂

铂和金一样，也只以游离状态存在。通过洗选获得的粗铂矿石可用王水处理，王水主要溶解铂。向铂的酸性溶液中加入氯化铵会产生黄色结晶沉淀物，其成分为（NH_4）$_2PtCl_6$，加热后分解为氯化铵、氯和铂。黄色化合物被称为氯铂酸铵，是氯铂酸（H_2PtCl_6）的铵盐。由于铂很难熔化，因此它单独成为灰色的海绵状物质，即铂绵，常用作催化剂。

铂绵可以在氢氧混合气中燃烧熔化，然后开始流动，形成铁灰色、有光泽的金属。其熔点为1770℃，密度为21.4g/cm^3。铂像金一样稳定，因此用于制造坩埚、盘子等，供实验室使用。除了游离氯会腐蚀铂，大多数其他试剂即使在沸腾时也不与铂反应。但熔融苛性钾和苛性钠会腐蚀铂，尽管铂不受碱金属碳酸盐的影响。磷酸盐以及碳或其他还原剂对铂容器的腐蚀性非常强，容易形成磷–铂，并在中等温度下熔化，因此用坩埚加热磷的化合物后会出现很多小孔。碳以同样的方式与铂反应，但强度要小得多，因此，建议铂设备不要接触烟雾或还原性火焰，并确保提供充足的空气。

由于铂的化学性质稳定且熔点高，艺术品中大量使用铂，并且由于生产受到限制，其价格在过去几年中迅速上涨，目前已超过黄金。铂的催化用途也导致了消费量的增加。